深度学习 C++

吴晓梅　编著

北京航空航天大学出版社

内 容 简 介

内容简介全书共分为四部分,第一部分(第1~4章)是基本内容,包括了创建C++程序的基本工具和技术、分支和循环等流程控制语句、内置数据类型和它们的基本属性、C++的各种运算符及其应用,第二部分(第5~8章)是指针和动态内存的内容,包括了指针和引用、动态变量、动态变量所有权和生命期、类和结构等,第三部分(第9~10章)是面向对象的程序设计内容,包括了类的设计、抽象与封装、继承和多态性等,第四部分(第11~13章)是较深的高级内容,包括了模板、容器和迭代器、异常处理。本书内容丰富,结构清晰,在知识讲解的基础上,提供了大量的例题和习题,使读者通过学习概念以及训练和实践,掌握程序设计的方法和过程,并具备良好的程序设计风格。

本书可作为高等院校计算机专业的教材,也可供从事计算机软件开发的科研人员学习参考。

图书在版编目(CIP)数据

深度学习 C++ / 吴晓梅编著. -- 北京 ：北京航空航
天大学出版社,2022.7

ISBN 978 - 7 - 5124 - 3248 - 2

Ⅰ. ①深… Ⅱ. ①吴… Ⅲ. ①C++语言－程序设计－
高等学校－教材 Ⅳ. ①TP312.8

中国版本图书馆 CIP 数据核字(2022)第 105596 号

深度学习 C++

吴晓梅 编著

责任编辑 董宜斌

*

北京航空航天大学出版社出版发行

北京市海淀区学院路 37 号(邮编 100191) http://www.buaapress.com.cn
发行部电话:(010)82317024 传真:(010)82328026
读者信箱:copyrights@buaacm.com.cn 邮购电话:(010)82316936
涿州市新华印刷有限公司印装 各地书店经销

*

开本:710×1 000 1/16 印张:23.75 字数:534 千字
2022 年 7 月第 1 版 2022 年 7 月第 1 次印刷
ISBN 978 - 7 - 5124 - 3248 - 2 定价:129.00 元

前　　言

在许多软件高手看来,如果不懂 C++或 C 语言,就不能算一名专业的程序员。虽然这种观点可能有那么一点点偏颇,但是也多多少少反映了软件行业的现实。因为许多重要的操作系统、数据库管理系统,以及其他的应用系统的核心代码都是由 C++或 C 语言编写的。甚至有人夸张地认为,正是有了 C++和 C 语言,软件产业乃至 IT 产业才有了当今的繁荣。

与目前流行的其他高级程序设计语言不同,C++和 C 语言是对于程序员或计算机友好的程序设计语言,而不能算作对用户友好的语言,因此学习起来有一定的难度。从我个人的经验而谈,C++和 C 语言应该是除了汇编语言之外,最难掌握,也是功能最强大和实际应用最广泛的程序设计语言。然而,只要选择一本好的教材,静下心来,一步一个脚印地扎实学习下去,一般的人最终都能够掌握这门功能强大的程序设计语言。这本书就是这样的一本教材。

由于 C 语言是由专业程序员开发的,而 C++是对 C 语言面向对象程序设计的扩展,所以它们更注重效率和实用性。在众多的 C++和 C 语言书中,这本书非常的通俗易懂,而且覆盖了几乎所有重要的内容,并对一般读者和初级程序员容易遇到的陷阱及规避的方法进行了详细的讨论。

本书的第一部分,即第 1~4 章是基本内容,包括创建 C++程序的基本工具和技术、分支和循环等流程控制语句、内置数据类型和它们的基本属性、C++的各种运算符及其应用。如果读者学习或使用过其他高级程序设计语言,会觉得这部分的内容与其他语言大同小异。其实这一部分的内容也是大多数程序设计语言的基础,因此建议读者最好能够将这几章的每个练习都在计算机上编译和运行一下。

本书的第二部分,即第 5~8 章是指针和动态内存的内容,包括指针和引用、动态变量、动态变量所有权和生命期、类和结构等。实际上,这部分是 C++和 C 语言最突出的方面,也是与其他语言最重要的区别。指针是一把"双刃剑",它为 C++和 C 语言提供了超级编程能力的同时,也可能造成系统不稳定,甚至崩溃。本书的这一部分对如何正确使用指针这一强大的编程工具进行了极为详细的讨论,还总结了指针常见的问题以及避免问题的具体方法。实际上,第二部分也是 C 语言的核心内容。对于没有计算机背景的读者来说,学习这一部分的内容有一定的难度,不过一旦理解了这部分的内容,将更容易理解操作系统、数据库管理系统和一些其他应用系统的体系结构和算法。掌握了这部分的内容,可以说已经基本掌握了 C 语言。同样,建议读者最好能够将这部分的每个练习都在计算机上编译和运行一下。

本书的第三部分,即第 9 章和第 10 章是面向对象的程序设计内容,包括类的设计、抽象与封装、继承和多态性等。本书将面向对象的内容刻意放到这一部分才开始介绍,

1

因为对于没有任何程序设计经验的人来说,面向对象的概念可能一时很难理解,但有了前面两部分程序设计的学习,理解面向对象的概念就变得非常自然和简单了。通常,C++面向对象的内容要比其他语言复杂,因为它在对象中不但使用了指针,而且也更为丰富。建议读者在阅读时适当放慢速度,以加深理解。

本书的第四部分,即第 11～13 章是较高级的内容,包括模板、容器和迭代器、异常处理。这部分的内容对开发实际应用系统非常有用,它包括如何利用C++和 C 语言的标准程序库加快开发系统的速度、如何开发通用的应用软件以及如何使开发的软件更加稳定。

专家来自于菜鸟,牛人(大咖)全靠熬。其实,所谓大咖或专家就是一件事干长了,干久了,在一个行业里混久了,自然而然地就有可能成为专家。借助于 C++或 C 语言这一强大的程序开发工具,相信即使那些只有很少,甚至没有 IT 背景的人也能一步步地从 IT 领域的菜鸟进化成老鹰、大咖,进而再成为专家、大师,最后成为一代宗师(只要能够坚持下去)。

最后,预祝读者 C++学习之旅轻松而愉快!

作　者

2022 年 7 月

目　　录

第 1 章　您的第一个 C++ 程序

教学目的：

在这一章结束时，您将能够：

- 标识 C++ 应用程序的一些关键部件。
- 使用在线编译器编译 C++ 应用程序。
- 描述一些 C++ 中的基本关键字。
- 运行带有预处理指令的应用程序。
- 创建实现基本输入/输出流的应用程序。
- 书写、编译、运行自己开发的 C++ 应用程序。

本章教您学习创建基本的 C++ 应用程序所需的一些基本工具和技术。

1.1　C++ 使用的优势

在深入学习 C++ 的结构之前，让我们先了解一下该语言的几个最主要优点：

（1）效率高：我们可以使用 C++ 语言写出一些非常高效的程序，这意味着我们可以更好地使用操作系统。

（2）可移植性好：C++ 可以被交叉编译到广泛的平台上，而且可以在任何设备（从手表到电视）上运行。如果要写一个在多个平台上运行的应用程序或程序库，那么 C++ 应该是最好的选择。

（3）通用性强：C++ 是一种通用程序设计语言，它被用于从视频游戏到企业应用的方方面面。因为它具有包罗万象的丰富特性（从直接内存管理到类和其他面向对象的程序设计原理），所以 C++ 可满足我们的需要。

（4）大量的程序库：该语言被应用在很多的应用程序中，有丰富的程序库可供选择。在互联网上，有数以百计的开放源代码存储库和与之相匹配的大量的支持系统。

然而，C++ 也是一把"双刃剑"，俗语说得好，"权力越大，责任也越大"，C++ 虽被赋予了很强大的功能，但是如果使用不当，它也会使我们陷入泥潭。

1.2　Hello World！

没有比以"Hello World！"程序作为起点更适合的了，这个广泛应用的程序是将单

1

词"Hello World!"打印在控制台终端上，并实现其功用。该程序包含了 C++应用程序的所有关键组件，因此这是帮助我们了解程序和学习的非常好的例子。

我们先从整体上来看一下这个程序。

```
// Hello world 例子。
# include <iostream>
int main()
{
    std::cout << "Hello World!";
    return 0;
}
```

虽然这个程序只有 7 行代码，但是其却包含了我们需要了解一个 C++程序基本结构的所有东西。我们将在接下来的几章中详细地讨论这一程序的每一部分，因此如果在我们介绍这一程序时，有什么地方没有完全理解，请不用担心。本书的目的只是让我们熟悉一些核心的概念，随着学习的深入，我们也将更为详细地介绍这些相关概念。

该程序的最上面一行是一个预处理指令（preprocessor directive）：

```
# include <iostream>
```

预处理指令允许我们在程序创建之前执行一些特定的操作。#include 指令是一个非常通用的指令，它的意思是"复制到此处"。因此在这个例子中，我们准备将 iostream header 文件中的内容复制到我们的应用程序中，这样做之后，系统将允许我们使用该文件所提供的输入/输出功能。

接下来，是一个程序的入口点——main()函数：

```
int main()
```

main()函数是 C++应用程序开始的部分。所有的应用程序都有这个函数，而该函数标识了应用程序的开始，也就是将被运行的第一行代码。这往往是程序的最外层循环。

接下来，我们有一个输入/输出语句（IO statement），该语句将正文输出到控制台终端上：

```
std::cout << "Hello World!";
```

因为应用程序在开始处已经包含了 iostream 的头文件，所以我们能够访问各种输入和输出功能，在本例中，std::cout 允许程序将正文发送到控制台上，所以当我们运行该应用程序时，会看到正文"Hello World!"被打印出来。我们将在接下来的几章中更加详细地介绍数据类型。

📖 **注释**：这里 std cout 是 standard console output（标准控制台输出）的缩写。

最后，我们有一个返回（return）语句：

```
return 0;
```

这表明,当前函数中的工作已经完成了。程序所返回的值取决于函数,但是在这个例子中,程序返回了"0"表示该应用程序的运行没有错误。因为在应用程序中这是唯一的函数,所以当程序返回 0 时,应用程序将立即结束。

以上就是我们的第一个 C++ 应用程序,其中的内容并不太多。从现在起,我们将要以构建一些大而复杂的应用程序,但这里所涉及的基本原理将始终保持不变。下面让我们在第一个练习中运行这个程序。

练习:编译我们的第一个应用程序

在这个练习中,我们准备编译、运行我们的第一个 C++ 应用程序,在这本书的整个课程中使用一个在线编译器。现在,就让我们编译和运行这个程序吧,执行如下步骤,以完成该练习。

1. 登录网页 http://cpp.sh/,这是一个在线编译器。登录该网址,我们将会观察到图 1-1 所示的窗口。

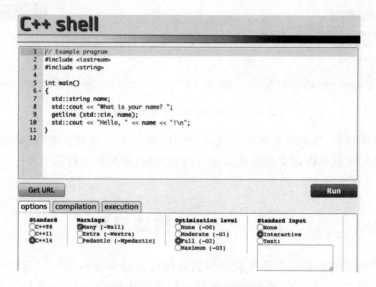

图 1-1　C++ shell 在线编译器

options(选项):这个窗口允许我们更改各种编译设置。

compilation(编译):这个窗口显示程序的状态。如果有任何编译问题,它们都会在这里显示,以便我们可以解决这些问题。

execution(执行):这个窗口是控制台,允许我们与应用程序交互。我们可在这里输入值和查看应用程序的输出。

我们将运行"Hello World!"应用程序。

2. 在"代码"窗口中键入以下代码,替换已经在那里的所有内容,然后单击"运行(Run)"按钮(图 1-2)。

```
//Hello world example.
# include <iostream>
```

```
int main()
{
    std::cout << "Hello World!";
    return 0;
}
```

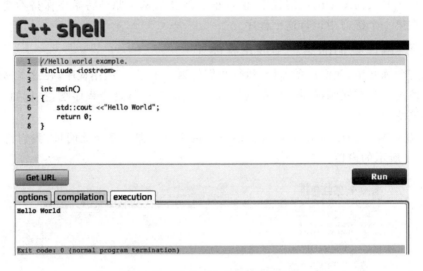

图 1-2　"Hello World"程序的输出

正如所看到的,控制台现在包含正文"Hello World!",这意味着我们的程序运行没有问题。读者可试着将正文修改成其他不同的内容,并再次运行这个程序。

1.3　C++的构建流程

C++的构建流程是一个将我们所写的程序代码转换成机器可以运行的代码的过程。当我们写 C++代码时,我们所写的是一组高度抽象的指令,计算机不会像我们那样自然地读 C++,同样地,它们也不能够运行我们的 C++文件。首先,这些 C++代码必须被编译成一个可执行程序。这个过程由一些分开的步骤构成,最终一步步地将我们的代码转换成一种更为机器友好的格式。

(1) Preprocessor(预处理):预处理器用于在编译之前扫描代码、处理程序可能使用过的任何预处理器指令。要处理的内容包括我们之前看到的 include 语句、宏指令以及 defines 指令等。此时,我们的文件仍只有人才能阅读。可以将预处理器看作一个有用的编辑器,它扫描整个代码,做所有标记的琐碎工作(如处理一些 include 指令),为下一步编译准备代码。

(2) Compilation(编译):编译器读取只有人可以阅读的文件,并将它们转换成一种可以处理的计算机格式——二进制文件。它们被存储在以.o 或.obj(这取决于具体的平台)结尾的目标文件中。

（3）Linker(连接)：连接是产生可执行文件的最后一步。一旦编辑器已经将我们的源代码转换成了二进制对象,连接程序将扫描它们,并将它们都连接在一起,最终产生可执行文件。

可以将上述步骤可视化为图 1-3 所示的过程流程图。

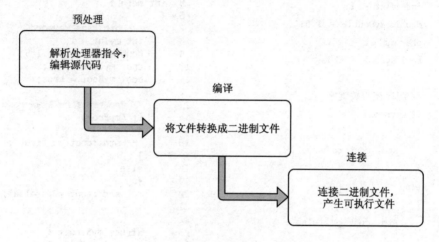

图 1-3　编译和连接的各个步骤

这三个步骤是每一个 C++应用程序都必须执行的,虽然我们曾经讨论过的"Hello World!"程序只有一个文件,但是在实际应用中大家可能见到一个有几千个文件的应用程序,不过这些基本的步骤都是相同的。

1.4　C++关键字

关键字是那些由 C++所保留的单字。因此除了这些关键字的预期目的,我们不能在应用程序中将它们作其他用。例如,一个常见的关键字是 if,我们不能用它来定义一个变量或函数名。正是使用了这些构成 C++语言的关键字,我们才能够指导程序做它应该做的事情。

在 C++语言中定义了许许多多的关键字,其中一些关键字定义了基本类型（如 bool、char 及 int 等）,还有一些定义了程序流程（如 if、else 及 switch 等）,而另外一些定义了对象和范围（class、struct、namespace 等）。

我们将在整本书中使用这些关键字,但是目前只需要知道这些词是 C++所保留的就行了。因为大多数现代编辑器将加亮这些关键字,以突出它们,以便我们能够轻而易举地识别它们。下面就让我们看看在代码编辑器中,关键字是如何被区别出来的。观察如下的程序。

```
// 关键字的例子
# include <iostream>
# include <string>
int main()
{
    // 数据类型关键字
    int myInt = 1;
    double myDouble = 1.5;
    char myChar = 'c';
    bool myBool = true;

    // 程序流程关键字
    if (myBool)
    {
        std::cout << "true";
    }
    else
    {
        std::cout << "false";
    }
        struct myStruct {
        int myInt = 1;

    };
}
```

```
1   // Keywords example.
2   #include <iostream>
3   #include <string>
4
5   int main()
6 ▾ {
7       // Data type keywords.
8       int myInt = 1;
9       double myDouble = 1.5;
10      char myChar = 'c';
11      bool myBool = true;
12
13      // Program flow keywords.
14      if (myBool)
15 ▾    {
16          std::cout << "true";
17      }
18      else
19 ▾    {
20          std::cout << "false";
21      }
22
23      struct myStruct {
24          int myInt = 1;
25      };
26  }
```

图 1-4　关键字及它们的突出显示

在编译器窗口中,以上的程序代码会如图 1-4 所示。

我们可以看到,这个程序中的关键字在编辑器中是以特殊的方式表示的,通常以不同的颜色表示它们的状态,这在不同的 IDE 中将有所不同。

📖 注释:IDE 代表的是集成开发环境(Integrated Development Environment),它是我们用来开发应用程序的软件,常用的 IDE 的例子有 Visual Studio 和 Clion。

类型关键字是 C++ 所提供的基本变量类型,这些数据类型包括 int、bool、char、double 和 float。

```
int myInt = 1;
char myChar = 'a';
bool myBool = true;
double myDouble = 1.5;
float myFloat = 1.5f;
```

程序流程关键字允许我们构造应用程序的逻辑,这些关键字包括 if、else、then 和 switch,如以下的程序段所示。

```
if (expression)
{
```

```
    }
else
{
    }
```

当我们构建类时,我们有 3 种选择:public、protected 和 private。正确地在构建稳定的系统中使用这些修饰符很重要,因为这可以确保数据和功能不会被滥用或危险地误用,下面就是一个例子:

```
class MyClass()
{
    public:
        int var1; //该类可访问,其他类也可见

    protected:
        int var2; //该类可访问,并且它的任何子类可访问
    private:
        int var3; //只有该类可访问
}
```

如上所述,修饰符类型更改了变量的一些属性。修饰符类型包括 const、static、signed 和 unsigned。通过将它们放在变量和函数之前,我们可以改变这些变量和函数在应用程序中的行为,如下例所示。

```
unsigned int var1 = 1; // nsigned 表示该变量只可以为正
signed int var2 = -1; //Signed 表示该变量既可正也可负
const std::string var3 = "Hello World"; //Const 表示该变量的值不能修改
static char var4 = 'c'; //Static 表示该变量的值在一个给定类的所有实例之间共享
```

1.5　预处理指令

预处理指令是在我们的代码编译之前进行处理的语句。它是非常有用的,可用于一系列不同的情况,从包括头文件到选择代码的编译。

1.5.1　include

最常用的一个预处理指令就是"♯include",我们已经见过该指令了,其意思是"复制到这里"。当预处理运行时,它将逐字复制,并粘贴"包含文件"的内容到指令所在处。这意味着在头文件中定义的任何函数、变量、类等现在都可以由包含 include 指令的类访问了。

include 指令有两种版本:

版本 1————一般用于系统文件。

```
# include <headerfile>
```

版本 2——一般用于程序员的文件。

```
# include "headerfile"
```

版本 1 中,我们指示预处理器使用预定义的搜索路径寻找这个文件。这通常用于系统的头文件,并且这个路径可能已经由 IDE 设置好了。

版本 2 中,我们指示预处理器在文件所在的本地文档开始搜索。这通常用于包含程序员自己项目的头文件。如果搜索失败,那么预处理器将使用与版本 1 相同的路径重新搜索。

1.5.2 宏指令

#define/#undef 指令允许我们在程序中定义一些宏指令。宏指令的工作方式与 #include 语句相似,即在它的所在处替代内容。如果我们定义一个名字,紧随其后的或者是数据或者是功能;无论什么时候,只要想要使用这一代码,就可以引用这个定义的名字。当预编译器运行时,它将简单地调用宏名字,并以所定义的内容取代。一个宏指令被定义如下:

```
# define name(名字) content(内容)
```

有了这样的定义,在以上代码中的任何名字的实例将直接被内容所取代。下面是一个定义单词的例子。

```
//定义一个值。
# include <iostream>
# include <string>
# define HELLO_WORLD "Hello World!"
int main()
{
    std::cout << HELLO_WORLD;
}
```

在宏指令出现的地方,程序的输出行直接等同于:

```
std::cout << "Hello World!";
```

除了定义单个值外,我们还可以定义功能,如以下代码段所示:

```
//定义功能
# include <iostream>
# define MULTIPLY(a,b) (a * b)
int main()
{
    std::cout << MULTIPLY(3, 4);
}
```

📖 **注释**：通过宏定义功能的一个好处是速度快，因为宏减少了函数调用的额外开销。然而，还有另外的方法也可以取得同样的效果，那就是使用内联函数。

在一个宏被定义之后，可以使用♯undef 指令取消它的定义，这将移除赋予这个宏的值或功能。如果之后在任何地方调用这个宏，将产生错误，因为它已经不再持有一个有效的值。

我们可以通过第一个例子看到这一点。假设我们用宏两次调用 std::cout，但是在这两次调用之间，我们取消了宏的定义，如下所示：

```
//取消宏定义。
# include <iostream>
# include <string>
# define HELLO_WORLD "Hello World!"
int main()
{
    std::cout << HELLO_WORLD;
    # undef HELLO_WORLD
    std::cout << HELLO_WORLD;
}
```

正如我们所看到的那样，第一次调用没有问题。HELLO_WORLD 仍然有定义。然而，当我们第二次调用时，HELLO_WORLD 已经没有定义了，所以编译器抛出一个错误。像这样使用宏的例子是定义排错行为。我们可能会定义一个 DEBUG 的宏等于 1，并使用这个宏在应用程序所需的地方产生排错码，并在不需要的地方使用♯undef 取消它的定义。

1.5.3　条件编译

我们已经看到了，如果试着使用一个未定义的宏，那么编译器将抛出一个错误。我们可以使用♯ifdef 或♯endif 指令，通过让程序检查一个给定的（宏）值目前是否有定义的方式帮助我们确保程序不抛出错误。

如果我们继续使用这个得到编译器错误的例子，就可以使编译器成功编译了，其代码如下。

```
# include <iostream>
# include <string>
# define HELLO_WORLD "Hello World!"
int main()
{
    # ifdef HELLO_WORLD
        std::cout << HELLO_WORLD;
    # endif

    # undef HELLO_WORLD
```

```
# ifdef HELLO_WORLD
    std::cout << HELLO_WORLD;
# endif
}
```

如果我们按以上的方式修改之前的程序,并运行这段代码,可以看到编译器现在成功编译,并将完全跳过第二个输出,正确地运行这段程序。

如果当时没有定义指定的宏,那么这里发生的是:ifdef/else 指令中的代码没有被编译到我们的最终程序中。我们还可以使用 ifdef 指令,该指令检查该值是否定义。它的使用方式与 ifdef 相同,但显然返回相反的值:如果未定义值,则返回 true;如果定义了值,则返回 false。

我们可以在许多情况下使用 ifdef 指令,而且还有一些其他指令允许我们对任何常量表达式执行此类操作,而不仅仅检查是否定义了某些内容。这些指令包括 # if、# else 和 # elif 等。

以下的程序展示了如何使用这些预处理器指令操作编译程序中的代码。

```
//条件编译
# include <iostream>
# define LEVEL 3
int main()
{
    # if LEVEL == 0
        # define SCORE 0
    # else
    # if LEVEL == 1
        # define SCORE 15
    # endif
    # endif

    # if LEVEL == 2
        # define SCORE 30
    # elif LEVEL == 3
        # define SCORE 45
    # endif

    # ifdef SCORE
        std::cout << SCORE;
    # endif
}
```

这里,我们使用 LEVEL 宏的值决定给 SCORE 宏赋予什么值。我们将这段代码复制到编译器中,看看它是如何工作的,改变 LEVEL 的值,看其将如何影响输出。

📖 **注释：**如果我们使用♯if和♯else，那么♯if需要与程序编译的♯endif相匹配。而♯elif并不需要。

正如我们看到的那样，通过改变 LEVEL 的值，可以改变最终编译进应用程序的实际代码。这种方法在实践中常见的用途就是编译用于特定平台的程序。

假设有一个函数需要在 OSX 操作系统和 Windows 操作系统之间执行略有不同的操作。解决这个问题的一种方法就是将每个函数定义包装在平台定义之内，以便为每个平台编译正确的函数。图 1-5 是一个具有这种功能的例子。

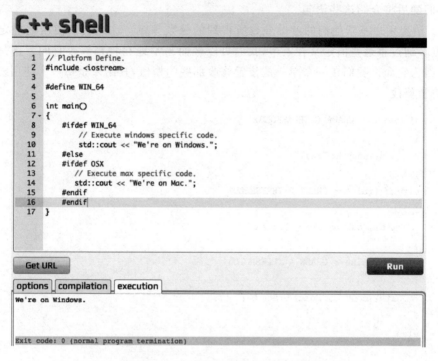

图 1-5　使用♯define 指令运行基于操作系统的特定代码

📖 **注释：**在使用♯ifdef时，并没有等价的♯elif。取而代之的是，我们只能使用♯ifdef/♯endif 语句序列。

练习：用预处理指令定义几个值

在这个练习中，我们将创建一个小的应用程序，该程序将使用一个字母作为等级为考试打分。我们将在宏中定义分数的门槛值，并使用它们赋予分数：

1. 程序以包括 iostream 和 string 头文件开始，同时定义 grade(分数等级)宏。

```
// 预处理器指令操作
♯ include <iostream>
♯ include <string>
♯ define GRADE_C_THRESHOLD 25
♯ define GRADE_B_THRESHOLD 50
♯ define GRADE_A_THRESHOLD 75
```

2. 下面的代码中允许程序的用户键入他们的考试分数。

```
int main()
{
    int value = 0;
    std::cout << "Please enter test score (0 - 100): ";
    std::cin >> value;
```

在以上的代码中,使用了输入/输出(I/O)语句,但是我们还没有介绍过,请不用担心,我们随后将介绍这些语句。

3. 输出用户基于他们的考试分数所得到的分数等级。这是我们使用之前定义值的地方。通过将这些值定义在宏中,我们可以轻而易举地在将来修改它们。这是非常棒的,因为它允许我们在一个单一的位置修改那些门槛值,其结果是每一个使用宏的地方都将被修改。

```
    if (value < GRADE_C_THRESHOLD)
    {
        std::cout << "Fail";
    }
    else if (value < GRADE_B_THRESHOLD)
    {
        std::cout << "Pass: Grade C";
    }
    else if (value < GRADE_A_THRESHOLD)
    {
        std::cout << "Pass: Grade B";
    }
    else
    {
        std::cout << "Pass: Grade A";
    }
}
```

4. 现在运行这个程序。如果用户输入一个介于 1~100 的分数,那么程序就可以提供一个以字符表示的分数等级。

1.6 输入/输出(I/O)语句

I/O 代表 input/output(输入/输出),而这就是我们在程序中输入和输出信息的方法。输入/输出可以有许多种形式,从通过键盘输入正文,到单击鼠标按钮,再到加载文件等。在这一节中,我们将继续使用文本输入/输出。为了能够使用文本输入/输出,我们将使用 iostream 头文件。

在这节中,程序将直接读取输入,而几乎不做数据的验证。然而,在实际的应用程序中,对输入必须进行严格的验证,以确保数据的格式和其他方面都是正确的。

iostream 头文件中包含通过键盘与应用程序交互所需的一切,从而允许我们在应用程序中输入和输出数据;这是通过 std::cin 和 std::cout 对象实现的。

📖 **注释**:这里前缀 std::表示一个名称空间(namespace),这将在本书的后面更深入地讨论,但现在我们只要能够知道它们被用作将代码分组即可。

可以通过两种方式从键盘读取数据。第一种方式,可以使用带有提取操作符的 std::cin。

```
std::cin >> myVar
```

以上的表达式将把输入存入 myVar 变量中,而输入既可以是字符串类型,也可以是整数类型。观察以下带有 std::cin 对象的程序代码。

```
// Input example.
# include <iostream>
# include <string>
int main()
{
    std::string name;
    int age;
    std::cout << "Please enter your name: ";
    std::cin >> name;
    std::cout << "Please enter you age: ";
    std::cin >> age;
    std::cout << name << std::endl;
    std::cout << age;
}
```

如果我们在编译器中运行这段程序代码,可以看到输入的详细信息,并将这些信息打印出来。

如果输入其中带有一个空格的名字,将碰到只有第一个名字被捕获到的问题。这让我们对 std::cin 是如何工作的有了更透彻的了解,即当 std::cin 遇到一个终止符字符(空格键、制表键或 Enter 键)时,它将停止捕获输入。现在我们明白为什么只有第一个名字被正确地捕获到了。

了解提取操作符">>"可以进行串接这一点也非常有用,这意味着以下两个例子中的代码是等效的。

例 1

```
std::cin >> myVar1;
std::cin >> myVar2;
```

例 2

```
std::cin >> myVar1 >> myVar2;
```

为了避免在遇到终止字符(如空格)时切断字符串,我们可以使用 getline 函数将用户的完整输入内容输入到单个变量中。使用这个函数修改程序获取用户名字的程序代码如下所示。

```
std::cout << "Please enter your name: ";
getline(std::cin, name);
```

如果再次运行这段代码,可以看到我们能够在输入的名字中使用空格了,因为 getline()函数将捕获全部的输入。同时,我们不必担心直接使用 cin 提取时可能出现的问题。

当我们使用 getline()时,程序将用户的输入读入到一个字符串中,但是这并不意味着我们不能使用它读取整数值。要将一个字符串值转换成与它等价的整数,我们要使用 std::stoi 函数。例如,读取字符串"1"应该会返回整数 1,将这个函数与 getline() 结合使用是转换整数输入的一种好方法,如下所示。

```
std::string inputString = "";
int inputInt = 0;

getline(std::cin, inputString);
inputInt = std::stoi(inputString);
```

无论我们使用哪一种方法,都需要确保程序处理的字符串和数值是正确的。例如,有一段代码希望用户输入一个数字,如下所示。

```
int number;
std::cout << "Please enter a number between 1 - 10: ";
std::cin >> number;
```

如果用户在这里输入了一个字符串,可能他们输入了 five 而不是输入数字,那么这个程序不会崩溃,但是将没有值赋给 number 变量,这是程序从用户获取输入时必须清楚的事情。我们试图在程序中使用这一功能时,需要保证输入的格式是正确的。

在使用插入操作符"<<"来传递我们的数据时,输出正文就像调用 std::cout 一样简单,它既可以接受字符串,也可以接受数值,所以以下代码段将都可以工作。

```
std::cout << "Hello World";
std::cout << 1;
```

与提取操作符一样,插入操作符,同样可以串接起来,以构成更复杂的输出。

```
std::cout << "Your age is " << age;
```

最后,当输出正文时,有时在某些地方想要换行重新开始或插入一个空行。如果是这样,我们有两个选择:\n 和 std::endl。这两个都将结束当前行并移到下一行。鉴于

此,下面两行代码段给出了完全相同的输出:

```
std::cout << "Hello\nWorld\n!";
std::cout << "Hello" << std::endl << "World" << std::endl << "!";endl
```

正如之前所提及的那样,还有一些其他类型与应用程序相关的输入和输出,然而,在大多数情况下,I/O 会通过某种形式的用户界面实现。对于我们本节的学习,std::cin/std::cout 这两个对象已经足够了。

练习:读入用户的详细信息

在这个练习中,要求编写一个读入用户全名和年龄的应用程序,然后打印出这些信息,将其格式化成完整的句子。执行以下的步骤完成该练习。

1. 定义 firstName、lastName 和 age 变量,它们将保存输入,如以下程序所示。

```
// IO Exercise.
# include <iostream>
# include <string>
int main()
{
    std::string firstName;
    std::string lastName;
    int age;
```

2. 键入以下的代码,这段代码将要求用户输入他们的名。

```
std::cout << "Please enter your first name(s): ";
getline(std::cin, firstName);
```

3. 接下来,我们再次使用 getline()对姓做同样的事情,其程序代码如下所示。

```
std::cout << "Please enter your surname: ";
getline(std::cin, lastName);
```

对于最后的输入,将允许用户输入他们的年龄。为了做到这一点,我们直接使用 cin。因为它是最后输入,所以我们不需要担心终止行字符,只需要一个数值。

4. 键入以下代码,这段代码是让用户输入他们的年龄。

```
std::cout << "Please enter your age: ";
std::cin >> age;
```

📖 **注释**:这只是因为我们编写的是简单的示例程序,相信我们的用户可以不进行任何验证输入正确的数据。在实际环境中,所有用户输入的数据在使用前都要经过严格的验证。

5. 最后,我们再将这些信息显示给用户,使用插入操作符的串接将字符串格式化为完整的句子,其代码如下所示。

```
std::cout << std::endl;
std::cout << "Welcome" << firstName << " " << lastName << std::endl;
std::cout << "You are" << age << "years old." << std::endl;
```

6. 现在,运行应用程序,并利用一些数据测试这个程序。对于测试数据(John S Doe、Age:30),我们获得了如图 1-6 所示的输出结果。

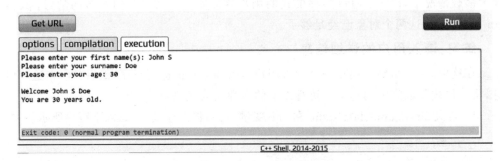

图 1-6 一个允许用户输入变量的应用程序

在这个练习中,我们将基本的 I/O 和一个小程序组合在了一起,后期用户可根据自己的需求注册更详细的信息。

1.7 函 数

在 C++中,函数(Functions)将代码封装成一些逻辑功能单元,然后我们就可以调用这些函数,而不是在整个项目中不断重复相同的代码。例如,编写一个小应用程序,该应用程序询问用户的姓名,然后将该姓名存储在列表中,程序代码如下所示。

```
// Get name.
std::cout << "Please enter your name: " << "\n";
getline(std::cin, name);
std::cout << "Welcome " << name << ".\n";
names.push_back(name);
```

在应用程序的生命周期中,我们可能要多次调用某些代码,因此在程序中放入一个函数是一个很好的选择。这样做的好处是减少了应用程序中的代码重复,使我们只在一个单一的地方就可以维护代码和修复任何错误。如果这段代码在整个代码库中都是重复的,那么想要升级它时,或者在其中修复任何东西,您都必须找到每一个使用的地方,并对它们进行相同的修改或修复。

函数声明可分成两个部分:一部分是声明(declaration),另一部分是定义(definition)。在函数声明中,要先声明关于该函数将如何工作的最基本信息,即函数返回值的数据类型、函数的名称和任何参数,然后在定义中定义函数行为的实际逻辑。下面让我们将一个函数声明分解开来。

函数的声明如下：

```
return_type function_name(parameters);
```

① return_type(返回类型)：这是将从函数返回的值的数据类型。它可以是任何数据类型，或者是 void(它是一个 C++关键字，表示不返回任何东西)。例如，如果有一个将两个数相加的函数，那么该函数的返回类型可能是整数。

② function_name(函数名)：这是函数的名字，而且也是程序将在代码中引用该函数所使用的名字。

③ parameters(参数)：它们是一组可选的、传递给函数的值。同样，以添加两个数字为例，您将有两个整数参数：第一个数字和第二个数字。

这样的声明通常与其他函数声明一起存放在一个头文件(以.h 结尾的文件)中，然后在.cpp 文件中定义它们，这就是为什么我们经常看到#include 指令的原因。我们通常在一些头文件中声明对象的功能，然后在.cpp 文件中定义它们怎样工作。我们通常将它们分开放置在单独的文件中，因为这允许我们隐藏实现的细节。通常情况下，头文件是公开的，因此我们可以看到对象的功能并使用它，但该功能是私有的。

📖 **注释**：*暂时不必担心以上所述，因为我们是在一个单独的文件中同时定义和声明函数，而不是将这两者分开。*

回看我们之前的例子，程序允许用户输入他们名字的代码段，这次是在函数中定义这段代码，其代码如下所示。

```
void GetNextName()
{
    std::string name;
    std::cout << "Please enter your name: " << "\n";
    getline(std::cin, name);
    std::cout << "Welcome " << name << ".\n";
    names.push_back(name);
}
```

现在，每当我们需要上述这一功能时，就可以调用这个函数。该函数提供的 name 变量供我们使用，但值得注意的是，names 变量是要从主程序中调用的，因为它在函数的范围(作用域)内。作用域将在后面的章节中详细介绍，现在我们可以看到 name 变量是在函数内部定义的，而 names 是在函数外部定义的。

此时，我们没有了重复的代码，只有对同一个函数的多次调用，这使程序更加整齐和简洁。这也使得我们的代码更可读、更易于维护和调试，这种重新构造代码的过程被称为重构。实际上，我们应该始终致力于编写易于维护、调试和扩展的代码，而良好的结构在这方面起着重要的作用。

1.7.1　传递参数

函数的参数是我们传递给函数的值。如果程序把函数看作是离散的，那么我们的参数就允许我们给它运行所需要的东西。有两种方法可以将参数传递到函数中,即以值传递和以引用传递,理解这两种方法的区别是非常重要的。

当程序把一个参数按值传递给另一个函数时,这意味着程序正在制作一个副本,并将在函数中使用这个副本。最简单的方法是通过编写一个小的测试应用程序了解这一过程。请观察下面的程序代码。

```cpp
// Pass by value - by - reference example.
# include <iostream>
# include <string>
void Modify( int a)
{
    a = a - 1;
}


int main()
{
    int a = 10;
    Modify(a);
    std::cout << a;
}
```

在这个简单的程序中,我们将一个数字定义为 10,将它传递给一个从中减去 1 的函数,然后打印该值。因为是从 10 开始,减去 1,所以可以合理地预期输出为 9。然而,当我们运行前面的程序段时,我们却得到了如图 1-7 所示的输出。

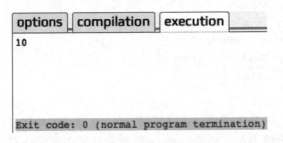

图 1-7　传递值意味着变化不会持续

为什么输出是 10 呢?因为当程序向函数传递 a 变量时,它是按值传递的。函数生成了一个 a 的本地副本(在本例中为 10),然后它对该值所做的任何操作都与传入的原始 a 值完全分开。

与此相反,通过引用传递意味着"实际地操作这个变量,而不做复制"。同样,对程序代码做如下修改。

```cpp
void Modify(int& a)
```

这里,我们做了一个非常微妙的改变,那就是在函数中的 int 类型之后添加了"&"

符号。这个符号的意思是"地址"。我们在本书后面的章节将更详细地介绍这个变量，从实用的角度理解，它只是意味着"不复制，而实际地使用这个值"。我们重新运行做过修改的代码，运行结果如图 1-8 所示。

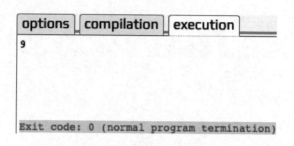

图 1-8　程序传递的是引用

传递值还是传递引用是一个需要理解的重要概念。如果您使用的是大型对象，则传递值可能非常不易，因为这必须构造/解构临时对象，这可能很困难，这是后面几章中将要讨论的另一个问题。对于目前而言，不要管是传递值还是传递引用，正如我们在这里看到的那样，看看这对它们的影响就可以了。后面我们将在这个基础之上继续深入。

1.7.2　重载和默认参数

函数封装行为已经非常棒了，但是我们还可以使它们更加有用。一种方法是通过重载这些函数做到。重载意味着提供函数的多个版本，比如说，我们定义了一个将两个数相乘的函数。

```
int Multiply(int a, int b)
{
    return a * b;
}
```

上述函数的参数都是整数（int）类型，如果我们将浮点（float）类型或者双精度（double）类型相乘，会发生什么情况呢？在这种情况下，它们将被转换成整数，因此函数可能失去精度，而通常这不是我们想要的。为了解决这一问题，我们可以提供另一个同名的函数声明，而这个同名函数可以使用这些类型，函数声明如下所示。

```
int Multiply(int a, int b);
float Multiply(float a, float b);
double Multiply(double a, double b);
```

我们不需要再担心调用这个函数了，因为如果我们提供了正确的数据类型，编译器将自动为我们调用相应的函数。我们可以利用一个简单的测试看到这一点。可以为每一个函数创建函数定义，并为每一个函数添加一个唯一的输出，这样我们就可以知道程序使用的是哪个函数了。下面是一个如何执行此操作的示例。

```
// 函数重载的示例
# include <iostream>
# include <string>

int Multiply(int a, int b)
{
    std::cout << "Called the int overload." << std::endl;
    return a * b;
}

float Multiply(float a, float b)
{
    std::cout << "Called the float overload." << std::endl;
    return a * b;
}

double Multiply(double a, double b)
{
    std::cout << "Called the double overload." << std::endl;
    return a * b;
}

int main()
{
    Multiply(3, 4);
    Multiply(4.f, 6.f);
    Multiply(5.0, 3.0);
    return 0;
}
```

在这段代码中,我们创建了重载函数并分别对它们进行了调用,每个调用都使用了不同的数据类型。当运行这个应用程序时,可获得如图 1-9 所示的输出结果。

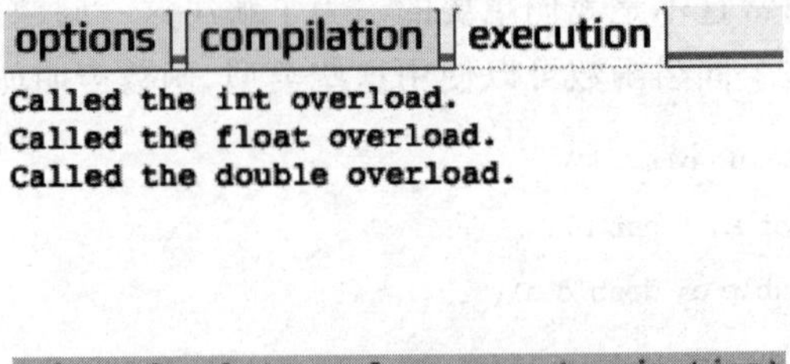

图 1-9 编译器调用的函数版本

我们可以看到,编译器可判断要调用哪个版本的函数,因为我们在每种情况下都匹配了指定的参数类型。乘法函数有点冗余,当然这是一个简单的示例,但是它却很好地演示了如何使函数更有用和更灵活。

取得这种灵活性的另一种方法是使用模板。使用模板创建一个可以接受任何类型的函数的单一而且高度泛化的函数版本。

我们使函数更加灵活的另一种方法就是使用默认参数。这允许我们将一些参数设为可选参数,为了做到这一点,我们在函数声明中为这些参数设置默认值,如下所示。

```
return_type function_name(type parameter1, type parameter2 = default value);
```

现在可以通过两种方式调用这个函数,一种情况是:

```
function_name(value1, value2);
```

在这种情况下,两个参数值作为正常值传递到函数中。而另一种情况是:

```
function_name(value1);
```

在这种情况下,由于程序省略了第二个参数,因此第二个参数将使用其默认值。虽然通过使用默认参数可以使程序的函数更灵活,但是这方面也存在着限制。函数的作用是巧妙地封装某种行为,如果我们不想让函数变得过于灵活,以至于它要负责多个行为,最好的办法是创建一个单独的新函数。

接下来,让我们用一个练习验证一下。

练习:函数

在这个练习中,我们将定义并使用一个函数,该函数将输出两个数字中较大的一个。该函数将需要一个返回数据类型和两个参数。执行如下的步骤以完成这个练习。

1. 声明该函数,赋予它的返回数据类型、函数名和两个参数。

```
#include <iostream>
int Max(int a, int b)
```

正如我们之前看到的那样,如果只是在头文件中声明这个函数,那么会在结尾处添加分号,并在另外的地方定义这个函数。然而,由于情况并非如此,我们可以直接输入并定义函数。

2. 定义这个函数的行为。我们想要返回具有最大值的数字,因此其逻辑如下所示。

```
int Max(int a, int b)
{
    if (a > b)
    {
        return a;
    }
    else
    {
```

```
        return b;
    }
}
```

3. 程序需要从用户那里得到两个数字，代码如下所示。

```
int main()
{
    int value1 = 0;
    int value2 = 0;
    std::cout << "Please input number 1: ";
    std::cin >> value1;
    std::cout << "Please input number 2: ";
    std::cin >> value2;
```

4. 给用户输出答案。我们之前也讨论过这个问题，但这次，我们将在 cout 语句中调用新函数，并将用户所提供的数字传递给这个函数，而不是直接使用变量。

```
    std::cout << "The highest number is " << Max(value1, value2);
}
```

5. 在编译器中运行这段程序，并以一些数字测试这段代码。对于测试(数字是 1 和 10)，可获得如图 1-10 所示的输出。

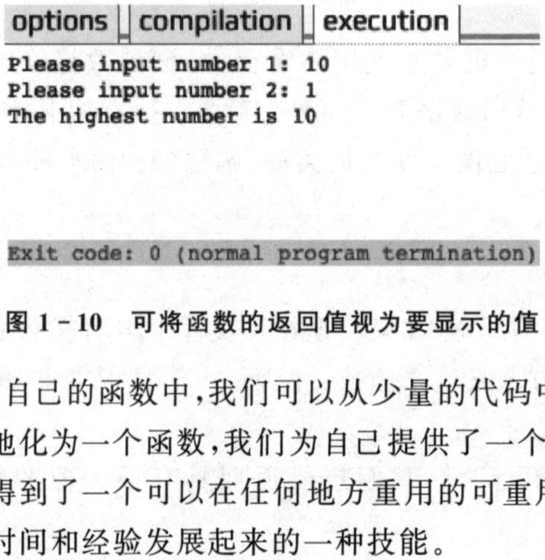

```
 options | compilation | execution
Please input number 1: 10
Please input number 2: 1
The highest number is 10



Exit code: 0 (normal program termination)
```

图 1-10　可将函数的返回值视为要显示的值

通过将代码放入它自己的函数中，我们可以从少量的代码中获得广泛的功能。不仅如此，通过将功能本地化为一个函数，我们为自己提供了一个单一故障点，这更易于调试。理论上，我们还得到了一个可以在任何地方重用的可重用代码段。好的程序架构是一门艺术，是随着时间和经验发展起来的一种技能。

利用将 C++ 应用程序的核心元素进行分解，我们从头开始编写自己的应用程序，以将我们在前面所学到的一切付诸实践。

1.8　测试：编写个人信息登记应用程序

这一测试是写一个要求用户输入他们的名和年龄的系统。用户将按照他们的年龄被放入不同的组(年龄段),并且使用宏定义这些年龄段。我们将使用函数封装任何重复的功能,将用户信息和分配给他们的组一起打印。我们期望的结果将是一个可以将用户分组的程序,如图 1-1 所示。

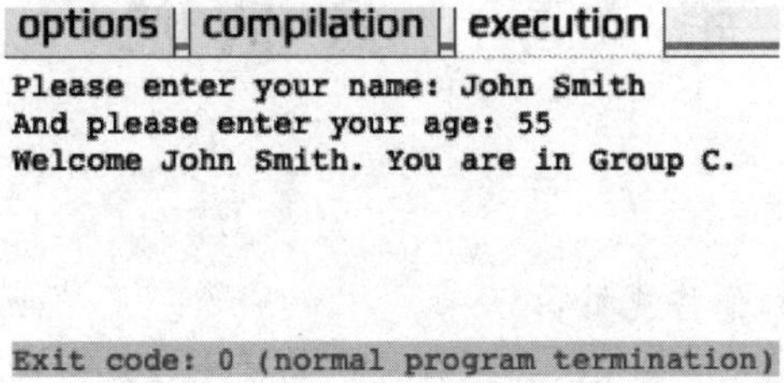

```
options || compilation || execution |
Please enter your name: John Smith
And please enter your age: 55
Welcome John Smith. You are in Group C.



Exit code: 0 (normal program termination)
```

图 1-11   将用户分组

请先确保之前的所有练习都已完成,因为此测试将检验前面中所介绍的许多知识点。以下就是完成这一测试的具体步骤:

(1) 使用♯defines 定义您的年龄段的门槛值。

(2) 使用♯defines 为每个年龄段定义一个名字。

(3) 输出询问用户名的文本,并捕获响应放在一个变量中。

(4) 输出询问用户年龄的文本,并捕获响应放在一个变量中。

(5) 写一个函数,该函数将接受年龄作为一个参数,并返回适当的组名(年龄段名)。

(6) 输出用户名和赋予他们的年龄段名。

这个程序涉及我们本节介绍的所有内容。我们使用预处理器语句定义一些应用程序数据,使用 IO 语句获取应用程序中的数据和输出应用程序中的数据,并在我们调用的函数中巧妙地封装了一些功能。接下来,请学习这个应用程序,并根据需要对该程序进行适当地扩展。

1.9   总   结

在本章中,我们首先概括讲解了一下 C++编程语言,这主要包括 C++应用程序的一些关键部件、如何在线编译一个 C++应用程序,然后讲解了 C++中的一些基本关键字,最后讲解了如何编译和运行 C++程序。

这些都是我们开始学习 C++编程所必须掌握的知识和工具,可以为我们后续章节的学习打下基础。

第 2 章　控制流程

教学目的:

在学习完这一章时,您将能够:

- 掌握 while、do while 和 for 等各种循环的基本结构。
- 在整个应用程序中操纵程序的流程。
- 使用循环控制应用程序。
- 有效地使用循环。
- 通过使用各种循环和条件语句创建一个数字猜谜游戏。

在本章中,通过几个应用程序,我们将学习各种用于控制程序执行流程的工具和技术,包括 if 语句、switch 语句和循环。

2.1　简　介

在第 1 章中,我们介绍了 C++的基本要素,并对 C++应用程序的关键部分进行了探讨。我们探讨了应用程序是如何运行的,如何构建的,以及如何通过一些基本的 I/O 向应用程序中输入信息和从它们中获取信息。到目前为止,我们所构建的应用程序主要是按顺序运行的;也就是说,我们所编写的代码是按顺序逐行执行的。虽然这对于演示目的来说很棒,但现实世界中的应用程序通常不是这样工作的。

为了正确地表达逻辑系统,程序需要在做什么和什么时候做方面灵活应对。例如,我们可能只想程序在某一指定语句为 true 时执行某个特定操作,或者再次返回到前面的某个代码段。以这种方式操纵程序的执行被称为控制流程或程序流程,而这就是本章的主题。

首先,我们看看最基本的逻辑语句——if 语句,然后我们再探讨 switch 语句,switch 语句是 if/else 语句的替代方案,接下来,我们探讨几种循环,本书将介绍如何使用循环来重复代码的执行,以及如何使用 break 和 continue 语句使它们更加高效和精确。

本章最后有一个测试,在这个测试中我们将从头开始创建一个数字猜谜游戏。这不仅需要我们在第 1 章即所学到的一些技能,而且还用到我们将要学习的程序流程方面的技能。当这一章结束时,我们不仅将对那些核心逻辑语句和循环有一个实实在在的理解,而且还可在实际的练习中实现它们。

2.2　if-else 语句

if 语句是最基本,也是最重要的控制流程语句之一。if 是所有逻辑的核心,它表示仅当指定的条件为 true(真)时,才允许程序执行给定的操作。通过将这些 if 语句串接在一起,我们可以模拟任何逻辑系统。

if 语句的语法如下:

> if(条件) { // 要做的事情}

如果条件的语句解析为 true(即大括号中的条件为真),则将执行大括号中的代码。如果语句为 false(假),则将跳过大括号中的代码。条件可以是任何可能为真或假的内容,可以是一个简单的变量,比如检查布尔值,或者更复杂的表达式,比如另一个操作或函数的结果。

还有 else 语句,该语句允许当且仅当前一个 if 语句的条件的计算结果为 false 时执行代码。但是,如果条件的计算结果为 true,则执行 If 语句,因此在这种情况下不会执行 else 语句中的代码。如下所示。

```
if (MyBool1)
{
    //执行语句一
}
else
{
    //执行语句二
}
```

在这个例中,如果 MyBool1 为 true,那么程序将执行//Do something 代码;如果 MyBool1 的计算结果为 false,程序将执行//Do something else 代码。

也可以将 if 语句放在另一个 if 语句之内,而这种做法被称为 if 语句的嵌套。以下就是一个这方面的例子。

```
if (MyBool1)
{
    if (MyBool2)
    {
        // Do something
    }
}
```

在上述示例中,如果 MyBool1 返回 true,则将评估第二个 if 语句;如果 MyBool2 也是 true,那么//Do something 将被执行;否则,将不会执行任何操作。C++允许程序进行多层嵌套,标准建议是最多嵌套 256 层,虽然这不是强制的,但是一般来说,当程序嵌套得越深,代码也就越难理解。

    📖 **注释**:大量的实践表明嵌套最好不要超过 3 层,因为一般人见到超过 3 层的嵌套就很少有兴趣和勇气读下去了。正如我们老祖宗说的那样:"事不过三"。在实际工作中,使用嵌套的原则是:在完成工作的前提下,嵌套的层数越少越好。

    现在,让我们编写一些代码,并查看这些 if/else 语句的运行情况。

练习:实现 if/else 语句

    在这个练习中,我们将编写一个简单的应用程序,该应用程序将根据输入值输出某一特定字符串。如用户将输入一个数字,而这个应用程序将使用 if/else 语句确定这个数字是否高于或低于 10。

    以下就是完成这个练习的具体步骤。

    1. 输入 main()函数、然后定义一个称为 number 的变量。

```cpp
// if/else
#include <iostream>
#include <string>
int main()
{
    std::string input;
    int number;
```

    2. 编写打印"请输入数字:"字符串的代码、以获取用户的输入,然后将其赋予 number 变量。

```cpp
std::cout << "Please enter a number: ";
getline (std::cin, input);
number = std::stoi(input);
```

    📖 **注释**:在这里使用了 std::stoi 函数,该函数我们在第 1 章中见过。此函数将字符串值转换为等效的整数。例如,字符串 1 将被转换为整数 1 返回。正如我们之前所做的那样,将该函数与 getline 结合起来是处理整数输入的好方法。

    3. 使用 if/else 语句评估基于用户输入所产生的条件、然后打印出 The number you've entered was less than 10! 或者 The number you've entered was greater than 10!。

```cpp
if (number < 10)
{
    std::cout << "The number you entered was less than 10!\n";
}
else if (number > 10)
{
    std::cout << "The number you entered was greater than 10!\n";
}
```

```
    return 0;
}
```

4. 在编辑器中运行这段完整的代码。我们将看到这段代码判断每个语句,并输出正确的字符串。

在这个练习中,我们使用了两个 if 语句,每个语句都只判断一个条件,但是如果两个条件都不成立(不是 true),而我们又想要一个默认操作,那又该怎么办呢? 可以通过单独使用 else 语句实现这一点。

```
if (condition1)
{
    //执行语句一
}
else if (condition2)
{
    //执行语句二
}
else
{
    //执行默认语句
}
```

在这种情况下,如果 condition1(条件 1)和 condition2(条件 2)都不是 true(真的),那么 else 块中的代码将作为默认值执行。这里因为没有 if 语句,所以不必输入任何条件。

将此应用于之前简单数字示例,检查当前数字是否小于或大于 10,但不检查它是否正好是 10。我们可以用一个 else 语句来处理这个问题,如下所示。

```
if (number < 10)
{
    std::cout << "The number you entered was less than 10!\n";
}
else if (number > 10)
{
    std::cout << "The number you entered was greater than 10!\n";
}
else
{
    std::cout << "The number you entered was exactly 10!\n";
}
```

三元运算符具有简洁的特性,它允许程序基于 if 语句的结果快速地赋值。例如,我们有一个浮点变量,其值取决于一个布尔值,如果不使用三元运算符,我们可能编写出如下的代码。

```
if (MyBool == true)
{
    MyFloat = 10.f;
}
else
{
    MyFloat = 5.f;
}
```

📖 **注释**：我们在这里使用==来代替=。=运算符是将一个值赋予一个变量,而==运算符将检查两个值是否相等,如果它们相等就返回 true,否则就返回 false。

使用三元运算符,我们还可以编写如下代码。

```
MyFloat = MyBool ? 10.f : 5.f;
```

以上的代码更为简洁。让我们把这里的语法分解一下,看看发生了什么。一个三元语句可以被书写成如下的形式。

```
variable = condition ? value_if_true : value_if_false;
```
(变量 = 条件? 如果为真的值:如果为假的值;)

📖 **注释**：虽然三元语句可以嵌套在一起,放在另一个语句中,就像我们前面在 if 语句中看到的那样,但是最好尽可能避免使用,因为阅读和理解这样的代码很困难。

我们从指定程序要评估的条件开始,就启动了我们的三元语句,然后定义我们想要的不同值(即如果条件是真的值或如果条件是假的值)。程序总是以 true 的值开始,false 的值紧随其后,中间以冒号(:)字符分隔,这是一种简洁地处理 if/else 场景的方法。

练习:使用 if/else 语句创建一个简单的菜单程序

在这个练习中,我们将编写一个简单的为食品店提供菜单选项的程序。用户可以从菜单中选择多个选项,程序将根据所选项而提供相应的价格信息。

以下就是完成这个练习的具体步骤:

1. 创建模板应用程序,并将三个菜单选项输出给用户。

```cpp
// if/else 练习 - 菜单程序
# include <iostream>
# include <string>

int main()
{
    std::string input;
    int number;
    std::cout << "Menu\n";
    std::cout << "1: Fries\n";
```

```
    std::cout << "2: Burger\n";
    std::cout << "3: Shake\n";
```

2. 程序将要求用户输入他们的选择，并存入变量 input 中。

```
std::cout << "Please enter a number 1 - 3 to view an item price: ";
getline (std::cin, input);
number = std::stoi(input);
```

3. 使用 if/else 语句检查用户的输入，并输出对应的正确信息。

```
if (number == 1)
{
    std::cout << "Fries: $ 0.99\n";
}
else if (number == 2)
{
    std::cout << "Burger: $ 1.25\n";
}
else if (number == 3)
{
    std::cout << "Shake: $ 1.50\n";
}
else
{
    std::cout << "Invalid choice.";
}

    return 0;
}
```

4. 运行这个应用程序。当我们输入菜单选项时，会显示该项的正确信息。

这种在给定条件为真时执行操作的能力是所有程序设计的核心。如果您将任何一个系统足够分解，这个系统将包含"如果 x 是真的，就做 y"。

2.3　switch-case 语句

我们可以使用 if/else 根据哪个条件为真(true)执行特定的操作。在判断多个条件语句以确定流程时，这非常好用，如以下的例子所示。

```
if (checkThisCondition)
{
    //执行条件一
}
else if (checkAnotherCondition)
```

```
{
    //律诗行条件二
}
```

然而,当我们评估单个变量的不同可能性时,可以使用另一个语句:switch 语句。这允许程序以类似于 if/else 语句的方式进行分支操作,但是每个分支都基于正在切换的单个变量的不同可能值。在上一个练习中所创建的菜单应用程序就是一个很好的例子,程序是串接 if/else 语句来处理不同的可能值,但是由于程序是基于一个单一变量(即菜单索引)进行切换的,因此这段代码更适合使用 switch 语句。

switch 语句块的基本实现如下。

```
switch (condition)
{
    case value1:
        // Do stuff(进行操作)
    break;

    case value2:
    // Do stuff(进行操作)
    break;

    default:
        // Do stuff(进行操作)
    break;
}
```

将此应用于前面的菜单示例,条件将是从用户那里读取的选定菜单索引,不同的值将是程序所支持的可能的选项;然后,默认语句将捕获用户输入后,程序不能处理选项的情况。在这种情况下,可以打印错误消息,再让用户选择不同的选项。

switch 语句包含如下的关键字。

(1) switch:这个关键字给出程序正在判断的条件,程序将根据该条件的值切换具体的操作。

(2) case:每个 case 语句后面都跟着要处理的值,然后程序就可以为这种情况定义具体的操作。

(3) break:该语句表示结束给定情况的代码,继续执行下一个主题中的代码。

(4) default:这是默认情况,如果其他情况都不匹配,将调用它。

注释:默认 case 语句不是必需的,但建议最好使用。默认 case 语句允许程序处理所有其他值或抛出异常。

switch 语句的一个重要限制是它们只能用于某些特定的类型,这些类型是整数和枚举值。这意味着,不能在 switch 语句中使用 string(字符串)或 float(浮点)类型。

注释:枚举类型(enum)是 C++中用户生成的数据类型,对此的详细讨论已经超出了本书的范围。然而,有关其更多的详细信息,可以参阅以下文档:https://en. cppreference. com/w/cpp/language/enum。

值得注意的是,并不是每个 case 语句都需要一个 break 语句,它是可选的,尽管在绝大多数情况下可能是必需的;然而,如果省略了 break 语句,则执行流程将继续到下一个 case 语句,直到找到 break 语句为止。这里要注意,因为缺少 break 语句是很难找到 bug 的常见原因;确保每个 case 语句在需要的地方都有一个 break 语句可以节省很多潜在的调试时间。

理解 switch 语句使用情况的最好方法是将 if/else 语句转换成 switch 语句。

练习:将一个 if/else 语句重构为 switch/case 语句

在这个练习中,我们将重用上一个练习中的代码,并将其重构为 switch 语句。这将清楚地显示如何使用这两种方法中的任何一种表示相同的功能。然而,由于我们只检查单个变量的不同可能值,因此首选 switch 语句。

我们将把这个练习分解为以下几步。

1. 检查 number 变量,因为这就是语句切换的条件,将其添加到 switch 语句中,如下所示。

```
switch (number)
{
```

2. 将第一个 if 语句转换为 case 语句。如果程序运行第一个 if 语句,程序在检查数字是否等于 1,将 1 添加为第一个 case 值,并将输出复制到 case 体中。

```
case 1:
    std::cout << "Fries: $ 0.99\n";
break;
```

3. 对每个 if 语句重复这一步骤,但是最后一个语句除外。如果你还记得的话,这个语句只是最后一个选项,没有检查的条件。这意味着,如果所有其他的检查都失败,执行过程将直接进入到最后的默认语句。这正是默认 case 语句的工作方式,因此我们将通过把 else 语句移到默认 case 语句中以结束程序的 switch 语句。程序应该以下面的 switch 语句结束,它将取代 if/else。

```
switch (number)
{
    case 1:
        std::cout << "Fries: $ 0.99\n";
    break;

    case 2:
        std::cout << "Burger: $ 1.25\n";
    break;
```

```
   case 3:
        std::cout << "Shake: $ 1.50\n";
   break;

   default:
        std::cout << "Invalid choice.";
   break;
}
```

此语句的功能与 if/else 相同,因此我们可以使用两者之中的任何一个;但是,我们通常会看到 switch 语句要优于长串接的 if/else 语句。

4. 运行这段完整的代码。

该程序的行为方式相同,但 case 语句更整洁和更容易阅读与理解,我们可以清楚地看到每个可能的行为分支以及可以执行的情况。

2.4 循环语句

2.4.1 循环简介

除了条件语句之外,循环也是最基本的程序设计概念之一。如果没有循环,我们的代码将通过逐个运行逻辑语句,然后结束执行,到目前为止,我们的应用程序就是这样工作的;实际上这并不切合实际。一些系统往往由许多部分组成,代码的执行将在代码库中四处跳转,进而跳转到需要的地方。

我们已经看到了如何通过在代码中创建可以判断语句的分支实现这一点,并且根据结果执行不同的操作。另一种方法就是循环,循环允许程序重新运行一段代码,根据我们选择,可以运行指定次数,也可以运行无限次。本节我们将介绍 3 种循环:while、do while 和 for 循环。

2.4.2 while 循环

while 循环是最基本的循环之一,通常是应用程序中最外层的循环。当程序执行进入 while 循环时,通常在条件为 false 之前不会结束。图 2-1 显示了 while 循环的结构和逻辑流程。以下是 while 循环的基本实现。

```
while (condition)
{
    //执行条件
}
```

在应用程序中常见的是判断一个布尔值的最外层 while 循环。这样,我们就可以为应用程序设置一个不确定的生命周期,而这通常是我们想要的。我们的目的是只要用户希望,软件就一直运行下去。想让循环停止运行,就把布尔值的值改为 false。但是,在这里需要注意,因为很容易创建一个永远不会结束的 while 循环,当条件永远不会为 false 时将发生这种情况。在这种情况下,循环将被无限期地运行,无法结束。

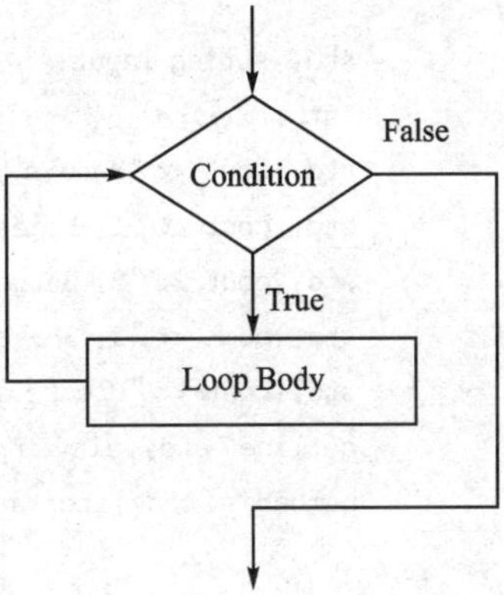

以下代码展示了使用 while 循环作为最外层循环控制应用程序生命期的方法。当布尔值为 true 时,这个应用程序将无限期运行下去。

图 2 - 1   while 循环的流程图

```cpp
int main()
{
    bool bIsRunning;

    // Do application setup

    while (bIsRunning)
    {
        // Run application logic
    }

    // Do application cleanup

    return 0;
}
```

练习:实现一个 while 循环的程序

在这个练习中,我们将重用之前练习中的代码,将 if/else 语句重构为 switch/case 语句,并在程序中实现 while 循环。

遵循以下的这些步骤来完成这个练习。

1. 将之前练习的代码复制到编译器窗口中。

2. 实现一个 while 循环并将值 true 传递给它,其代码如下所示:

```cpp
# include <iostream>
# include <string>

int main()
{
    while (true)
```

```cpp
    {
        std::string input;
        int number;
        std::cout << "Menu\n";
        std::cout << "1: Fries\n";
        std::cout << "2: Burger\n";
        std::cout << "3: Shake\n";
        std::cout << "Please enter a number 1 - 3 to view an item price: ";
        getline (std::cin, input);
        number = std::stoi(input);

        switch (number)
        {
            case 1:
                std::cout << "Fries: $ 0.99\n";
            break;

            case 2:
                std::cout << "Burger: $ 1.25\n";
            break;

            case 3:
                std::cout << "Shake: $ 1.50\n";
            break;

            default:
                std::cout << "Invalid choice.";
            break;
        }
    }
}
```

3. 运行这个应用程序。现在,这个应用程序将无限期地运行,因此我们使用了 true 作为表达式。我们可以看到程序不停地循环,再次请求用户输入他们的选择。

2.4.3　do-while 循环

do-while 循环的结构与 while 循环的结构非常相似,但有一个根本差别,那就是 do-while 循环的条件检查在循环体之后。这一差别意味着循环体将至少被执行一次。do-while 循环的基本结构如下。

```cpp
do
{
    // code
```

```
}
while (condition);
```

图 2-2 显示了 do-while 循环的结构和逻辑流程；
例子如下所示：

```
while (false)
{
    // Do stuff
}
```

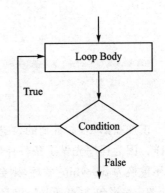

以上 while 语句中的代码永远不会执行，因为程
序首先判断表达式为 false，然后就跳过循环的代码。
但是，如果对 do-while 循环使用相同的条件，如下面
的代码段所示，我们将看到不同的运行结果。

图 2-2　do-while 循环的流程图

```
do
{
    // Do stuff
}
while (false);
```

在这种情况下，由于程序是自上而下运行的，所以程序首先执行代码，然后执行条
件；即使是 false，代码也已经运行了一次。

练习：以 False 条件实现 while 和 do-while 循环

在这个练习中，我们将编辑"Hello World"程序，以包含一个 while 循环，然后再包
含一个 do-while 循环。对于这两个循环，我们将输入 false 条件，并观察输出。

1. 在编译器窗口中插入以下代码（仅包含了一个 while 循环），然后执行这段
代码。

```
// While 循环
# include <iostream>
# include <string>

int main()
{
    while (false)
    {
        std::cout << "Hello World!";
    }
    return 0;
}
```

输出如图 2-3 所示。

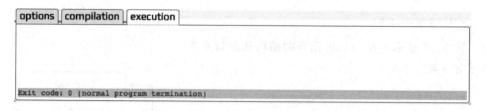

图 2-3　使用 while 循环时的输出

正如在图 2-3 看到的,在执行窗口中没有看到任何东西,这如我们所期望的一模一样。因为程序先做了条件评估,所以程序从未执行此代码。然而,如果我们将 while 循环替换为 do-while 循环,则会发生变化。

2. 编辑包含 do-while 循环的代码,如下所示的代码。

```
// do ... while 循环
# include <iostream>
# include <string>

int main()
{
    do
    {
        std::cout << "Hello World!";
    }
    while (false);

    return 0;
}
```

3. 运行以上这段代码,获得图 2-4 所示的输出。

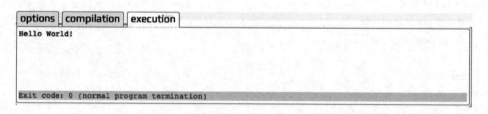

图 2-4　do-while 循环显示循环体至少被执行一次

现在,我们可以看到程序确实将 Hello World 这两个单词打印到了控制台上;虽然这两个循环在本质上是相似的,但它们有很大的差别,while 循环将首先评估条件,而 do-while 循环将在运行一次后评估条件。

2.4.4 for 循环

while 和 do-while 循环都是无限循环,这意味着它们只有在条件求值为 false 时才会停止。一般来说,在构造这些循环时,我们不知道需要多少次迭代,我们只是简单地设置,并在稍后的某个节点停止它。但是,for 循环通常是在我们知道需要多少次迭代,以及需要知道当前正在进行的迭代时使用。

例如,假设我们有一个联系人集合,需要遍历所有联系人,打印出他们的姓名和号码。因为我们知道这个集合的大小,所以可以编写一个 for 循环来迭代正确的次数,从而允许程序按顺序访问集合中的每个元素。我们可以使用正在进行的迭代确定如何输出数据。

for 循环的基本结构如下。

```
for (设定初始值;条件;迭代表达式){
    一个或多个语句;
}
```

图 2-5 为 for 循环的结构和逻辑流程。在 for 循环中使用 3 个参数。

(1) Initialization(设定初始值):这是一个在循环开始时只运行一次的语句,其通常用于声明一个将用作计数器的变量。

(2) Condition(条件):这是每次循环运行前检查的条件。如果条件为 true,则 for 循环将运行;如果条件为 false,则 for 循环结束。这通常用于检查计数器变量是否低于指定值,这就是我们如何控制循环将运行多少次的方法。

(3) Iteration Expression(迭代表达式):这是在每个循环结束时运行的一个语句,它通常用于递增计数器变量。

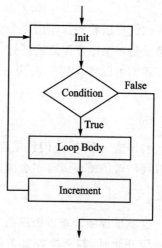

图 2-5 for 循环流程图

现在,让我们在练习中实现一个基本 for 循环,以巩固我们的理解。

练习:实现一个 for 循环

在这个练习中,我们将创建一个 for 循环,该循环将运行 5 次以打印出数字 01234。

1. 以 main 函数开始。

```
# include <iostream>
# include <string>

int main()
{
```

2. 创建一个 for 循环,计数器变量 i 初始化为 0,而条件为 i 小于 5,每次循环将计数器增加 1,最后打印输出变量 i 的值。

```
for(int i = 0; i < 5; ++i)
{
    std::cout << i;
}
}
```

3. 运行以上代码。输出如图 2-6 所示。

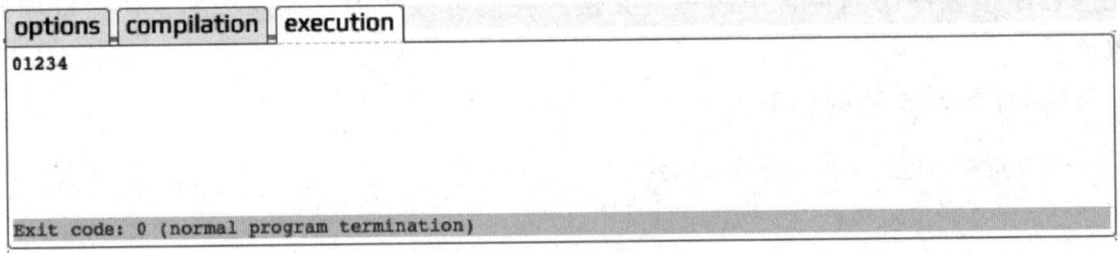

图 2-6　for 循环的输出

我们可以看到打印出 5 个数字,从 0~4,如图 2-6 所示。注意,数字是从 0~4,因为增量是在主循环体之后运行,所以从 0 值开始。

我们可以将代码分解为 3 个语句:初始化、条件和增量。此循环中的初始化语句为:

```
int i = 0
```

利用这一语句,我们将创建计数器变量 i,并将其值设置为 0。这个计数器将用来跟踪我们希望循环运行多少次,在这个循环中的条件语句为:

```
i < 5
```

这就是程序检查以确保循环可以运行的条件,与 while 循环的工作方式类似。每次迭代开始时,都会检查该条件。如果计数器变量 i 小于指定的值,则循环将继续执行。在该循环中,增量语句为:

```
++i
```

以上这个语句在循环的每次迭代后调用,并递增计数器(即将 i 的值加 1 之后,再赋予 i;++i 等价于 i=i+1),以便我们可以追踪循环已执行的次数。

2.4.5　基于范围的 for 循环

下面我们要探讨的最后一个循环,这是基于范围的 for 循环,它比前 3 个更简单。这个循环是在 C++ 11 中引入的,该循环使我们能够快速地对集合中的所有对象进行迭代。

当使用 for 循环遍历集合时,我们使用迭代器。在上一个示例中,这就是访问元素的变量 i,如下面代码所示。

```
std::vector <int> myVector {0, 1, 2, 3, 4};
for (int i = 0; i < myVector.size(); ++ i)
{
    int currentValue = myVector[i];
    std::cout << "\n" << currentValue;
}
```

然而,利用基于范围的 for 循环,我们不会通过递增值的方法手工获取元素。这种循环只是简单地给我们集合中的每个值。

```
std::vector <int> myVector {0, 1, 2, 3, 4};
for (int currentValue : myVector)
{
    std::cout << "\n" << currentValue;
}
```

以上这两个循环都将产生相同的输出,但是我们可以看到,第 2 个循环更简洁,更不容易出错,因为我们不用手动获取元素,而且也很可能更高效。通常,如果不需要标值,那么这种循环将允许我们编写更简洁、更可靠的代码。

练习:使用循环产生一些随机数

在这个练习中,我们将构建一个应用程序,它将为用户生成一组随机数。此应用程序将由一个主要的外循环和另一个控制数字生成的内循环组成。

对于外循环,我们将使用一个 while 循环,这是应用程序的一种常见设置。这个循环将无限期地运行,因此 while 循环最适合控制应用程序的最外层范围。对于内层循环,我们将使用 for 循环,因为我们知道用户想要生成多少数字。

1. 从创建 main 函数和定义主要变量开始。这包括布尔类型变量,它将控制应用程序的生命期。

```
# include <iostream>
# include <string>
# include <cstdlib>
# include <ctime>

int main()
{
    bool bIsRunning = true;
    std::string input = "";
    int count = 0;
```

2. 创建主循环,我们使用一个 while 循环,条件就是刚才定义的布尔变量。

```
std::cout << "***Random number generator***\n";
```

```
while (bIsRunning)
{
```

3. 有了 while 循环,现在可以添加在主循环的每个迭代期间要运行的所有代码,首先输出提示并读取用户输入。

```
std::cout << "Enter amount of numbers to generate, or 0 to exit: ";
// 从用户那获取计数器的值
getline(std::cin, input);
count = std::stoi(input);
```

我们在本章中介绍了 break 语句,现在程序可以使用它检查用户是否想退出应用程序。如果用户输入了 0,表示要退出,程序就调用 break 语句,退出 while 循环并结束应用程序。程序还将为随机数生成设置种子。

📖 **注释**:为了生成随机数,我们使用 rand 和 srand。rand 给程序随机数,srand 为随机数生成设置一个种子。通过使用 time(0)、从纪元开始的时间(以秒为单位),我们得到一个种子和随机数字。

4. 输入以下代码,插入一个 break 语句,以允许用户退出应用程序。

```
// 检查用户是否要退出应用程序
if (count == 0)
{
    break;
}
// 生成和输出随机数
srand((unsigned)time(0));
```

5. 编写主循环生成随机数,并将其输出给用户。因为程序从用户那里得到了一个 count 变量,所以我们可以使用它确保迭代的次数是正确的。在循环中,程序将生成一个随机数,并进行一些格式化。在每个数字之后,我们想打印一个逗号创建一个格式良好的列表,但在最后一个数之后没有逗号。为了达到这一目的,我们可以使用一个 continue 语句。

```
for (int i = 0; i < count; ++i)
{
    std::cout << rand() % 10;
    if (i == count - 1)
    {
        continue;
    }
    std::cout << ", ";
}
```

6. 为了演示,程序将输出两行空白行。

```
        std::cout << "\n\n";
    }
}
```

7. 运行以上这个应用程序。运行完成后,程序应能够生成指定数量的随机整数。

通过使用 while 循环,我们可以创建一个可以无限使用的应用程序。想象一下,如果每次在计算机上做一件事情时,就需要重新启动计算机,这是不是不太烦琐了? 具有循环代码和操纵程序流程的程序可以避免这些麻烦。

2.5 break/continue 语句

具有循环能力的代码是非常重要的,但也必须谨慎使用。一方面我们已经看到可能创建出永不结束的循环,另一方面还要确保循环被有效地使用。到目前为止,我们看到的循环都很小,它们也都完整地运行了,如果不是这样,我们就需要对循环进行更多的控制,或提前结束循环。有两个重要的关键字可以帮助我们做到这一点,它们就是break 和 continue。

2.5.1 break 语句

break 是一个 C++关键字,当使用它时,程序将退出当前循环,如果在紧随循环体之后有任何代码,则会跳转到这一部分代码。这个关键字适用于不同类型的循环,我们可以使用一个简单的计数应用程序很好地演示它,程序代码如下所示。

```
// Break 示例
# include <iostream>
# include <string>

int main()
{
    std::cout << "Loop Starting ...\n";
    int count = 0;

    while (count < 5)
    {
        ++ count;
        std::cout << "\n" << count;
    }

    std::cout << "\n\nLoop finished.";
}
```

在这个例子中,程序将打印出 5 个数字:0~4。如果按原样运行这段代码,我们可以看到整个循环都运行了,并给出了我们所预期的结果。循环的开始和结束处也有输出语句,这样我们可以更清楚地看到执行的流程,如图 2 - 7 所示。

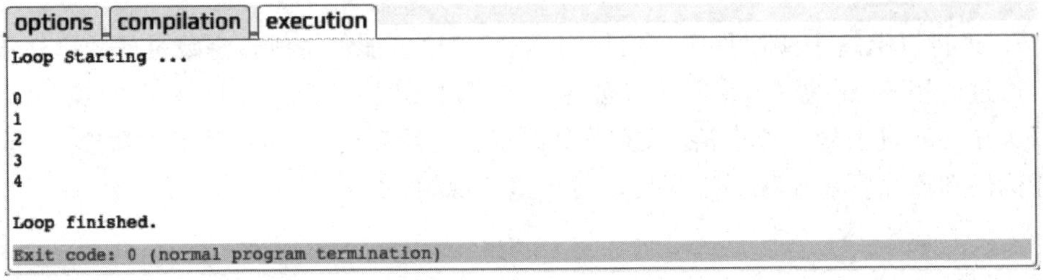

图 2 - 7　输出数字 0～4

现在,如果有这样一个条件,我们希望这个循环在计数等于 2 时停止执行,那该如何处理呢? 没关系,我们可以将一个 break 语句放入一个用作检查之用的 if 语句内部以达到目的。

```cpp
while (count < 5)
{
    ++ count;
    std::cout << "\n" << count;

    if (count == 2)
    {
        break;
    }
}
```

有了这个 break 条件,一旦计数等于 2,意味着程序已经有了 2 次循环,然后 break 语句将被执行,而程序将退出循环。现在,让我们运行这个应用程序(图 2 - 8),看看我们得到了什么。

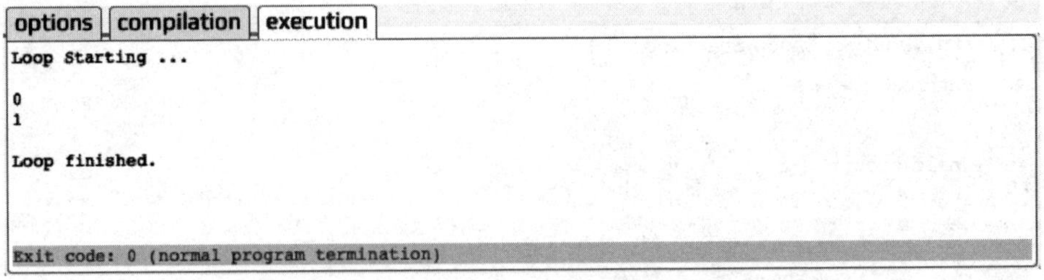

图 2 - 8　利用 break 语句,程序仅执行了 2 次循环迭代

现在可以看到,只要这个条件被满足了,break 语句就被执行,循环也就会停止迭代,程序会开始执行紧随循环之后的代码。如果我们把这段程序代码写成一个 dowhile,会发生什么情况呢? 如下所示。

```
do
{
    ++ count;
    std::cout << "\n" << count;

    if (count == 2)
    {
        break;
    }
}
while (count < 5);
```

以上的程序代码与我们将其写成如下的 for 循环程序代码是完全相同的。

```
for (int i = 0; i < 5; ++ i)
{
    std::cout << "\n" << count;
    ++ count;

    if (count == 2)
    {
        break;
    }
}
```

可看出,以上这两个循环都给出了完全相同的执行结果;在 break 语句执行和退出循环之前已经进行了 2 次迭代,如图 2-9 所示。

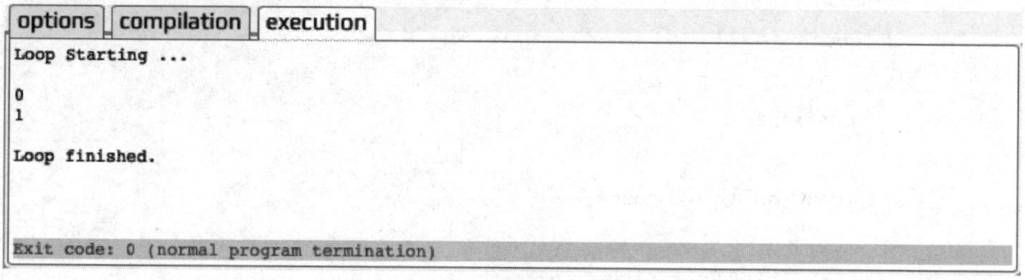

图 2-9　所有循环给出相同的结果,退出之前完成两次迭代

上述表明这些循环有时是可互换的,尽管有些循环比其他循环更适合于某些情况。例如,在这里使用的计数示例中,for 循环可能最适合,因为它带有一个整数值,可以在每次循环中递增,而这在 while 和 do-while 循环中我们必须手工处理;然而,当不需要递增整数时,建议使用基于范围的 for 循环。

2.5.2　continue 语句

我们可以使用的另一个关键字是 continue。这个关键字允许程序跳过当前的循环迭代,但是使程序继续保持在循环中,这点与 break 相反。同样,在之前的计数示例中,当程序正在打印数字 0~4,让我们使用 continue 关键字跳过打印数字 3。与 break 一样,我们可以编写一个条件检查计数器 count 是否等于 3,如果等于 3,则调用 countine 语句,如下所示。

```
if (count == 3)
{
    continue;
}
```

我们还要在程序的函数中改变它的位置,continue 关键字将跳过循环体的其余部分。目前,这段程序代码位于循环体的末尾,程序实际上不会跳过任何内容。为了让 continue 语句按预期工作,它需要出现在我们想跳过的任何代码之前,但在我们想执行的任何代码之后,对于本例,我们将在 if 语句中放置 continue 关键字。

```
// continue 示例
# include <iostream>
# include <string>

int main()
{
    std::cout << "Loop Starting ...\n";
    int count = 0;

    while (count < 5)
    {
        ++count;
        if (count == 3)
        {
            continue;
        }
        std::cout << "\n" << count;
    }
    std::cout << "\n\nLoop finished.";
}
```

在这里,程序总是要增加计数器变量,然后检查是否要跳过当前的迭代。如果跳过它,程序将返回到下一个循环的开始,如果不跳过,程序将照常执行循环的其余部分。一旦运行此代码,将获得如图 2-10 所示的输出。

程序已经跳过了打印数字 3,但是循环继续执行剩下的部分。例如,这在搜索某些东西时极其有用。假设我们有一个名字列表,而我们只想用那些以字母 D 开头的名字做一些事情。我们可以遍历所有的名字,首先检查第一个字母是否是 D;如果不是,则执行 continue 语句。以这样的方式,程序就可以有效地跳过那些不感兴趣的名字。

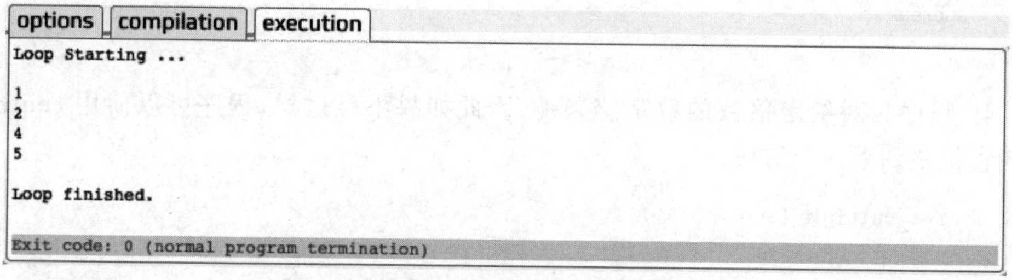

```
options  compilation  execution
Loop Starting ...

1
2
4
5

Loop finished.

Exit code: 0 (normal program termination)
```

图 2 - 10　已跳过数字 3 的输出

练习：利用 break 和 continue 使循环更有效

在这个练习中，我们将利用 break 和 continue 语句提高循环的效率。我们将创建一个循环，它将遍历数字 $1 \sim 100$，但只打印出给定值的特定倍数的值。

1. 用户选择打印倍数的值，以及打印的倍数的最大值。

```cpp
# include <iostream>
# include <string>

int main()
{
    int multiple = 0;
    int count = 0;
    int numbersPrinted = 0;
    std::string input = "";

    std::cout << "Enter the value whose multiples will be     printed: ";
    getline(std::cin, input);
    multiple = std::stoi(input);

    std::cout << "Enter maximum amount of numbers to print: ";
    getline(std::cin, input);
    count = std::stoi(input);
```

2. 将创建 for 循环来遍历数字 $1 \sim 100$。

```cpp
for (int i = 1; i <= 100; ++i)
{

}
```

3. 在 for 循环中，我们可以编写确定乘法的逻辑。首先，我们有一组准备要打印的数字，所以程序检查所指定的数量，如果达到这个数量，程序就执行 break 语句。

```cpp
if (numbersPrinted == count)
{
```

```
        break;
    }
```

4. 程序只对给定倍数的数字感兴趣,因此如果不是这样,程序可以使用 continue 语句直接跳到下一个迭代。

```
if (i % multiple ! = 0)
{
    continue;
}
```

5. 如果循环迭代使它通过这两个语句,那么程序就找到了一个有效的数字。在这种情况下,程序将打印它,然后使用以下代码段增加 numbersPrinted 变量。

```
std::cout << i << "\n";
++ numbersPrinted;
}
```

6. 运行以上应用程序。

通过使用 break 和 continue 语句,我们能够控制循环的执行,使循环更高效和更可控。

2.6   测试:使用循环和条件语句创建数字猜谜游戏

本章我们将编写一个数字猜谜游戏。这使我们能够应用一下本章中介绍的知识。这个程序将允许用户选择猜测的次数、最小数字和最大数字,且该应用程序将在这一范围内(在最小数和最大数之间)生成一个数字,然后允许用户猜测该数字(图 2-11)。如果用户在开始时或在他们所指定的猜测次数之内猜对了(即用户猜的数等于系统所产生的随机数),则赢得比赛。

```
 options    compilation   execution

***Number guessing game***

Enter the number of guesses: 5
Enter the minumum number: 1
Enter the maximum number: 10

Enter your guess: 4
Your guess was too high. You have 4 guesses remaining
Enter your guess: 2
Well done, you guessed the number!

Enter 0 to exit, or any number to play again: 0

Exit code: 0 (normal program termination)
```

图 2-11   数字——猜谜游戏的输出

1. 声明所有需要的变量,这包括 guessCount、minNumber、maxNumber 和 randomNumber。

2. 创建将运行该应用程序的主要外循环。

3. 为用户设置提示("Enter the number of guesses"),并从用户的输入中获取如下变量的值:猜测的次数、最小数字和最大数字。

📖 **注释**:可以将用户输入的猜测次数、最小数和最大数传递给对应的变量。

4. 在用户指定的范围内生成一个随机数。

5. 创建一个计数循环,该循环将迭代用户所指定的次数,并利用计数器记录用户猜测的次数。

6. 在计数循环中,获取用户的猜测。

7. 在计数循环中,检查用户的猜测是否正确。当正确的值被猜到时,我们可以在这里使用 break 语句退出。

8. 当找到了数字,或者用户用完了猜测时,系统将呈现退出应用程序或继续玩游戏的选项。

在这个应用程序中,我们使用了许多技术控制代码流程以重复更复杂的场景。我们使用了 while 循环作为应用程序主循环,因为我们最初不知道需要多少次迭代。之后,我们使用 for 循环运行代码一定次数,并使用 if/else 语句检查用户的输入,并执行相应的操作。

2.7 总　结

在本章中,我们重点讲解了 C++编程的控制流程,这是 C++编程的核心内容。首先讲解了条件语句,这主要包括 if - else 语句和 switch - case 语句,其次讲解了循环语句,最后讲解了 break/continue 语句。

通过这些编程语法的讲解,使我们能够对 C++编程的流程有一个全面的认识,能够在编程中正确的使用各种流程语句进行编程,控制整个程序的流程,进而能够提高所编写的程序的效率。

第 3 章　内置数据类型

教学目的：

在学习完这一章时，您将能够：

- 标识和使用不同的内置数据类型。
- 使用容器。
- 了解向量和数组，以完成一些基本操作。
- 知道变量的定义域和生命周期。
- 创建一个注册应用程序。

本章介绍 C++ 提供的内置数据类型，包括它们的基本属性、在向量和数组中的使用，以及利用它们创建注册应用程序。

3.1　简　介

在第 2 章中，我们探讨了控制流程，学习了通过语句操纵程序执行流程的方法。在本章中，我们将深入地研究如何使用不同的数据类型表示信息。这里所讲的数据类型就是 C++ 提供的内置数据类型。

我们之前使用过其中的一些数据类型，例如，我们知道整数代表数字，字符串代表单词和字符。现在我们将更详细地讨论它们。C++ 所提供的核心类型集是我们要创建的任何，乃至所有用户定义类型的建筑模块，因此，很好地了解这些内置数据类型是非常重要的。我们将从探究它们存储的数据，如何赋值以及它们的大小开始学习。之后，继续研究类型修饰符，即允许我们修改其属性的关键字。

接下来，我们研究如何创建这些类型的数组。到目前为止，我们的大多数变量都是单数，即一个数字或一个字符串。这些变量除了单独存储外，我们还可以将多个这样的变量一起存储在集合中，它们被称为数组。

在学习数组（阵列）之后，我们将研究存储生命周期或定义域。这就是变量所属的位置以及它们可访问多长时间的概念。这也是一个基本的主题，所以深入地理解它们很关键，以便我们学习最终主题——类和结构。类和结构是封装了数据和功能的对象，也是面向对象程序设计（OOP）的核心。这些内容将在第 9 章"面向对象的原理"中详细介绍，在这里所讨论的仅是一个简要的介绍。

为了顺利完成这一章的学习，我们将通过创建一个真实的注册应用程序测试我们所学的内容。这将是迄今我们创建的最大的应用程序，它将允许用户同时注册到系统，并通过 ID 查找现有的记录。这不仅要利用本章所涵盖的知识,而且还需利用前面所有的知识。

学习完本章的内容,不仅会对我们所使用的各种数据类型的属性会有更深入的理解,而且也能理解它们的使用寿命,以及它们在我们的应用程序中是如何存在的。

3.2　数据类型修饰符

在我们研究基本数据类型之前,先简单地介绍一下类型修饰符。在第 1 章(您的第一个 C++ 应用程序)中曾提及,当我们查看关键字时,类型修饰符允许我们改变整数类型的属性。我们可以使用的类型修饰符如下所列:

(1) signed:关键字 signed 说明变量可以同时包含正值和负值。

(2) unsigned:关键字 unsigned 说明变量只能够保存正值。

(3) long:关键字 long 确保变量至少是一个 int(整数)的大小;通常是 4 个字节。在某些情况下,这将增加可以存储的值的范围。

(4) long long(C++ 11):关键字 long long 是 C++ 11 引入的,这个关键字可确保变量在大小上要大于 long 类型;通常,这是 8 个字节。在大多数情况下,这会增加可以存储的值的范围。

(5) short:关键字 short 确保变量具有最小的内存占用,同时确保变量的大小要小于 long 类型;通常是 4 个字节。

📖 注释:数据类型的确切大小取决于多个因素,例如我们正在使用的计算机体系结构和设置的编译器标志。请务必注意,C++ 标准并不保证类型的绝对大小,但它们可以保证必须能够存储的最小范围,这意味着修饰的数据类型在不同的平台之间可能有差别。

3.3　内置数据类型

我们已经了解了修饰符的入门知识,可以进一步研究一下 C++ 提供给我们的基本核心数据类型。这些类型在大多数情况下都能满足我们的需要,不需要我们做任何特别的事情就可以使用它们,它们是语言的一部分,这些内置数据类型如下所列。

(1) bool(布尔):布尔型(bool)只能存储一个 true(1)或 false(0)值,其大小为一个字节。

(2) int(整型):整型(int)用来存储整数,而且典型的大小为 4 个字节。

(3) char(字符):字符型(char)用来存储单个的字符。它以整数的形式存储,并根据使用的字符集(通常是 ASCII 码)解析为字符。此数据类型的大小为一个字节。

(4) float(浮点数):浮点数类型(float)表示单精度浮点数,而且典型的大小为 4 个字节。

（5）double（双精度）：双精度类型（double）表示双精度浮点数，而且典型的大小为 8 个字节。

（6）void：void 类型是表示空值的特殊类型，不能用它创建 void 类型的对象。然而，通过指针和函数可以使用它表示空值，例如，指向空值的 void 指针将不返回任何值的 void 函数。

（7）wide character（宽字符）：宽字符类型（wchar_t）用来存储宽字符（Unicode UTF-16），虽然 C++ 11 引入了固定大小的数据类型 char16_t 和 char32_t，但是 wchar_t 类型的大小是由编译器来说明的。

练习：声明数据类型

在本章的第一个练习中，我们将声明一些不同的变量（有些变量带有修饰符，而有不带），并使用 sizeof 运算符打印出它们的大小。

1. 使用三种数据类型定义多个变量开始。

```
int myInt = 1;
bool myBool = false;
char myChar = 'a';
```

2. 运算符 sizeof 将以字节为单位给出变量的大小。对于前面定义的每个变量，添加输出其大小的语句。

```
std::cout << "The size of an int is " << sizeof(myInt) << ".\n";
std::cout << "The size of a bool is " << sizeof(myBool) << ".\n";
std::cout << "The size of a char is " << sizeof(myChar) << ".\n";
```

通过使用 sizeof，我们可以快速看到变量的大小。同样，根据我们使用的平台和编译器配置的不同情况，变量大小可能也会有所不同。继续使用上一节中所列出的其他一些数据类型，并查看数据的大小是否与所列出的大小匹配。了解这些数据类型的信息是很有用的，这样我们就可以确保在给定的场景中使用最合适的数据类型。

3.4 数　组

数组（图 3-1）是对象的容器，我们可以用其存储许多变量的值、而不是在变量中存储单个值。这些变量在内存中彼此相邻，所以程序通过一个变量和一个下标来访问它们。当我们声明一个数组时，程序在编译时就需要知道它的大小，因为它的内存是预先分配的。

例如，我们可能想存储一些客户的年龄，比如说 5 个客户的年龄，我们可以这样做。

```
int customerAge1;
int customerAge2;
```

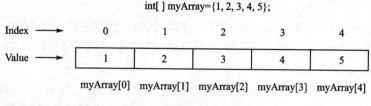

图 3 - 1　数组存储示意图

```
int customerAge3;
int customerAge4;
int customerAge5;
```

这里给了我们 5 个值,但它需要 5 个变量声明,而且每次我们想访问一个客户的年龄时,我们必须知道需要使用的那个变量。然而,使用数组,我们可以将所有这些数据存储在一个单一的变量中。另外,回想一下第 2 章控制流程,我们是如何使用循环遍历数组的,就会明白这是数组的另一个非常有用的属性。因此,让我们将这些数据存储在一个数组中,并以如下的方式声明数组:

```
type arrayName [numberOfElements];
(数据类型　数组名[数组中元素的个数];)
```

因此,在前面的例子中,我们可以这样声明数组:

```
int customerAges[5];
```

请注意,这里只会在内存中为 5 个 int 值创建所需的存储空间,在这个内存空间中,这 5 个整数值一个紧挨一个地排放在一起。这个语句还没有给这些整数中的任何一个赋值,这意味着它们(数组中的元素)此时将包含垃圾数据。如果在正确初始化数组之前尝试访问数组的元素,我们可以看到这一点,如下代码所示:

```
int customerAges[5];

std::cout << customerAges[0] << std::endl;
std::cout << customerAges[1] << std::endl;
std::cout << customerAges[2] << std::endl;
std::cout << customerAges[3] << std::endl;
std::cout << customerAges[4] << std::endl;
```

如果我们运行这段代码,将获得一些垃圾数据,因为我们尚未将任何值赋予集合中的单个整数。

3.4.1　数组的初始化

为了用值初始化数组,C++提供了许多选项,所有这些选项都使用了大括号{}。当我们定义数组时,可以通过将每个元素放在大括号中,并将它们赋予新的数组来显式地给每个元素的值。

```
int customerAges[5] = {1, 2, 3, 4, 5};
```

以上的声明是一个数组完整初始化的过程,因为我们要声明一个数组,其中有 5 个元素,并传递 5 个值,每个值一个元素。如果重新运行以上这段代码,我们将看到所有元素的值现在都是有效的了。

当我们像这样初始化一个数组,为每个元素传递一个值时,我们可以省略方括号中的大小设置,因为编译器能够为我们解决这个问题。在这个例子中,我们传入了 5 个元素,因此将创建一个大小为 5 个元素的数组,这意味着以下两个数组声明都是有效的,并产生同样的数组。

```
int customerAges[5] = {1, 2, 3, 4, 5};
int customerAges[] = {1, 2, 3, 4, 5};
```

我们还可以通过为某些元素(但不是全部)提供值,而对一个数组进行部分初始化:

```
int customerAges[5] = {1, 2, 3};
```

如果我们进行了以上的更改,然后重新运行前面这段代码,将得到这样的结果,前面是 3 个初始化值、最后两个是包含垃圾的值。

我们得到了一个初始化值和默认值的混合,这是因为 C++ 将空括号当作默认值,所以缺少的元素会被这样处理。作为这一行为的扩展,我们甚至可以用一对空括号初始化数组,这时所有元素都将被赋予此默认值:

```
int customerAges[5] = {};
```

在这种情况下,其输出如图 3-2 所示。

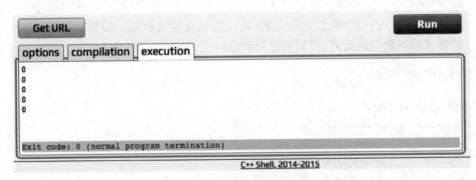

图 3-2　所有元素都为默认值

这里需要注意的是,虽然可以传入的元素比数组所能容纳的元素少(在本例中,是 3 个元素,其中数组的大小为 5),但反过来是不适用的;也就是说,不能传入数组无法容纳的元素数量(元素的个数不能大于数组的大小)。请看以下声明语句:

```
int customerAges[5] = {1, 2, 3, 4, 5, 6};
```

此处声明了一个大小为 5 的数组,但试图初始化 6 个元素,编译器会抛出警告。

最后,从 C++ 11 开始,我们已经可以直接用括号初始化成员数组,这意味着不再

需要 "＝" 了。实际上，这意味着以下两个数组声明是相同的，并将生成相同的数组，如下所示。

```
int customerAges[5] = {1, 2, 3, 4, 5};
int customerAges[5] {1, 2, 3, 4, 5};
```

3.4.2 访问数组中的元素

由于我们现在使用一个变量名在一个集合中存储多个值，因此需要一种单独访问元素的方法，为此，我们使用下标。将下标放在变量名后的方括号中，表示要获取集合中的哪个元素。

```
int myArray[5] {1, 2, 3, 4, 5};
int mySecondValue = myArray[1];
```

特别值得注意的是，在 C++ 和大多数其他语言中，下标开始于 0，而不是 1。在上面的例子中，程序输出的数字是 2，而不是 1。尝试访问不存在的元素，例如，在前面的数组中，我们总共有 5 个元素，这意味着下标 0～4 是有效的，如果试图访问下标为 5 的元素，应用程序可能会崩溃。

让我们看看以下的程序代码：

```
int myArray[5] {1, 2, 3, 4, 5};
int mySecondValue = myArray[5];
```

在这段代码中，数组只有 5 个元素，但是我们试图访问第 6 个元素。这将读取不属于这个数组的内存，并且导致程序崩溃。因此，我们必须确保在访问元素时使用有效的下标。

有几种方法可以做到这一点。一种比较经典的方法是找到整个数组的大小和找到一个元素的大小，然后将整个数组的大小除以一个元素的大小以计算出该数组所包含的元素个数：

```
sizeof(myArray)/sizeof(myArray[0])
```

C++ 为我们提供了 std::array，其长度是可以访问的，这里可以通过 <array> 头文件来访问：

```
std::array <int, 5> myArray {1, 2, 3, 4, 5};
std::cout << myArray.size() << std::endl;
```

C++ 17 给我们提供了 std::size() 函数，该函数返回标准容器的元素计数：

```
std::array <int, 5> myArray {1, 2, 3, 4, 5};
std::cout << std::size(myArray) << std::endl;
int myArray[5] = {1, 2, 3, 4, 5};
std::cout << std::size(myArray) << std::endl;
```

📖 **注释**:编译器必须启用 C++ 17 支持,此功能才可使用。

3.4.3 数组的内存

基于数组中的所有值都是一个紧挨着一个的存储在内存中的事实,我们可以通过指定一个下标轻松地获取其中的任何元素。C++数组中的第一个下标总是 0,这就是数组结构的开始,下一个元素的下标是 1。所以,为了得到下一个元素,从 0 开始,在内存中向前移动一个单位(元素的大小乘以下标值、这里是 1)。在这个例中,如图 3 - 3 所示,一个整数是 4 个字节,我们需要的下标为 1,因此我们将在数组从头开始向前查看 4 个字节,在这里我们将找到所需的元素。

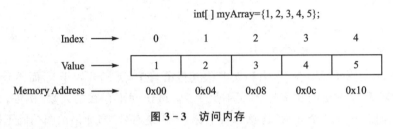

图 3 - 3 访问内存

如果单独打印出元素的内存地址,就可以看到这一点,但是在 C++中的与运算符(&)将提取紧随其后的对象的内存地址。我们可以用这个运算符查看元素在内存中的位置(地址)。

以下的这段程序代码就是这方面的一个示例。

```
int customerAges[] = {1, 2, 3, 4, 5};
std::cout << &customerAges[0] << std::endl;
std::cout << &customerAges[1] << std::endl;
std::cout << &customerAges[2] << std::endl;
std::cout << &customerAges[3] << std::endl;
std::cout << &customerAges[4] << std::endl;
```

如果运行以上的这段代码,我们将看到每个元素的地址,如图 3 - 4 所示。

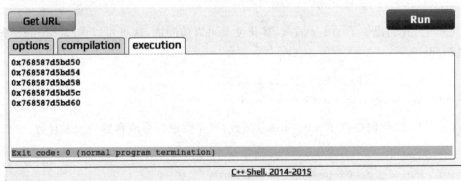

图 3 - 4 每个元素的地址显示每个地址增加了 4 个字节

内存地址以十六进制格式(以 16 为基数)存储,但我们可以看到第一个地址元素 0 以 50 结尾。如果我们再看下一个地址,第 2 个元素以 54 结尾,因为它的值增加了 4 个字节。4 字节是整数的大小,所以这样做是有意义的。如果我们再看第 3 个元素,它的内存地址以 58 结尾,这比第 2 个元素多了 4 个字节,比第 1 个元素多 8 了个字节,这显示了利用下标如何让我们在内存中导航寻址数组中的每个单独的元素。

练习:实现存储用户名

在这个练习中,我们将编写一个应用程序,该应用程序将用户名存储在数组中,并允许稍后再次获取用户名。

1. 定义一个宏,该宏将确定系统保留多少名字,并使用该宏初始化大小正确的数组。

```
// 数组练习
#include <iostream>
#include <string>
#define NAME_COUNT 5

int main()
{
    std::string names[NAME_COUNT];
```

2. 用户输入正确的名字个数。我们可以像以前的练习那样使用 for 循环。当使用 getline 获取输入时,我们将在下标上使用 for 循环将用户名直接放入数组中。

```
std::cout << "Please input usernames." << std::endl;
for (int i = 0; i < NAME_COUNT; ++i)
{
    std::cout << "User " << i + 1 << ": ";
    std::getline(std::cin, names[i]);
}
```

3. 既然现在我们已经将用户名存储在了数组中,那么我们希望允许用户选择任意数量的用户名。在第 2 章中我们看到了如何使用 while 循环实现这一点,在这里采用相同的方法。该循环将允许用户连续选择要查看记录的下标,如果要退出应用程序,则可以输入-1。

```
bool bIsRunning = true;
while (bIsRunning)
{
    int userIndex = 0;
    std::string inputString = "";
    std::cout << "Enter user-id of user to fetch or -1 to quit: ";
    std::getline(std::cin, inputString);
```

```
        userIndex = std::stoi(inputString);

        if (userIndex == -1)
        {
            bIsRunning = false;
        }
```

4. 在应用程序的最后一部分,在这里要基于下标提取一个用户的记录。我们需要小心,以确保用户传入的下标是有效的。首先,我们知道程序可以拥有的最小下标值是0,因此任何低于该值的下标都是无效的。我们也知道数组的大小为 NAME_COUNT,因为程序从 0 开始计数,所以最大有效下标将是 NAME_COUNT−1。如果用户指定的下标符合这两个条件,那就我们可以使用它了,如果不符合,程序将打印一个错误信息并要求用户再次选择。

```
        else
        {
            if (userIndex >= 0 && userIndex < NAME_COUNT)
            {
                std::cout << "User " << userIndex << " = " <<
                names[userIndex] << std::endl;
            }
            else
            {
                std::cout << "Invalid user index" << std::endl;
            }
        }
    }
}
```

定义数组、收集用户记录,然后允许用户再次提取这些记录,确保用户们提供给程序的下标是有效的。接下来,让我们运行这个应用程序,并对它进行测试。

在这个练习中,我们以动态方式使用数组来存储名字。在这里,我们可以通过为每个名字使用单独的字符串变量实现类似的功能,但这不是动态的。我们必须单独实现额外的名字,而使用这种方法,我们只需要更改应用程序顶部定义的宏就行了。这里我们还应仔细检查了数组中使用的下标的合理性,这在本例中尤为重要,因为它是由用户提供的。

3.4.4 多维数组

我们已经看到数组是如何存储对象集合的,而且到目前为至,我们使用的数组都是一维的;也就是说,它们的元素是完全线性的,可以用一行表示,如图 3-5 所示。

如上所述,如果我们把数组看作是一个值表,为了访问一个值,我们只需要指定列号,这就是我们以前所使用的单一下标。然而,可以增加我们使用的行数,当我们这样做时,我们创建了一个二维数组,如图 3 - 6 所示。

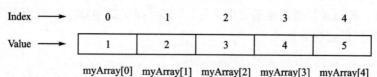

int[ ] myArray={1, 2, 3, 4, 5};

图 3 - 5 一维数组

int myArray[3][5]={{1, 2, 3, 4, 5}, {1, 2, 3, 4, 5}, {1, 2, 3, 4, 5}};

	Column 0	Column 1	Column 2	Column 3	Column 4
Row 0	myArray[0][0]	myArray[0][1]	myArray[0][2]	myArray[0][3]	myArray[0][4]
Row 1	myArray[1][0]	myArray[1][1]	myArray[1][2]	myArray[1][3]	myArray[1][4]
Row 2	myArray[2][0]	myArray[2][1]	myArray[2][2]	myArray[2][3]	myArray[2][4]

图 3 - 6 二维数组

我们现在必须使用多行,而不是将数据仅映射到一行。这意味着程序可以存储更多的数据,但它引入了所需要的第二个下标,我们现在需要同时指定行和列。

在代码中声明二维数组与一维数组非常相似。它们之间的差别在于,对于二维数组,我们需要提供两个值:一个用于行计数,另一个用于列计数。因此,图 3 - 6 中所示的数组可以如下定义。

```
int myArray[3][5];
```

与一维数组一样,也可以在声明值的同时初始化值。因为现在有多行,所以在初始化每一个自己的大括号中,又嵌套了一个大括号括起来的集合。初始化刚才定义的数组,如下所示。

```
int myArray[3][5] { {1, 2, 3, 4, 5}, {1, 2, 3, 4, 5}, {1, 2, 3, 4, 5} };
```

从理论上讲,数组可以由任意数量的维度组成,而不是仅仅局限于两维。然而,在实践中看到高于两个维度的数组并不常见,因为它们的复杂性和内存占用成为了必须考虑的因素。

练习:使用多维数组存储更多的数据

让我们扩展前一个应用程序以同时存储用户的姓,将使用多维数组来实现这一应用程序:

1. 将上一个练习的最终输出复制到代码窗口中。

2. 修改保存名字的数组。我们希望现在这个数组是二维的,每个记录都有两个值,即一个名和一个姓。

```
std::string names[NAME_COUNT][2] {""};
```

3. 从用户那里获取名字，并将其读入 names[i]，程序需要在此处改为询问名字 (forename)。我们还需要指定第二个下标，在其中存储这个输入。因为名字是数组中第一个元素，所以它的下标为 0。

```
std::cout << "User " << i + 1 << " Forename: ";
std::getline(std::cin, names[i][0]);
```

4. 询问姓。因为我们现在正在存储数组中第二个元素，所以我们希望使用下标 1，而不是 0。

```
std::cout << "User " << i + 1 << " Surname: ";
std::getline(std::cin, names[i][1]);
```

5. for 循环的代码应该如下所示。

```
for (int i = 0; i < NAME_COUNT; ++i)
{
    std::cout << "User " << i + 1 << " Forename: ";
    std::getline(std::cin, names[i][0]);
    std::cout << "User " << i + 1 << " Surname: ";
    std::getline(std::cin, names[i][1]);
}
```

6. 修改程序的输出以包含名和姓。程序目前只打印 names[userIndex]，因此需要修改此项以同时使用第一个下标和第二个下标，分别代表名字和姓氏。

```
std::cout << "User " << userIndex << " = " << names[userIndex][0] << " " << names[userIndex][1] << std::endl;
```

7. 运行这个应用程序。输入一些虚拟姓名，并检查我们是否可以正确访问它们。

通过向 names 数组添加第二个维度，我们能够在这个数组中存储更多信息，在本例中，就是存储了姓氏。

3.5　向　量

3.5.1　访问向量中的元素

向量与数组类似，它们都是在内存中连续存储元素集合，但向量具有动态大小（即大小可以动态地增加或减少）。这意味着程序不需要在编译时知道它们的大小，我们只需要定义一个向量并在需要时添加/删除元素。

每次向量需要增长时，它都必须找到，并分配正确数量的内存，然后将所有元素从原始内存位置复制到新的内存位置，这是一项十分繁重的任务。因此，它们不会随着每次插入而增长,而是会分配比实际需要更多的内存。这为它们提供了一个缓冲区,可以在其中添加一些元素,而无须另一个增长操作。然而,当达到一个极限时,它们会再次增长。

当需要存储的元素数量波动时,这种动态调整大小的能力使它们比数组更可取。以注册应用程序为例,其中将要注册的用户数是未知的。如果我们要在这里使用数组,必须选择一个任意的上限,并声明一个该大小的数组,除非应用程序的数组被填满,否则可能导致大量空间浪费。例如,如果我们将上限设置为 1 000 个用户,而实际只注册了 100 个用户,那就浪费了很多空间。

声明向量的方法如下。

```
std::vector <int> myVector;
```

此时,向量还不包含任何元素,但是在研究如何添加元素之前,我们将先研究如何访问它们。这将为我们稍后要做的练习做好准备,元素将在向量上迭代,然后打印出每个元素。

要访问一个向量中的元素,我们有两个选项。首先,由于向量将其元素连续地存储在内存中,就像数组一样,我们可以使用[ ]运算符访问它们。

```
int myFirstElement = myVector[0];
int mySecondElement = myVector[1];
```

记住,元素从下标 0 开始,所以对于第二个元素,我们需要下标 1,另外,还需要考虑与数组相同的问题,例如始终确保使用有效的下标。向量为我们提供了一个 at 函数,它的行为非常类似于[ ]运算符,并通过添加的检查来增强,以确保下标是有效的。

例如,要像刚才那样获取向量中的第一个元素和第二个元素,但是使用 at 函数,程序将执行以下操作。

```
int myFirstElement = myVector.at(0);
int mySecondElement = myVector.at(1);
```

这里的关键区别在于,如果我们向 at 函数传递一个越界下标,不会产生未定义的行为,而是这个函数将抛出一个异常。异常将在第 13 章"C++中的异常处理"中介绍,异常处理允许我们以安全的方式捕获和处理错误,而不会导致我们的应用程序崩溃。

既然我们现在已经了解了如何访问向量的元素,就让我们编写一个应用程序,它可以循环并打印出所有的元素。在我们考虑在向量中添加和删除元素时,这将非常有用。

练习:在向量上循环

在本节中,我们将以各种方式与一个向量交互,因此能够通过一个单一函数调用将这个向量可视化,这一点将非常有用。在继续学习后面的内容之前,让我们编写一个应用程序来完成这项工作。

1. 初始化一个 int(整数)类型的向量。

```
// Vector example.
```

```
# include <iostream>
# include <string>
# include <vector>

std::vector <int> myVector;
```

2. 定义一个名为 PrintVector 的函数。在这里，我们将编写打印向量内容的功能。

```
void PrintVector()
{
}
```

3. 要访问向量中的元素，我们可以使用下标，就像之前对数组所做的那样。为此使用 for 循环，使用下标访问向量中的各个元素。在函数结束时，程序将打印出几行空白行作为分隔符。

```
void PrintVector()
{
    for (int i = 0; i < myVector.size(); ++i)
    {
        std::cout << myVector[i];
    }
    std::cout << "\n\n";
}
```

4. 在 main 函数中添加我们对新函数 PrintVector 的调用。

```
int main()
{
    PrintVector();
}
```

5. 运行这个程序。我们还没有用任何数据初始化向量 myVector，因此不会有任何输出，但是我们可以确认它正在编译，而且没有任何错误。

3.5.2　初始化和修改向量中的元素

与数组一样，我们有很多选项可以用数据初始化向量。我们将看到的第一个方法就是分别指定单个的元素。以下初始化将为我们提供一个包含 5 个元素的向量，其值为 1、2、3、4 和 5。

```
std::vector <int> myVector {1, 2, 3, 4, 5};
```

我们还可以指定向量的大小，以及每个元素的默认值。以下初始化将为程序提供一个包含 3 个元素的向量，所有元素的值均为 1。

```
std::vector <int> myVector(3, 1);
```

最后,可以从现有的数组和向量的基础之上创建向量。这是通过传入它们的开始和结束内存位置完成的,具体做法如下。

```
std::vector <int> myVector(myArray, myArray + myArraySize);
std::vector <int> myVector(myVector2.begin(), myVector2.end());
```

与初始化一样,可以通过多种方式添加/删除向量中的元素。要将元素添加到向量的末尾,可以使用 push_back()函数。同样,要从向量末尾移除元素,可以使用 pop_back()函数。

```
myVector.push_back(1);
myVector.pop_back();
```

在以上代码中,我们将把元素 1 添加到向量的后面,然后立即将其删除。我们还可以使用 insert 和 erase 函数更精确地添加和删除向量。这两种方法都使用迭代器来确定在数组中操作的位置。我们现在不打算详细介绍迭代器,不过它们允许程序遍历集合的对象。

要在向量的特定位置添加和移除元素,程序应该执行以下操作。

```
myVector.erase(myVector.begin() + 1);
myVector.insert(myVector.begin() + 2, 9);
```

在本例中,我们使用了 begin( )方法,该方法返回指向向量中第一个元素的迭代器。然后我们可以添加一个偏移量得到我们想要的元素。记住下标从 0 开始,我们将删除下标 1 处的元素,然后添加下标为 2 的元素,所操作的是向量中的第二个元素和第三个元素。

让我们使用这些函数用数据初始化一个向量,然后通过在不同位置添加和删除元素来修改这一向量。

练习:修改一个向量

在这个练习中,我们将通过添加和删除元素修改向量,使用上一个练习中创建的应用程序并在每一步之间打印出向量,以便可以清楚地看到程序在做什么。

1. 将在上一个练习中创建的程序(在向量上循环)复制到编译器窗口中。

2. 将当前向量的定义替换为元素 1、2、3、4 和 5,进行初始化的同时定义这个向量。

```
std::vector <int> myVector {1, 2, 3, 4, 5};
```

3. 在 main 函数中,调用 PrintVector,然后使用 pop_back 从向量中移除最后一个元素,随后立即调用 PrintVector()。

```
myVector.pop_back();
PrintVector();
```

4. 使用 push_back 函数将值为 6 的新元素添加到向量中,之后再次调用 Print-Vector()执行以下操作。

```
myVector.push_back(6);
PrintVector();
```

5. 使用 erase 函数删除向量中的第 2 个元素,接下来再调用 PrintVector()。

```
myVector.erase(myVector.begin() + 1);
PrintVector();
```

6. 使用 insert 运算符在第 4 个位置插入值为 8 的元素,接下来最后一次调用 PrintVector()。

```
myVector.insert(myVector.begin() + 3, 8);
PrintVector();
```

7. 运行这个应用程序,并在每个步骤之后观察向量的状态。

在这个应用程序中,我们用一些值初始化了一个数组,然后通过多种方法修改它们。我们用简单的 push/pop 函数添加/删除数组末尾的项(元素),我们还可以使用 insert/erase 函数更具体地说明在哪里添加/删除值。通过使用 for 循环在向量上迭代,我们能够在每个阶段打印出元素,以便我们可以清楚地看到所做修改的效果。

其他的一些可用的容器,如堆栈、树和链接列表,每种容器都有其优缺点。要使用哪一种容器取决于我们的具体情况。

3.6 类和结构

C++所提供的基本变量类型是一个很好的起点,不过在应用程序中只需要这些变量类型是很少见的。当程序表示真实世界的信息(如用户记录或对象的各种属性)时,我们通常需要更复杂的数据类型存储信息。C++允许我们以类和结构的方式创建这样的类型。

3.6.1 类

一个类是变量和功能的一个集合,它整齐地封装在单个对象中。当我们定义一个类时,意味着我们正在为这个对象创建一张蓝图。每次创建这种类型的对象时,我们都会使用这张蓝图构造对象。类是 C++的核心部分,毕竟,在本书的开篇章节中我们讲过,C++最初的名字是带有类的 C。

在默认情况下,C++类中声明的成员(变量和函数)是私有的。这意味着它们只能被类本身访问,因此不能被外部类访问。不过,这可以通过使用访问修饰符变更;类也可以相互继承,但这部分内容将在第 8 章"类和结构"中介绍。

在 C++中声明一个类的语法如下。

```
class MyClassName;
{
```

```
Access Modifier(类修饰符):
    data members.
    member functions.
}
```

使用此语法,我们定义一个简单的类:

```
// 类示例
# include <iostream>
# include <string>

class MyClass
{
    int myInt = 0;

public:
    void IncrementInt()
    {
        myInt ++ ;
        std::cout << "MyClass::IncrementInt: " << myInt;
    };
};

int main()
{
    MyClass classObject;
    classObject.IncrementInt();
}
```

在这段代码中,我们定义了一个名为 MyClass 的类,它包含一个变量和一个函数。第一个成员是私有的,所以只能通过类本身访问;第二个成员是公有的,所以可以从类可以访问的任何地方访问它。

在 main 函数中,我们实例化了类的一个实例。这给了我们一个对象 classObject,它包含了在 MyClass 中定义的所有属性和功能。因为我们定义了一个公有函数 IncrementInt,所以可以通过该类对象调用它。

3.6.2　结　构

结构与类非常相似。两者的区别在于,在默认情况下,类成员是私有的;而在结构中,它们是公有的。由于这样的原因,我们倾向于使用结构定义主要用于存储数据的对象。如果我们有一个存储数据的对象,但是它有很多相关的功能,那么它通常被定义为一个类。

一个很好使用结构的例子就是存储坐标。因为数据由一个 X 值和一个 Y 值所组成,所以我们可以定义两个单独的浮点变量。然后,我们必须管理它们,把它们保存在一起定义一个结构,而这个结构将这些单独变量封装和包含在一个单独的逻辑单元中,这将使后面的操作更加容易。

声明结构(struct)与声明类(class)几乎完全相同,但是我们将关键字 class 替换成了 struct。

```
// 结构示例
# include <iostream>
# include <string>

struct Coordinate
{
    int x = 0;
    int y = 0;
};

int main()
{
    Coordinate myCoordinate;
    myCoordinate.x = 1;
    myCoordinate.y = 2;
    std::cout << "Coordinate: " << myCoordinate.x << ", " <<
    myCoordinate.y;
}
```

在这里,我们在结构中定义了坐标,并且由于默认情况下成员是公有的,所以不必担心访问修饰符。我们可以简单地实例化该类型的对象,并开始在代码中使用它的成员,而不必担心发生问题。

3.6.3 访问修饰符

如前所述,类和结构之间的区别在于它们的成员变量和函数的默认可见性,然而,这并不是说它们不能改变。在声明这些成员时,我们可以使用以下 3 个访问修饰符。

Public(公有的):任何声明为 public 的成员都可以从类所在的任何位置访问。

Private(私有的):任何声明为 private 的成员只对定义它们的类和好友函数(friend functions)可用。

Protected(受保护的):受保护的成员类似于私有成员,但是子类可以访问它们。

通过使用以上这些关键字定义成员,我们可以控制这些成员对应用程序的可见性。使用这些修饰符的语法如下。

```
class MyClass
{
    public:
```

```
        //从这一点开始声明的任何成员都是公有的
    protected：
        //从这一点开始声明的任何成员都将是受保护的
    private：
        //从这一点开始声明的任何成员都是私有的
};
```

我们通过调用 public/protected/private 关键字在可访问性组中定义成员，紧随其后所声明的成员将具有该关键字所指定的可见性。我们可以在类定义中多次使用这些修饰符；成员并不限于这样的严格的分组，但如果成员被整齐地分组，则会使代码更具可读性。

练习：使用修饰符控制访问

让我们将一些成员添加到前面的类模板中，对于每个可见性修饰符，我们将定义一个整数变量，然后尝试访问它。这将向我们展示不同的可访问性修饰符在实践中将如何影响变量。

1. 分别将变量 myPublicInt、myProtectedInt 和 myPrivateInt 声明为 public、protected 和 private。

```
//可访问性示例
# include <iostream>
# include <string>

class MyClass
{
    public：
        int myPublicInt = 0;
    protected：
        int myProtectedInt = 0;
    private：
        int myPrivateInt = 0;
};
```

2. 实例化 MyClass 类的一个实例，并尝试以 cout 语句访问我们在上面刚刚定义的每个成员。

```
int main()
{
    MyClass testClass;
    std::cout << testClass.myPublicInt << "\n";
    std::cout << testClass.myProtectedInt << "\n";
    std::cout << testClass.myPrivateInt << "\n";
}
```

3. 运行以上程序代码。

我们可以看到只有公有成员变量是可访问的,另外两个抛出了错误,因为它们被声明成受保护的和私有的;因此,我们不能像使用公有成员那样使用私有成员。在构建应用程序时,为成员提供正确的可访问性是一个很好的做法,这样我们就可以确保数据只能以我们所希望的方式使用和访问。

3.7 构造函数/析构函数

当一个对象被实例化时,我们可能想要为这个对象做一些设置;例如给一些变量默认值,或者从某个地方获取一些信息。同样,当我们想销毁一个对象时,可能首先要做一些清理。也许我们已经创建了一个临时文件,我们想删除或取消分配的内存。C++让我们通过赋予构造函数和析构函数实现这一点;当对象被实例化和销毁时,如果定义了构造函数和析构函数,它们将自动运行。

一个对象的构造函数确保在对象被实例化时运行,但是实例化必须在该对象被用于任何地方之前进行。这使我们有机会执行正确操作对象所需的任何设置。为了定义构造函数,我们创建一个公有函数,其函数名就是类的名字。例如,要为 MyClass 对象定义构造函数,可执行以下操作。

```
public:
MyClass()
```

要查看构造函数的运行情况,可以添加打印语句并初始化 myPublicInt 变量。在应用程序的开始处添加打印语句,我们就可以看到执行的顺序。

```
// 构造函数示例
# include <iostream>
# include <string>

class MyClass
{
public:
    MyClass()
    {
        std::cout << "My Class Constructor Called\n";
        myPublicInt = 5;
    }

    int myPublicInt = 0;
};
```

```
int main()
{
    std::cout << "Application started\n";
    MyClass testClass;
    std::cout << testClass.myPublicInt << "\n";
}
```

对象的析构函数操作方式与构造函数非常相似,这给了我们执行任何清理工作的机会,如释放所分配的内存等。析构函数的语法与构造函数的语法相同,但前面有一个波浪号字符。

```
~MyClass()
```

如果我们扩展以上的代码来声明析构函数,并在其中只有唯一的一条语句——输出自身的语句,我们就可以看到它何时被调用了。当 main 函数结束时,就会发生这种情况,应用程序会在自身结束后关闭并清理,因此,程序会调用析构函数并看到我们的语句。

```
~MyClass()
{
    std::cout << "My Class Destructor Called\n";
}
```

正如本节开头所提到的,因为在后面的章节中将进行深入地研究类和结构,所以我们在这里只对它们进行了简单的介绍。希望您能从这个介绍中获得如下的收获。

(1)利用类和结构封装变量和行为。

(2)默认情况下,类成员是私有的,而它们在结构中是公有的。

(3)我们可以使用访问修饰符修改成员的可见性。

(4)构造函数和析构函数这样的一些代码,它们分别在对象生命周期的开始和结束端被自动调用。

练习:类/结构

作为本节的一个练习,我们将在类和结构中封装相同的数据和功能,并再次观察它们如何影响这些数据和功能的使用,我们要封装的数据和功能如下。

一个整数变量;

一个布尔变量;

一个将返回一个字符串的函数。

1. 创建一个类来封装上所述的行为和数据。

```
class MyClass
{
    int myInt = 0;
    bool myBool = false;
```

```
    std::string GetString()
    {
        return "Hello World!";
    }
};
```

2. 对结构执行相同的操作（创建一个一模一样的结构）。这里唯一的变更是用 struct 替换 class 关键字。

3. 为了测试程序变量的可访问性，我们将实例化该类的一个实例，并调用每个成员。

```
MyClass classObject;
std::cout << "classObject::myInt: " << classObject.myInt << "\n";
std::cout << "classObject::myBool: " << classObject.myBool << "\n";
std::cout << "classObject::GetString: " << classObject.GetString() << "\n";
```

然后对结构执行同样的操作，并运行应用程序。我们将看到一些关于类中无法访问的成员的错误，但对于结构则不会。

4. 为了解决这个问题，我们将使用 public 访问修饰符使我们的成员可以访问，最终代码和输出如下所示。

```
// 类/结构的练习
#include <iostream>
#include <string>

class MyClass
{
public:
    int myInt = 0;
    bool myBool = false;

    std::string GetString()
    {
        return "Hello World!";
    }
};

struct MyStruct
{
    int myInt = 0;
    int myBool = 0;
    std::string GetString()
    {
        return "Hello World!";
```

```
    }
};

int main()
{
    MyClass classObject;
    std::cout << "classObject::myInt: " << classObject.myInt << "\n";
    std::cout << "classObject::myBool: " << classObject.myBool << "\n";
    std::cout << "classObject::GetString: " << classObject.GetString() << "\n";

    MyStruct structObject;
    std::cout << "\nstructObject::myInt: " << structObject.myInt << "\n";
    std::cout << "structObject::myBool: " << structObject.myBool << "\n";
    std::cout << "structObject::GetString: " << structObject.GetString() << "\n";
}
```

在这个练习中,我们回顾了如何使用类和结构封装行为,并使用访问修饰符确保其可见性。这种对两者基本区别的理解将为我们在随后的面向对象的程序设计(OOP)章节中的进一步学习提供较深的知识背景。

3.8 测试:编写注册应用程序

在这个测试中,我们将编写一个用户注册应用程序。它将允许通过用户提供他们姓名和年龄,并在系统中注册,并且我们将以自己的自定义类型存储这些信息。程序还将为用户提供通过 ID 查找、检索他们信息的能力。

当以上测试完成并运行之后,可以获得类似于图 3 - 7 所示内容的输出。

这个测试将把我们在这一章中学到的所有东西都放在了这个测试中,同时也扩展了我们在查看容器时所做的练习。为了完成这一测试,还需依赖于以前学习的技能,例如循环、分支和读取用户输入。现在就让我们开始吧。

1. 首先包括这个应用程序将需要的各种头文件。

2. 定义将表示系统中记录的类。该记录将是一个人,包含姓名和年龄。另外,声明这种类型的向量来存储这些记录。在不必预先声明数组大小的情况下,向量被用于提供所需的灵活性。

3. 添加一些函数以添加和获取记录;首先,添加记录的函数。一个记录由名字和年龄组成,因此编写一个函数来接受这两个参数,创建一个记录对象,并将其添加到记录向量中,将此函数命名为 AddRecord。

4. 添加一个提取一条记录的函数,这个函数应该接受一个参数、一个用户 ID,并返回该用户的记录,将此函数命名为 FetchRecord。

5. 输入 main 函数并开始应用程序的主体。从一个外部主循环开始,并向用户输

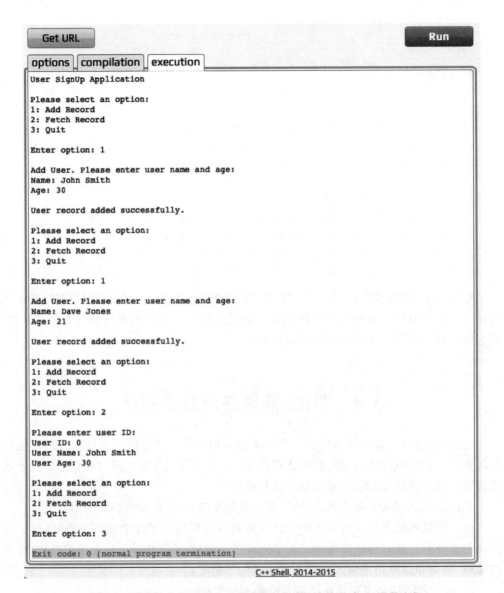

图 3 - 7 我们的应用程序允许用户添加记录,然后通过 ID 调用它们

出一些选项。您将为他们提供 3 个选项:添加记录(Add Record)、提取记录(Fetch Record)和退出(Quit)。

6. 向用户展示这些选项,然后捕获他们的输入。

7. 现在有 3 个可能的分支,这取决于用户输入,我们将使用 switch 语句处理这些分支。Case1 是添加一个记录,为此,可将从用户那里获得用户的姓名和年龄,然后调用我们的 AddRecord 函数。

8. 下一种情况是用户想要提取记录。为此,需要从用户那获取用户 ID,然后调用函数 FetchRecord,输出其结果。在这里会捕获一个异常,这是我们之前没有讨论过

的,因此本书提供了以下代码:

```
try
{
    person = FetchRecord(userID);
}
catch (const std::out_of_range& oor)
{
    std::cout << "\nError: Invalid UserID.\n\n";
    break;
}
```

📖 **注释**:前面程序代码段中的函数和变量的名字可能会因命名而有所不同。

调用此代码后,只需要输出记录的详细信息。再说一遍,不要担心这个语法是否不熟悉,因为将在后面的章节中介绍它。

9. 下一种情况(case)是当用户想要退出应用程序时。这很简单,只需要退出我们的主循环即可。

10. 添加一个默认 case,将会处理用户输入的无效选项。这里要做的就是输出一条错误消息,并将它们发送回应用程序的开头。

11. 所有这些都完成之后,这个应用程序应该准备就绪了。

3.9　总　结

在本章中,首先详细讲解了 C++所提供的不同内置数据类型,C++标准定义了包括算术类型(arithmetic type)和空类型(void)在内的内置数据类型,其中算术类型包含了字符、整型数、布尔值和浮点数,空类型不对应具体的值,仅用于特殊的场合;然后讲解了向量和数组,并以此知识内容为基础,进行了一些基本的编程操作;最后讲解了变量的的定义域和生命周期。

通过本章内容的学习,我们应该已经具备了基本的 C++编程能力,并通过最后一个编程测试来对本章所学的知识进行巩固和提升。

第 4 章　C++的运算符

教学目的：

在学习完这一章时，您将能够：

- 掌握各种算术运算符和在应用程序中使用这些运算符。
- 了解各种关系运算符。
- 在应用程序中实现赋值运算。
- 在 C++程序中应用一元和逻辑运算符。
- 实现重载运算符，并定义自定义类型。

本章将介绍 C++提供的各种运算符，描述它们所做的操作以及这些运算符是如何允许我们操纵数据的。

4.1　简　介

在第 3 章中，我们学习了 C++的各种数据类型，以及如何使用它们存储和表示系统中的数据。在这一章中，我们将学习运算符，即赋值和操作这些数据的机制。到目前为止，我们一直在程序中使用这些运算符，如果不使用它们，我们是很难编写 C++程序的。

运算符有多种形式，但一般来说，它们的作用是允许程序与数据进行交互。无论是赋值、修改还是复制，所有这一切都是通过运算符完成的。我们将从算术运算符和关系运算符开始，这些运算符允许程序执行数学运算，如数字的加法、减法和除法，以及两个值的比较运算。

然后将继续研究赋值运算符。这些运算符允许我们将数据赋予变量，以及将我们的变量赋予其他的变量。这是至今我们使用最多的运算符，但肯定还有更多要学习的内容，以及将赋值运算符和算术运算符结合起来的多种变体。

要研究的最后一种运算符类型是逻辑运算符和一元运算符。逻辑运算符允许程序检查条件，从而生成一个布尔值供我们检查。一元运算符是对单个值进行操作，并以某种方式对其进行更改的运算符。

我们将通过对运算符进行重载和赋值来结束本章。C++有很多可用的运算符，但有时可能需要重载它们，为特定类型提供我们自己所需要的行为。

在这一章的末尾，将测试我们对运算符的理解，在这个测试中，我们将创建 FiZZ BuZZ 应用程序，这是一个用于测试 C++熟练层度的常见测试。完成本章的学习之后，我们将对现有的运算符有一个全面的了解,从而使我们能够自信和有能力与系统中的数据进行交互。

4.2 算术运算符

算术运算符允许我们对数据执行数学运算。这些运算符都是易于使用的,因为除了取模运算符之外,它们所用的符号都与我们日常数学中所使用的相同。例如,为了加一个数字,我们只需像在任何地方一样使用"＋"符号。通常,这些运算符将与数字数据类型一起使用,但是,没有什么可以阻止任何一个类型使用此类运算符。这将作为本章的最后一个主题讨论。

让我们快速地看一下这 4 个基本运算符:加法、减法、乘法和除法。如上所述,这 4 个运算符与我们日常使用的符号相同。以下示例实现了所有 4 种类型的算术运算符。

```cpp
// 算术运算符
# include <iostream>
# include <string>

int main()
{
    int addition = 3 + 4;
    int subtraction = 5 - 2;
    int division = 8 / 4;
    int multiplication = 3 * 4;

    std::cout << addition << "\n";
    std::cout << subtraction << "\n";
    std::cout << division << "\n";
    std::cout << multiplication << "\n";
}
```

如果运行以上的程序代码,输出如图 4 - 1 所示。

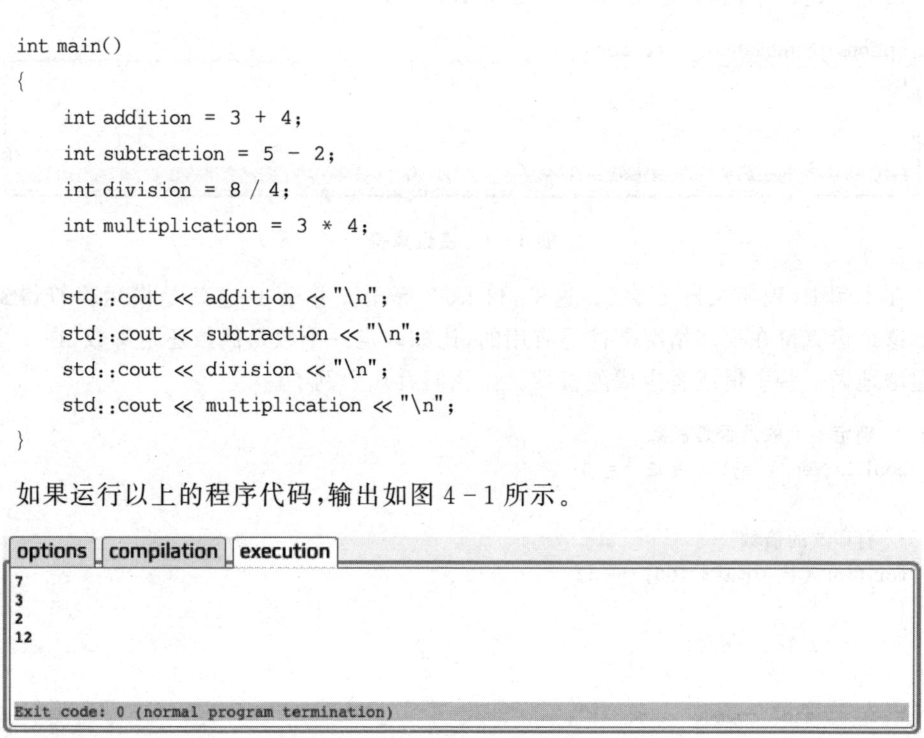

```
 options   compilation   execution
7
3
2
12

Exit code: 0 (normal program termination)
```

图 4 - 1 算术运算符输出结果

我们可以在这些操作中同时使用变量和常量(即纯数字),它们是可以互换的。

```
int myInt = 3;
int addition = myInt + 4;
```

在这段代码中,我们将值 4(常量)与变量 myInt 相加,其结果使变量 addition 的值变为 7。

我们要探讨的最后一个算术运算符是模运算符。这个运算符返回整数除法的余数,并由"％"符号表示。使用这个运算符时,它是将符号左侧的数字除以符号右侧的数字,然后返回除法的余数。

```
// 算术运算符
# include <iostream>
# include <string>

int main()
{
    int modulus = 11 % 2;
    std::cout << modulus << "\n";
}
```

运行上述程序代码,输出如图 4-2 所示。

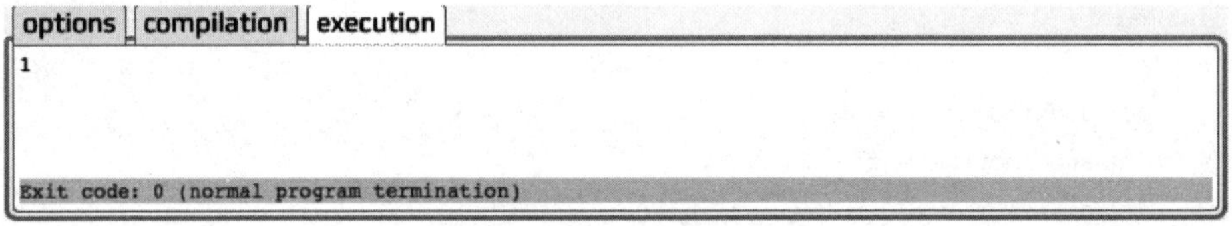

图 4-2　模运算符

在本例中,程序执行 11％2。这里,11 除 2 等于 5 并余 1,这就是模运算符得到的值。这个运算符在很多情况下都是有用的,比如确定一个数是偶数还是奇数、在一个集合递增地做一些事情或者生成随机数。让我们看几个例子。

```
// 确定一个数是否是偶数
bool isEven = myInt % 2 == 0;

// 打印 5 的倍数
for (int i = 0; i < 100; ++i)
{
    if (i % 5 == 0)
    {
        std::cout << i << "\n";
    }
}

// 产生一个 1～10 之间的随机数
```

```
srand(time(0));
int random = (rand() % 10) + 1;
```

📖 **注释**：在以上的代码中，同时使用了＝和＝＝运算符。＝是赋值运算符，而＝＝是相等运算符。前者给事物赋值，而后者检查事物是否相等。

在以上代码的最后两行中，我们使用模运算符在一个范围内生成一个随机数。rand()％10 操作将得到介于 0 和 9 之间的答案，然后我们添加 1 以将该范围从 1 增加到 10。

要注意这里的运算符优先级，以及计算顺序。我们在数学中关于算术中的运算顺序的基本规则被保持在 C++中，例如，乘除法将优先于加减法。C++包含许多运算符，因此，一个完整的运算符和它们的优先级的列表可以在如下网址中找到：https://en.cppreference.com/w/cpp/language/operator_precedence。知道哪些运算符优先于哪些将对我们今后的编程工作大有帮助。

如果我们想人为地指定运算操作的顺序，可以使用括号。以下这个例子给出了这样的两个运算表达式。

```
int a = 3 * 4 - 2; // a = 10
int b = 3 * (4 - 2); // b = 6
```

在第一个表达式中，程序是以自然的顺序进行操作的。这意味着先做乘法，然后做减法，得到的答案是 10。在第二个示例中，程序将减法括在了括号中，因此首先计算减法，所以，3 乘以 2，得到的答案是 6。括号的正确使用对于确保表达式的计算方式符合我们的要求非常重要。

现在编写一个应用程序来练习这里所介绍的一些运算符，该应用程序将确定一个数字是否是素数。

练习：素数检查程序

在这个练习中，我们将编写一个应用程序并利用模运算符确定一个数字是否是素数。一个素数是一个大于 1 的整数，并且只能被 1 和这个数本身整除；我们可以使用模运算符帮助我们确定这一点。

1. 用户输入要检查的数字，程序要检查该数是否为素数。

```
// 素数检查程序
# include <iostream>
# include <string>

int main()
{
    int numberToCheck = 0;
    std::cout << "Prime number checker\n";
    std::cout << "Enter the number you want to check: ";
    std::cin >> numberToCheck;
```

2. 素数部分的定义是它必须大于 1,因此我们可以直接省略任何小于或等于 1 的值。

```
if (numberToCheck <= 1)
{
    std::cout << numberToCheck << " is not prime.";
    return 0;
}
```

3. 2 是一个有趣的素数,因为它是唯一的偶数。所有大于 2 的偶数都可以被至少一个 2 和它自己的值整除。鉴于此,我们现在可以添加一个快速检查处理这种情况。

```
else if (numberToCheck == 2)
{
    std::cout << numberToCheck << " is prime.";
    return 0;
}
```

4. 我们已经处理了"特殊"情况,其中包括输入的数字是 0、1 或 2,所以现在我们需要处理大于 2 的值。要做到这一点,我们需要确定我们正在检查的数字能否被任何大于 1 并小于用户输入的数值整除。

在前面我们使用了模运算符,并看到了它如何在除法后获取余数;因此,如果我们将其与用户的输入和循环值一起使用,我们可以确定输入值是否具有除 1 和这个数本身以外的任何因子。1 和这个数本身的因子不应该被检查,如果我们找到了任何其他因子,那么这个数字就不是素数。如果我们找不到,它就是素数。

```
for (int i = 2; i < numberToCheck; ++i)
{
    if (numberToCheck % i == 0)
    {
        std::cout << numberToCheck << " is not prime.";
    return 0;
    }
}
std::cout << numberToCheck << " is prime.";
}
```

5. 现在可以运行这个应用程序并测试它的功能。前 5 个素数是 2、3、5、7 和 11。我们可以检查这些,以及它们附近的数字,以确定我们的应用程序是否正常工作。

通过使用模运算符,我们能够确定一个数是否是素数。这只是模运算符和一般算术运算符的众多用途之一而已。

4.3 关系运算符

关系运算符允许程序相互比较值。例如,我们可以检查一个值是否大于另一个值,或者两个值是否相等。这些运算符不仅处理整数值,还可以处理集合和对象。有两个基本的关系经常被检查:相等和比较。

4.3.1　相等运算符

用于确定两个值相等的关系运算符是==和!=,它们分别表示等于和不等于。运算符的每一边放一个值,左边称为 LHS(Left Hand Side),右边称为 RHS(Right Hand Side),并将这两个值进行比较。返回一个表示相等检查是否为真的布尔值。

这两个运算符的用法如下。

```
// 关系运算符相等
# include <iostream>
# include <string>

int main()
{
    int myInt1 = 1;
    int myInt2 = 1;
    int myInt3 = 5;
    if (myInt1 == myInt2)
    {
        std::cout << myInt1 << " is equal to " << myInt2 << ".\n";
    }
    if (myInt1 != myInt3)
    {
        std::cout << myInt1 << " is not equal to " << myInt3;
    }
}
```

在这个程序中,我们声明了几个整数,并使用相等运算符确定哪些是相等的。运行以上程序代码之后,将获得如图 4-3 所示的输出。

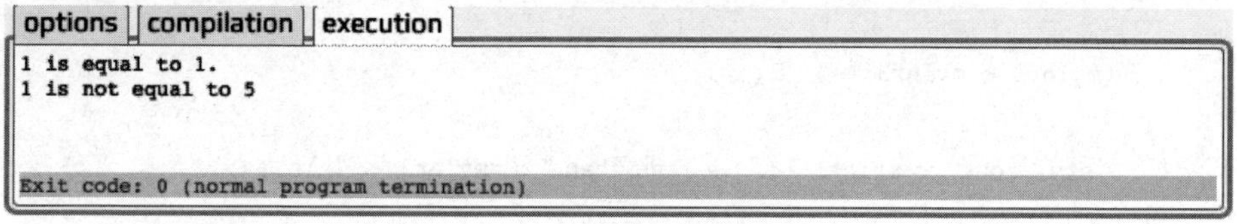

```
 options | compilation | execution
1 is equal to 1.
1 is not equal to 5


Exit code: 0 (normal program termination)
```

图 4 - 3　关系运算符输出结果

程序的两个相等检查都返回 true,因此程序执行了两个 print 语句。请注意,仅仅因为它们都返回了 true,并不意味着它们都是相等的。在第一个例子中,我们检查它们是否相等;在第二个例子中,我们检查它们是否不相等。

与使用简单的整数值相同,我们还可以使用它测试浮点类型、对象和列表的相等性,前提是这些运算符已经定义了。在运算符定义中,我们讲了确定两个对象是否相等的规则,我们将在本章末尾更详细地讨论这个问题和重载运算符。

在比较浮点类型值的相等,必须知道 == 可能会产生错误的结果。所有浮点运算都有产生误差的可能,因为浮点数不能用二进制精确表示;如果它们存储为非常接近的近似值,这就可能出错。为了抵消这一点,通常会检查两个浮点数之间的差异是否低于某个非常小的值,例如 epsilon(ε);如果差异低于这个非常小的值,我们通常会认为两者"足够接近"。当然,这取决于大家的需要。我们不会更详细地讨论浮点错误,因为这本身就是一个大的题目;但是,在处理浮点数比较时请记住这一点。

4.3.2　比较运算符

比较运算符允许我们比较变量的值,我们有 4 个可用的比较运算符:大于(>)、小于(<)、大于或等于(>=)和小于或等于(<=)。它们的使用方式与相等运算符相同;也就是说,它们同时具有左侧值和右侧值,如果比较为真,则返回 true,否则返回 false。如何使用这些运算符的示例如下。

```cpp
// 关系运算符——比较运算符
# include <iostream>
# include <string>

int main()
{
    int myInt1 = 1;
    int myInt2 = 1;
    int myInt3 = 5;

    if (myInt1 > myInt2)
    {
        std::cout << myInt1 << " is greater than" << myInt2 << ".\n";
    }

    if (myInt1 < myInt3)
    {
        std::cout << myInt1 << " is less than " << myInt3 << ".\n";
    }

    if (myInt3 >= myInt2)
    {
        std::cout << myInt3 << " is greater than or equal to " << myInt2 << ".\n";
    }

    if (myInt2 <= myInt1)
```

```
    {
        std::cout << myInt2 << " is less than or equal to " << myInt1;
    }
}
```

我们将两个值进行比较,这里与我们检查相等的方式类似。前两个相当简单,我们只是检查一个数字是否大于另一个数字。最后两个语句使用了"或等于"运算符。在这个情况下,如果值也相等,则大于或小于检查将返回 true。这是我们前面看到的等式(==)运算符和前两个比较运算符的混合。

如果我们在编译器中运行以上这段代码,输出结果如图 4-4 所示。

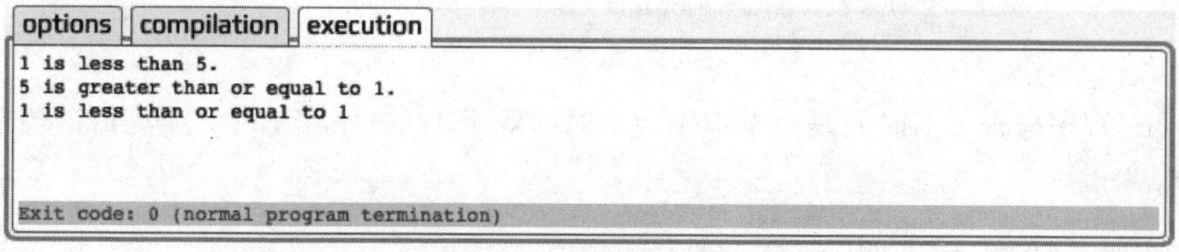

```
options  compilation  execution
1 is less than 5.
5 is greater than or equal to 1.
1 is less than or equal to 1

Exit code: 0 (normal program termination)
```

图 4-4 使用关系比较运算符确定值之间的关系

除了一个比较结果之外,我们可以看到,其他所有比较结果都为 true,因此程序执行了 3 个 print 语句。

练习:时间计算器

在这个练习中,我们将编写一个应用程序,它将基于小时确定一天中的时间。我们将让用户以军用时间格式(例如 1800)输入时间,并为他们呈现一个字符串,以表示当时的时间。

1. 程序将指令输出给用户,然后将他们的应答读入一个整数。

```
# include <iostream>
# include <string>

int main()
{
    std::cout << "***Time of Day Calculator***\n";
    std::cout << "Enter time in military format. eg. (1800, 1430)\n\n";
    std::cout << "Enter time: ";

    std::string input;
    getline(std::cin, input);

    int time = std::stoi(input);
```

2. 要确保输入的值在有效范围内。如果时间小于 0000 或大于 2400,则会向用户打印一条消息,通知他们其时间无效。

```
if (time < 0000 || time > 2400)
{
    std::cout << "Invalid time.";
    return 0;
}
```

3. 检查一天中的特定时间，例如，当时间等于 0000 时，程序会打印消息"现在是午夜。"。

```
if (time == 0000)
{
    std::cout << "It's currently midnight.";
}
```

4. 程序检查一下时间是否是中午。当时间等于 1200 时，程序会打印消息"现在是中午。"。

```
else if (time == 1200)
{
    std::cout << "It's currently noon.";
}
```

5. 定义一些时间范围。我们将从早上开始，并将它归类为早上 6 点到中午之间的时间。如果是这样的话，程序会打印信息"现在是早上。"。

```
else if (time >= 0600 && time < 1200)
{
    std::cout << "It's currently morning.";
}
```

6. 定义下午时间，这将是 12:01 到下午 5 点之间的时间。在这种情况下，程序将打印消息"现在是下午。"。

```
else if (time > 1200 && time <= 1700)
{
    std::cout << "It's currently afternoon.";
}
```

7. 我们将把晚上这个范围定义为下午 5 点之后到晚上 8 点之前的任何时间。在这种情况下，程序将打印消息"现在是晚上。"。

```
else if (time > 1700 && time <= 2000)
{
    std::cout << "It's currently evening.";
}
```

8. 最后的时间范围是夜间，我们将把它定义为晚上 8 点以后到第二天早上 6 点之前的任何时间。在这种情况下，程序会打印消息"现在是夜间。"。

```
else if (time > 2000 || time < 0600)
{
    std::cout << "It's currently night.";
}
}
```

9. 现在运行这个应用程序，我们的用户应该能够输入时间并且系统向他们显示一天中的时间。

在这个练习中，我们使用了关系运算符确定一天中的当前时间。由于没有输入验证，因此用户输入必须与我们期望的匹配，否则我们将得到未定义的行为，但是我们可以检查如何使用关系运算符比较和分类输入的时间。

4.4 一元运算符

到目前为止，我们使用的运算符的两边都各有一个值，其通常称为操作数。一元运算符是那些只接受一个值并修改该值的运算符。我们会简要地介绍一下负号(－)、递增(＋＋)和递减(－－)运算符。还有许多其他一元运算符，如逻辑补(!)以及按位补(～)运算符，我们将在下面的几节中讨论这些。

4.4.1 负号(－)运算符

该运算符允许我们操纵一个值的符号。当放在一个值前面时，它将使一个负值变为正，而使一个正值变为负，以下就是一个示例。

```
// 负号示例
# include <iostream>
# include <string>

int main()
{
    int myInt = -1;
    std::cout << - myInt * 5 << std::endl;

    myInt = 1;
    std::cout << - myInt * 5 << std::endl;
}
```

如果在我们的编辑器中运行这个应用程序，我们可以看到这些运算符对我们的值的影响，如图 4-5 所示。

从以上输出可以看到，因为我们在变量之前使用了减号运算符，所以输出的值与变

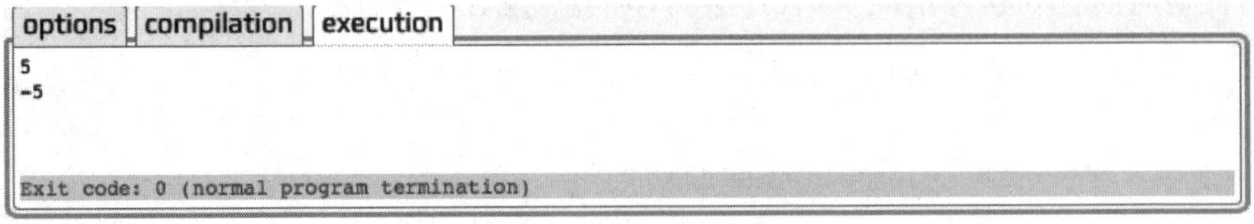

```
options  compilation  execution
5
-5

Exit code: 0 (normal program termination)
```

图 4 - 5   减号运算符变更符号

量的值相反。

4.4.2   递增(＋＋)和递减(－－)运算符

这两个运算符允许我们分别对一个值进行加 1 和减 1 的操作。我们已经在 for 循环中使用了递增(＋＋)运算符增加循环计数器。递减(－－)运算符的工作方式与递增相同,但结果与递增相反。

在以下的代码中,我们定义了一个整数变量并赋予了一个值,然后递增或递减它,并查看它的值。

```cpp
// 递增/递减示例
# include <iostream>
# include <string>

int main()
{
    int myInt = 1;
    std::cout << ++ myInt << std::endl;
    std::cout << -- myInt << std::endl;
}
```

在这段简单的代码中,我们将一个整数变量的值定义为 1,将其递增,然后再递减,在每个阶段打印其值。在代码编辑器中运行这段代码之后,输出如图 4 - 6 所示。

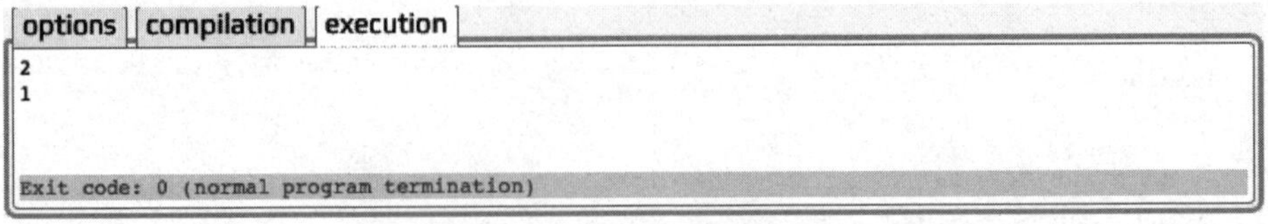

```
options  compilation  execution
2
1

Exit code: 0 (normal program termination)
```

图 4 - 6   使用递增或递减来更改变量的值

我们可以看到,在递增这个值之后,它增加了 1,在递减这个值之后,它又恢复了正常值。这里有一些有趣的事情需要我们注意:与减号运算符不同,递增和递减运算符实际上更改了与之一起使用的变量的值。在递增之后,我们的变量并没有像我们用减号运算符看到的那样返回到它的原始值;也就是说,一旦递增了,递增的值就成为新值。

还需要注意的是,一个值可以是前递增或后递增。也就是说,增量或减量运算符可以放在变量的前面或后面,这会改变返回值的方式。让我们继续做一个小的练习以了解这一细微的差别。

练习:前递增/后递增

刚刚看到,可以对一个值进行前递增或后递增,并且它们在操作方式上有区别。让我们通过编写一个同时执行这两种操作的应用程序来看一下不同。

1. 声明函数标题和♯include 语句。

```
// Pre/Post Increment Example
#include <iostream>
#include <string>
```

2. 定义 mian 函数和一个整数变量,给它一个默认值 5。然后,我们将在 print 语句中预先递增该值,然后打印该值本身。

```
int main()
{
    int myInt = 5;
    std::cout << ++myInt << std::endl;
    std::cout << myInt << std::endl;
```

3. 将整数变量重置回 5,然后在 print 语句中再次将其递增。不过,这次我们将对该值进行后递增。

```
    myInt = 5;
    std::cout << myInt++ << std::endl;
    std::cout << myInt << std::endl;
}
```

4. 运行这段代码并检查不同类型的增量是如何与 std::cout 语句交互的。

在第一种情况下,程序两次都输出的是 6。这意味着递增发生在变量的值打印之前;然而,在第二种情况下,我们可以看到程序打印数字 5 和 6。这意味着程序首先打印变量的值,然后再进行递增操作。记住操作的顺序是很重要的,因为从这个例子很容易看出我们如何引入了一个很难跟踪的微妙错误。然而,如果我们要递增一个值而不在乎表达式的结果,如在一个 for 循环中递增循环控制变量,那么两者都可以使用。

4.5　赋值运算符

赋值运算符允许将值赋予给我们的对象。到目前为止,我们已经在之前学过的章节中多次使用了这个运算符,它是编程中最基本的操作之一,但是和以往一样,我们可以学习更多关于这些运算符的知识。

最基本的赋值运算符是取一个值,并将其赋给一个对象,如下所示。

```
int myInt = 5;
```

我们可能对此很熟悉,但我们可能不熟悉的是将赋值运算符与算术运算符结合在一起的概念。例如,我们需要将一个值增加 5,我们可以这样做。

```
myInt = myInt + 5;
```

取 myInt 的值,加上 5,然后再将其赋回原来的变量(myInt)。我们可以通过将这两个运算符组合在一起,以更精细的方式实现这一操作。可以在赋值运算符之前加上算术运算符实现此目的,如下所示。

```
myInt += 5;
```

这样的表示适合于任何算术运算符;这些算术运算符可以位于赋值运算符之前,我们可以在以下的示例应用程序中看到这一点。

```cpp
// 赋值运算符示例
#include <iostream>
#include <string>

int main()
{
    int myInt = 5;

    myInt += 5;
    std::cout << myInt << std::endl;

    myInt -= 5;
    std::cout << myInt << std::endl;

    myInt *= 5;
    std::cout << myInt << std::endl;

    myInt /= 5;
    std::cout << myInt << std::endl;

    myInt %= 5;
    std::cout << myInt << std::endl;
}
```

如果我们在编辑器中运行此代码,我们就可以看到赋值语句如何更改 myInt 的值,如图 4-7 所示。

通过将简单的赋值运算符与算术运算符相结合,我们可以在单个语句中执行一个数学运算和赋值。这也适用于我们稍后将介绍的各种位运算符。

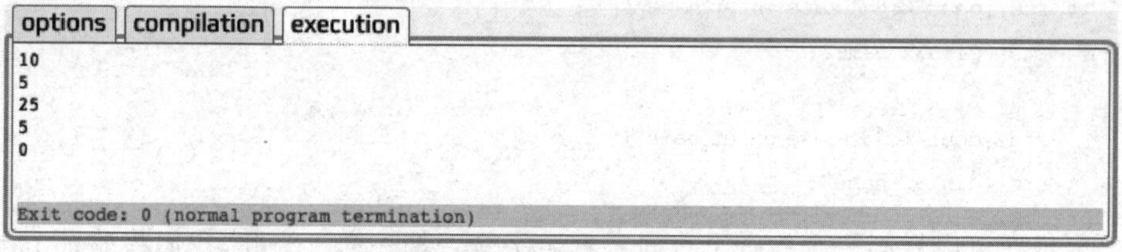

图 4 - 7   将简单赋值运算符与一些算术运算符结合

4.6   逻辑运算符

逻辑运算符允许我们在一条语句中同时计算多个布尔值。我们之前已经了解到，当我们计算一个条件时，比如在 if 语句中，最终会得到一个布尔值。因此，我们可以使用逻辑运算符组合一次计算两个或多个条件。

有以下 3 个这样的逻辑运算符。

（1）AND（&&）：逻辑与运算；当两个条件都为 true 时，返回 true，否则返回 false。

（2）OR（||）：逻辑或运算；当任一条件为 true 时，返回 true，否则返回 false。

（3）NOT（!）：逻辑非递减运算；如果条件为 false，则返回 true；否则返回 true；本质上，它返回条件的相反值。

下面通过一个例子看看这些逻辑运算符是如何工作的吧。

练习：逻辑运算符示例

为了演示这些逻辑运算符是如何工作的，让我们创建一个快速的示例应用程序。我们将从用户处获取一些输入，并使用逻辑运算符相互验证。

1. 添加一个程序标题并添加 #include 语句。

```
//逻辑运算符的练习
#include <iostream>
#include <string>
```

2. 定义 main 函数。首先，需要定义 3 个字符串变量并从用户获取 3 个名字。

```
int main()
{
    std::string name1;
    std::string name2;
    std::string name3;

    std::cout << "Please enter name 1: ";
    std::cin >> name1;
```

```
std::cout << "Please enter name 2：";
std::cin >> name2;

std::cout << "Please enter name 3：";
std::cin >> name3;
```

3. 现在可以做第一个检查了。先看看名字是否都一样。为此，我们将验证 name1 和 name2，以及 name2 和 name3 是否都相同。然后使用"&&"运算符来确保这两个表达式都是真的。如果是，我们知道所有的名字都相同，因此可以输出一条"所有名字都相同"的消息。

```
// Check if all or any of the names match
if (name1 == name2 && name2 == name3)
{
    std::cout << "\nAll the names are the same.";
}
```

4. 如果失败了，程序会检查是否有任何名字匹配。我们可利用与其他名字对比的方式，使用"||"运算符检查每个名字，如果其中一个条件为 true，则返回 true。

```
else if (name1 == name2 || name2 == name3 || name1 == name3)
{
    std::cout << "\nSome of the names matched.";
}
```

5. 将使用"!"运算符检查 name1 和 name2 是否匹配。我们在这里还将使用三元语句，我们将添加以下代码，然后看看它在做什么。

```
// Check if names 1 and 2 are different
std::cout << "\nNames 1 and 2 are " << (!(name1 == name2) ?
"different." : "the same.") << std::endl;
}
```

在以上这个三元语句中，程序检查 name1 和 name2 是否匹配，然后使用"!"运算符来否定结果。这意味着，如果两个名字不同，则以上这个三元语句条件将为 true。然后我们利用这个（值）返回正确的字符串。

注意，我们在这里使用了括号，括号的用途可以追溯到我们前面讨论过的优先顺序。例如，我们希望在尝试应用"!"运算符之前对 name1 和 name2 进行评估。同样，我们希望在使用"<<"运算符之前对整个三元语句求值；否则，我们会得到一条错误信息。这是一个很好的例子，说明了我们如何使用括号控制优先顺序。

6. 运行程序。

在这个练习中，我们在各种不同的条件上使用了一些逻辑运算符。通过这样做，我们能够将多个条件作为一个集合进行评估，例如，只有在所有值都为真的情况下才能执行某些操作。我们还可以通过翻转逻辑值的方式操纵条件（使用"!"运算符返回相反的值）。这是非常有用的，但是就如何使用它们而言，这只是冰山一角。

4.7 运算符重载

到目前为止，我们看到的所有运算符都是由 C++定义的，这并不是说，我们不能像使用函数那样在自己的类中重载它们。运算符重载是非常强大的，它允许我们对于 C++中的大多数运算符以我们自己的类型定义程序的行为。重载运算符的语法如下：

returnType operator symbol （arguments）
（返回数据类型 operator 运算符的符号 （参数））

让我们用一个简单的测试类来看一个这方面的例子。

```
// 运算符重载的示例
# include <iostream>
# include <string>

class MyClass
{
    public:
    void operator + （MyClass const& other）
    {
        std::cout << "Overloaded Operator Called" << std::endl;
        return;
    }
};

int main()
{
    MyClass A = MyClass();
    MyClass B = MyClass();
    A + B;
}
```

在这个简单的例子中，我们创建了一个 MyClass 类，并重载了"+"运算符，提供了自己的定义。现在，我们所做的只是打印一条消息，让我们知道程序的运算符代码已经运行了，运行以上这段代码，并确认我们正在使用重载运算符，如图 4-8 所示。

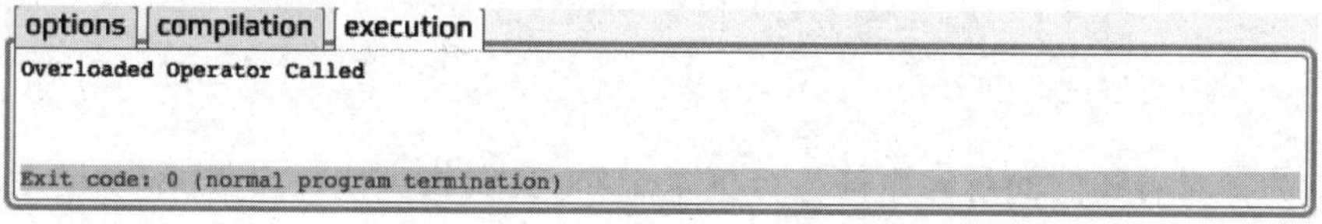

图 4-8 重载一个运算符

在运行应用程序时,我们确实看到了打印的消息,因此我们知道程序正在运行重载的运算符行为。通过这样做,可以使用我们在本章中所介绍的运算符处理我们自己的类型。可以通过重载自定义类型的相等运算符查看一个更真实的应用程序。

练习:运算符重载

现在,让我们重写一个与 Person 类相等的运算符,该类封装了名字和年龄。可以想象对于同一个人有多个引用,而我们要检查它们是否相同,比如检查同一个人是否存在于多个列表中。相等运算符将可以检查这种情况。

1. 添加♯includes 指令。

```
// 运算符重载示例
# include <iostream>
# include <string>
```

2. 定义 Person 类,这是一个包含了一个名字和年龄的简单类。以定义这个类的名字开始,我们还需要定义几个成员变量和一个将初始化这些变量的构造函数。

```
class Person
{
    public:
    Person(int age, std::string name) :
    age(age), name(name)
    {
    };


    float age = 0;
    std::string name = "";
```

3. 重载"=="运算符。程序将以最初的声明开始,我们希望重载"=="运算符,返回一个 bool 型数据,然后接受另一个与要比较的对象类型相同的对象。

```
bool operator == (Person const& other)
{
```

4. 定义运算符,如果两个人的姓名和年龄都完全匹配,则可以认为两个人的记录是相同的,因此,我们可以检查这个并返回结果值。这也将完成我们的类定义,因此我们将添加右括号。

```
        return ((age == other.age) && (name == other.name));
    }
};
```

5. 为了看看我们的新运算符是否正常工作,我们将声明 3 个 Person 记录。头两个记录是完全相同的,而第三个名字不同,但是年龄相同。

```
int main()
{
    Person PersonA = Person(27, "Lucy");

    Person PersonB = Person(27, "Lucy");

    Person PersonC = Person(27, "Susan");
```

6. 使用新运算符检查哪些类型是相同的,评估 PersonA 和 PersonB、PersonB 和 PersonC 是否相等。

```
    std::cout << (PersonA == PersonB) << std::endl;
    std::cout << (PersonB == PersonC) << std::endl;
}
```

7. 运行程序代码。

由于 Person A 和 B 的人名和年龄都匹配,所以我们的相等运算符返回 true,因此程序打印该值(true 的值为 1);然而,Person B 和 C 的名字不同,所以不匹配,程序打印 0(即 false)。可以看到,通过为我们自己的用户类型定义这些运算符,我们赋予了它们更多的实用性。

4.8　位运算符

位运算(位操作)是对单个位进行的操作,例如向左移动一位,因此,C++有一套称为位运算符的专用运算符。我们将快速地了解一下我们可以使用位运算符做什么,以及一些使用它们的快速示例。希望这将使大家有一些初步的了解,以便以后遇到它们时会很熟悉。

📖 注释:请记住,位(即二进制数字)是计算机中最基本的数据单位。二进制只有两个可能的值(1 或 0),所有数据都是以位(0 或 1)存储的。计算机上最小的可寻址数据单元是一个字节,它由 8 位组成,因此按位操作允许我们单独地操纵位。

在下面的例子中,我们将使用位组,这是一个简单的位集合,将允许我们查看按位运算符的结果,示例的格式如下。

{lhs bitset} {operator} {rhs bitset} = {resulting bitset}
{左手侧位组} {运算符} {右手侧位组} = {结果位组}

原则上,这与通常的计算没有任何区别,比如 a＋b＝c,所以不要让任何潜在的对位的不熟悉造成混淆。有了这样的铺垫,让我们继续讨论位运算符吧。

C++向我们提供了 5 个常用的位运算符,它们如下所列。

(1) & Binary AND(二进制与):该运算符只将两个操作数中同时存在的位复制到新值。例如:00110＆01100＝00100,在这里,两个原始值中只有第三个位(同时为 1),所以这一位是在结果中设置的唯一一位。

（2）｜Binary OR(二进制或)：该运算符将任何一个操作数中存在的位(为 1 的位)复制到新值。例如：00110 ｜ 01100＝01110。这里，在第一个操作数中，设置了第二位和第三位(即第二位和第三位的值为 1)，在第二个操作数中，设置了第三位和第四位(即第三位和第四位的值为 1)。因此，结果设置了第二位、第三位和第四位(即第二位、第三位和第四位的值为 1)。

（3）～ Binary Ones' Compliment(二进制反码)：该运算符翻转一个值中的每个位。例如：～00110＝11001。这里，在第一个操作数中，唯一设置的位是第二位和第三位(即第二位和第三位的值为 1)。因此，我们的结果设置了除这些以外的所有位(即除了这两位之外，其他的位都设置为 1)。

（4）＜＜Binary Left Shift Operator(二进制左移运算符)：该运算符将按右操作数所指定的数字将左操作数中的每一位向左移动相应的位数。例如：00110 ＜＜2＝11000。在这里，我们的左操作数中设置了第二位和第三位(即第二位和第三位的值为 1)，因此在将它们向左移动两个位置之后，现在设置了第四位和第五位(即第四位和第五位的值为 1)。

（5）＞＞ Binary Right Shift Operator(二进制右移运算符)：该运算符将左操作数中的每一位向右移动按右操作数中指定的位数。例如：01100 ＞＞2＝00011。在这里，我们的左操作数设置了第三位和第四位(即第三位和第四位的值为 1)，因此在将它们向右移动两个位置之后，现在设置了第一位和第二位(即第一位和第二位的值为 1)。

我们用代码看看这些例子吧。作为标准代码库的一部分，C++提供了位集(组)类。这允许我们将一个整数值表示为它的一系列位，使我们更容易看到按位操作的结果。以下代码表示之前给出的那几个示例。

```cpp
// 位运算符示例
# include <iostream>
# include <string>
# include <bitset>

int main()
{
    int myInt1 = 6; // 以二进制表示时为 00110
    int myInt2 = 12; //以二进制表示时为 01100

    // Binary AND(二进制与)
    std::cout << std::bitset <5>(myInt1 & myInt2) << std::endl;

    // Binary OR(二进制或)
    std::cout << std::bitset <5>(myInt1 | myInt2) << std::endl;

    // Binary Ones Complement
    std::cout << std::bitset <5>(～myInt1) << std::endl;
```

```
// Binary Left Shift Operator
std::cout << std::bitset <5>(myInt1 << 2) << std::endl;

// Binary Right Shift Operator
std::cout << std::bitset <5>(myInt2 >> 2) << std::endl;
}
```

虽然乍一看操作单个位似乎是令人望而生畏的,但在很多情况下,它是非常有用的。其中一种情况就是设置标志,当我们想跟踪游戏引擎中的多个活动层时,我们有多个可以同时激活的层,因此我们可以定义一个整数,它给我们一系列位,并使用每个位确定哪些层是活动的。

```
int layer1 = 1; // 00001
int layer2 = 2; // 00010
int layer3 = 4; // 00100
int layer4 = 8; // 01000
//[ ]
int activeLayers = 9; // 01001
```

在以上的示例的代码中,我们定义了 4 层,以不同位表示的每个层的值设置为 1。因为每一层需要不同的位,所以我们可以在一个 4 位组中表示所有的位。例如,第 1 层设置第一位,第 4 层设置第四位。如果我们想表示这两个层同时都是活动的,我们可以将它们的值都设置为 1,从而得到数字 9(二进制的 01001,即第一位和第四位置位)。这只是它们单个值的位与而已。这被称为位掩蔽(掩码操作),有许多潜在的应用——如本例所示,管理活动层就是其中之一。

这是目前关于按位操作的全部内容,虽然它是一个大题目。希望,这一介绍已经让大家了解了位操作的基础知识,这样当您在未来运行按位操作时,就不会感到完全陌生了。现在让我们以最后一个测试(实践活动)结束我们这一章,在这个测试中我们将创建一个著名的编程测试:Fizz Buzz。

4.9 测试:Fizz Buzz

这是一个常见的测试,它用于测试对程序设计的理解(适用于不同的程序设计语言);它不仅使用到目前为止涵盖的主题,而且还使用我们在本章中所介绍的一些新运算符。

Fizz Buzz 测试背后的原理很简单:编写一个程序,输出数字 1～100。然而,对于 3 的倍数,打印"Fizz"而不是数字;对于 5 的倍数,打印"Buzz",如图 4-9 所示。

(1) 编写应用程序所需的那些头文件并开启程序的主循环。

(2) Fizz Buzz 应用程序要求对于 3 的倍数,程序将打印 Fizz,而对于 5 的倍数,将

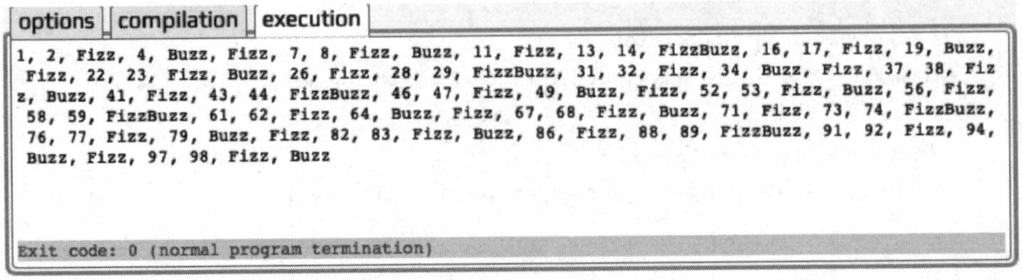

深度学习 C++

```
1, 2, Fizz, 4, Buzz, Fizz, 7, 8, Fizz, Buzz, 11, Fizz, 13, 14, FizzBuzz, 16, 17, Fizz, 19, Buzz,
Fizz, 22, 23, Fizz, Buzz, 26, Fizz, 28, 29, FizzBuzz, 31, 32, Fizz, Buzz, Fizz, 37, 38, Fiz
z, Buzz, 41, Fizz, 43, 44, FizzBuzz, 46, 47, Fizz, 49, Buzz, Fizz, 52, 53, Fizz, Buzz, 56, Fizz,
58, 59, FizzBuzz, 61, 62, Fizz, 64, Buzz, Fizz, 67, 68, Fizz, Buzz, 71, Fizz, 73, 74, FizzBuzz,
76, 77, Fizz, 79, Buzz, Fizz, 82, 83, Fizz, Buzz, 86, Fizz, 88, 89, FizzBuzz, 91, 92, Fizz, 94,
Buzz, Fizz, 97, 98, Fizz, Buzz
```

Exit code: 0 (normal program termination)

图 4-9 Fizz Buzz 应用程序

打印 Buzz。但是,这两个条件可以同时出现,例如,15 是两者的倍数,因此我们接下来将定义一个布尔值 multiple,它将帮助程序跟踪这一点,并将它的初始值设为 false。

(3) 检查当前循环值 i 是否是 3 的倍数。如果是,程序将打印 Fizz 这个单词并将变量 multiple 的布尔值设置为 true。

(4) 对 Buzz 做同样的操作,检查 i 是否是 5 的倍数。同样,如果是,程序将把变量 multiple 的布尔值设置为 true。

(5) 现在程序已经检查了数字是 3 还是 5 的倍数,并且有一个布尔值,如果是的话,这个布尔值是真的(true),我们可以用它确定是否打印正常的数字。如果程序到达了这一点,其 multiple 的布尔值仍然为假(false),那么我们知道程序需要打印正常的数字 i。

(6) 程序将进行格式化。如果不在循环的最后一次迭代中,程序将打印一个逗号,后跟一个空格。这将使我们的应用程序在打印时整洁些。

(7) 我们现在就运行这个应用程序,并查看一下它的运行情况。我们应该看到数字达到 100。其中 3 的倍数将替换为 Fizz,5 的倍数将替换为 Buzz,这两者的倍数将替换为 FizzBuzz。

这个简单的应用程序允许我们在一个常见的编码练习中使用一些常见的运算符,一些用人单位可能经常要求求职者完成这类的练习以检验他们的基本编程技巧。运算符允许我们与我们程序中的数据进行交互,因此对它们的使用有很强的理解是至关重要的。

4.10 小 结

在本章中,我们介绍了 C++提供的运算符以及如何使用它们与数据进行交互。这些运算符允许对值执行数学运算,例如将两个数字相加,或者确定一个数字与另一个数字的倍数关系。然后我们又研究了关系运算符,关系运算符可以比较值的大小,例如确定两个对象是相等,或者一个数字大于另一个数字。

我们还探讨了一元运算符即对单个操作数进行操作的运算符,例如递增值或对一个布尔值求反,之后又扩展到了对赋值和逻辑运算符的探讨。我们探索了如何将简单

92

的赋值运算符＝与算术运算符相结合以更简洁地运行我们的值，以及如何在单个条件下计算多个布尔值，例如检查两个布尔值是否为真(true)。

最后，简要介绍了一些高级的位运算符，以及一些位运算的相关概念。之后，我们观察了运算符的重载情况，通过这种方法，可以用这些运算符定义用户行为。将本章中学到的技能被运用到了测试(实践活动)中，即 Fizz Buzz 的挑战中，我们可以打印 1～100 数字，当满足某些条件时，我们还可以打印单词。本章的编码练习，可以在不同学科和语言的应用程序中使用，是测试技能的应用性示例。

至此，希望你现在对这些基础知识掌握得很好了，可以轻松地打开一个编辑器编写一个简单的 C++应用程序。下一章，我们将在这些基本技能的基础上，更深入地探索C++，比如继承、多态和面向对象的程序设计知识。

第 5 章　指针和引用

教学目的：

在学习完这一章时，您将能够：

- 描述 C++所使用的内存寻址模型。
- 解释指针（pointers）和引用（references）引用其他变量的原因。
- 声明、初始化以及使用指针和引用。
- 解释指针和数组的相似性。
- 掌握指针如何逐个地遍历数组中的元素。
- 执行指针运算操作。
- 熟练使用指针和引用作为函数的参数。

本章将详细介绍 C++的内置指针和引用的类型，以便大家能够正确地使用它们。指针和引用类型是构建数据结构的重要变量，因此了解这些简单、基本的类型对于 C++开发人员的成功至关重要。

这一章涉及面向对象的程序设计的概念，如类和实例。有些 C++的书籍会先介绍面向对象的程序设计的概念，之后再介绍指针和引用。如果在学习这章时对面向对象的程序设计的概念很难理解，在后面的内容学完了，再回过头来学习那些困惑知识的内容时就会很容易理解了。

5.1　简　介

本书前面已经介绍了几种类型的变量：整数、字符、浮点数，以及由这些简单类型组成的数组和结构，本章将介绍两种新的变量：指针（pointers）和引用（references）。

指针是指向另一个变量的变量。每个指针都有一种类型，即一个指向 int（整数）的指针会指向或引用 int 类型，同理一个指向 char（字符）的指针会指向 char 类型。一个指向 int 的指针可以赋予指向 int 的另一个指针，但不能赋予一个指向 char 的指针。一个指向类 foo 的指针可引用类 foo 的一个实例，而一个指针也可以是特殊值 nullptr，这意味着该指针没有指向任何对象。

C++指针可以指向任何数据结构内的任何变量，并可以遍历数组。C++不检查指针是否引用了有效的内存地址（即该内存中是否包含了与指针相同的类型的变量），这意味着指针可能会造成严重的破坏，意外地覆盖某个程序中的数据，而程序可能会使用这些数据，指针的风险相对容易管理。

C++的早期版本,指针在遍历数组时具有速度优势。这种优点在现代 C++实现中已不那么重要了。

由于指针和引用可以指向其他数据结构,因此使用指针可以避免重复编写访问数据的代码。与其他语言相比,可以使 C++同样具有一种速度上的优势。

指针和引用可将复杂数据结构的一部分链接到另一部分,如指针可以遍历数组,也可以遍历链接的数据结构。在本章后面部分将介绍数组的遍历。

总之,指针和引用很有用,因为指针可以将大数组或类实例传递到函数中,而不是复制到函数的形式参数中,指针在引用动态变量时扮演着一个重要的角色,这部分内容将在下一章中讨论。

5.2 内存地址

通常,计算机的内存可以模型化为一个很长的字节数组,其中每个字节都有一个与数组下标具有相同角色的地址,而每个变量都有一个地址,该地址可能是存储变量位的字节地址中的第一个。一般,普通变量是用变量名表示的,而这个变量名将由编译器转换为内存地址。图 5-1 为将内存区域显示为一个从左向右延伸的长带状区,该带状区上方的十六进制数字就是内存地址。

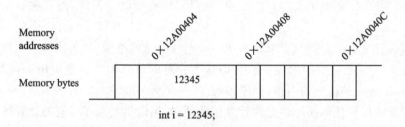

图 5-1 计算机内存可视化为一个长字节数组

为了简单起见,本书只显示了每 4 个字节的地址。在程序声明变量之前,内存字节没有固定的含义,在图 5-1 中,程序声明了一个名为 i 的 int(整数)变量,并将其初始化为整数值 12345,编译器为 int 变量保留了 4 字节的存储空间,该变量定义了保存一个数字的存储空间,编译器最初会将 12345 放入该内存中,但程序可以更改它。图 5-1 中的变量名 i 现在是内存地址 0x12A00404 的一个同义词。

5.2.1 指 针

指针是保存其他变量地址的变量。也就是说,一个指针指向另一个变量。一般指针是用类型名和星号"∗"来声明的,因此,如果要声明一个指向名为 ptr 的 int 变量的指针,其声明为 int ∗ ptr;。有的人可能更喜欢把星号和变量名放在一起,如 int ∗ ptr;。

通常,地址运算符 & 生成其参数的地址,将变量转换为一个指向该变量的指针。

如果 i_1 是一个 int(整数)变量,那么 $\&i_1$ 会创建一个指向 i_1 的 int 指针。$\&$ 运算符可以读作"取...的地址"。大家可以参考图 5-2 理解地址运算符的作用。

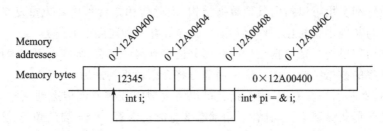

图 5-2 指针的初始化

在图 5-2 中,使用声明 int * pi = &i,指针 pi 被初始化为指向 int 的变量 i;它指向内存地址 0x12A00400,这是编译器放置 i 的地址。与 C++ 中,变量的基本类型一样,如果指针没有初始化,并且没有为指针赋值,则该指针将包含创建指针时恰好在内存中的随机位(数值)。这些随机位可能并不指向一个有效的地址。

由于指针中包含的值没有可解码的含义,因此很难判断指针是否已被赋值。C++ 中,常数 nullptr 定义可保证不指向有效内存地址的指针值,nullptr 可以赋予任何类型的指针。当对指针进行赋值或对指针进行比较时,整数常量 0 与 nullptr 具有相同的含义。在旧版本的 C++ 代码中,我们可以看到预处理指令将宏 NULL 赋予指针而不是 nullptr,而 NULL 常被定义为零。注意,当声明所有指针变量时,最好将 nullptr 赋给它们。

* (取消引用)运算符可以取消引用一个指针。也就是说,如果指针 p 引用一个 int(整数)变量,* p 是它引用的 int 变量(即这个变量的值);如果程序应用 * 运算符取消对设置为 nullptr 的指针的引用,程序将崩溃,并显示一段简短的错误信息,因为该程序试图访问未映射到任何实际内存的计算机地址;如果取消对从未设置的指针的引用,程序可能会崩溃,也可能继续运行,但不会产生有效的结果。

对于指针的基本功能,第一个练习中列举了一个非常简短的示例,说明如何将各个部分放入一个正常运行的 C++ 程序中。

(1) Tutorialspoint C++ compiler:此网站允许编译单个文件,并显示要生成的 gcc 命令,网址是:https://www.tutorialspoint.com/compile_cpp_online.php.

(2) cpp.sh:此网站允许编译单个文件,可选择语言版本和警告级别。它的网址是:http://cpp.sh/。

(3) godbolt 编译器资源管理器:它允许在许多不同的编译器上编译单个文件,并显示输出汇编语言,它的用户界面有点不明显,网址是:https://godbolt.org/。

(4) coliru:此网站允许编译单个文件,网址是:http://coliru.stacked-crooked.com/。

(5) repl.it:此网站允许编译多个文件,网址是:https://repl.it/languages/cpp。

(6) Rextester:此网站可以使用 Visual C++ 编译。

练习:指针

在本练习中,需要编写一个非常简单的程序创建指针,并将其设置为指向 int(变量),然后通过指针更改 int(变量)的值。这个程序可以解释指针声明和赋值的语法,还将打印指针的值和 int(变量)的地址,以证明它们是相同的,并在通过指针更改该变量前后打印 int(变量)的值,以验证 int(变量)是否已更改。以下就是完成这个练习的具体步骤。

1. 输入 main()函数的结构框架。

```
# include <iostream>
using namespace std;

int main()
{
    return 0;
}
```

2. 在 main()函数中,声明一个 int 变量 i,并将其初始化为 12345。

```
int i = 12345;
```

3. 声明一个指向 int 变量的指针 p,并将其初始化为指向 int 的变量。

```
int * p = &i;
```

4. 输出这个指针的值,以及 int 变量的地址。

```
cout << "p = " << p <<", &i = " << &i << endl;
```

打印的特定十六进制地址可能会因为编译器的不同而有所不同,并且每次运行时都可能不同,要注意的是所打印的两个数字是相同的,也就是说,指针指向同一个 int 变量。

5. 输出 int 变量 i 的值。

```
cout << "i = " << i << endl;
```

6. 使用 * 运算符取消对指针的引用,产生所指向的整数,之后,将这个值加 2,并重新存入这个变量(指针所指向的变量)。

```
*p = *p + 2;
```

7. 打印出该值,以证明已将 2 加到了取消引用的指针上,也将 2 加到了 int(整数)变量上。

```
cout << "i = " << i << endl;
```

8. 编译,并运行以上这段程序。图 5 - 3 是这个编译过程序的一次特定运行的输出。

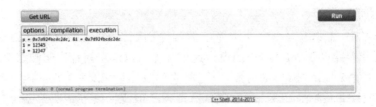

图 5 - 3　特定运行的输出

上述结果中显示的十六进制地址可能与运行程序时打印的地址不同,这是意料之中的。但这两个地址将是一样的,这是因为将一个新值赋予取消引用的指针后,int 变量的值也按预期发生了更改。

5.2.2　指向数组的指针

在 C++中,数组和指针几乎是无法区别的。指向数组开头的指针,第一个元素的地址和裸露的数组名都意味着数组元素是变量。可用 & 运算符提取一个数组元素的地址,并赋予一个指针,表达式为 p＝&a[2];该语法更新 p,以指向数组 a 中的第 3 个元素(请记住,数组从零开始)。

指针可以同数组一样有下标。如果 p 指向 a[2],那么语法 p[3]将提取这个数组中的第 6 个元素(即 a[5]处的元素)。

练习:指向数组的指针

这是关于指针和数组的练习。在这个简单的练习中,可设置一个指向数组元素的指针,并测试它是否指向预期值。大家可对一个指针进行下标的相关操作,并看到这样的操作产生了所需数组元素。请记住数组在 C++中从零开始,如 a[5]是第 6 个元素。

下面就是完成这一练习的具体步骤:

1. 按照如下的方式输入 main()函数的结构框架。

```
#include <iostream>
using namespace std;
int main()
{
    return 0;
}
```

如果需要,可以编译并运行该程序的每个部分;也可以等到输入了全部内容后再运行它。

2. 在 main()的左大括号之后,声明一个名为 a 的由 7 个 int(整数)组成的数组,并对其进行初始化。然后,声明一个指向名为 p 的 int 的指针,并将其设置为 nullptr;以便我们知道它设置为未知地址。

```
int a[7]{ 1, 3, 5, 4, 2, 9, - 1 };
int * p = nullptr;
```

3. 使用地址运算符 & 将 p 设置为 a[2]的地址,以获取这个数组元素的地址。

```
p = &a[2];
```

4. 输出取消引用指针 * p(* p 表示:指针 p 所指向的内存中所保存的内容)和 a
[2]的值,以查看这个指针是否实际指向 a[2]。

```
cout << " * p = " << * p <<", a[2] = " << a[2] << endl;
```

5. 输出 p[3]和 a[5]。这表明指针可以像数组一样使用下标,并且 p[3]指向与 a
[5]相同的值。

```
cout << "p[3] = " << p[3] <<", a[5] = " << a[5] << endl;
```

6. 编译并运行以上这段程序代码。图 5 - 4 就是此程序的输出。

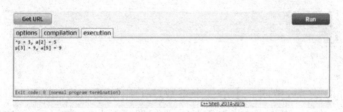

图 5 - 4　p[3]和 a[5]的输出

正如预期,打印的值是相等的。它们都是同一个数组元素,可以通过查看数组初始
值设定部分的代码验证这一点。下标在指针中的工作方式与下标在数组中的工作方式
完全相同,但是,由于 a[2]的地址已分配给这个指针,而不是 a[0]的地址,因此指针的
下标与数组的下标之间存在偏移。

5.2.3　指针的算术运算

C++中,会将一个数组名转换为指向 a[0]的一个指针,这是数组的第一个元素,
如语句 p = a;在这个语句中,a 是数组,而整个语句的含义是:更新指针 p 以指向 a 中
的第一个元素。

我们的程序可以对指针进行加一操作。如果一个指针指向一个数组,则 p+1 的结
果是指向该数组的下一个元素的指针,该指针的十六进制地址值将根据数组元素的字
节大小而变化。

程序还可以将任何整数表达式的值添加到指针中,这将生成一个向前移动了多个
元素的指针,例如,如果 p 是指针,k 是 int(整数),那么指针表达式 p+k 是与 p 相同类
型的指针。

如果两个指针指向同一个数组,那么程序可以将一个指针与另一个指针相减,结果
是两个指针之间的数组元素个数。如果两个指针不是指向同一数组,则无法解释两个

指针相减后的结果。

如果两个指针是指向同一个数组,程序可以使用任何关系运算符(如==,!=,<,>,<=,和>=)对它们进行比较。如果指针是指向不同的数组,那么就会产生无意义的答案。

练习:指针的算术运算

这个练习演示了指针算术运算符和指针关系运算符工作情况,并且还可使我们习惯于解释指针表达式。以下就是完成这一练习的具体步骤。

1. 输入 main()函数的结构框架,我们可以在每一步之后运行这个程序,或者等到整个程序都输入完之后再运行。

```cpp
#include <iostream>
using namespace std;


int main()
{
    return 0;
}
```

2. 在 main()之后,声明一个由 5 个整数(int)组成的名为 numbers 的数组,之后声明一个名为 pint 的 int 指针,并将其初始化为指向 numbers 数组,接着再声明另一个名为 p2 的指向 int 的指针,并将其初始化为指向 numbers[3]。

```cpp
int numbers[5]{ 0, 100, 200, 300, 400 };
int * pint = numbers;
int * p2 = &numbers[3];
```

3. 输出 pint 的值、指针表达式 pint+1 的值和 sizeof(int),我们可以了解到 int 在这台机器上占用了多少个字节的内存,将看到打印的两个十六进制数相差为 sizeof(int)个字节,将指针加 1 是将一个指针增加所指向类型的大小(如一个整数大小)。

```cpp
cout << "pint = " << pint << ", pint + 1 = " << pint + 1

     << ", sizeof(int) = " << sizeof(int) << endl;
```

4. 输出表达式 *(pint+1)和下标指针 pint[1]的值,以证明它们是相同的。然后,输出 *(pint+4)和 pint[4],它们也是相同的。

```cpp
cout << " *(pint + 1) = " << *(pint + 1)
     << ", pint[1] = " << pint[1] << endl;


cout << " *(pint + 4) = " << *(pint + 4)
     << ", pint[4] = " << pint[4] << endl;
```

5. 输出指针表达式 p2-pint,它们之间的差应打印为 3。

```
cout << "p2 - pint = " << p2 - pint << endl;
```

6. 使用==和>运算符输出两个指针,并将其进行比较。输出控制变量 boolalpha 使 bool 类型的表达式会打印为 true 或 false。否则,它们将转换为 int(整数),并打印为 1 或 0。此外,比较运算符比输出插件运算符 << 具有更低的运算符优先级。这里注意,比较表达式必须用括号括起来,以避免编译错误。

```
cout << "p2 == pint = " << boolalpha << (p2 == pint) << endl;
cout << "p2 > pint = " << boolalpha << (p2 > pint) << endl;
```

7. 编译并运行以上这段程序,该程序的输出结果如图 5-5 所示。请注意,如果程序再次运行,其特定的十六进制地址可能会有所不同。

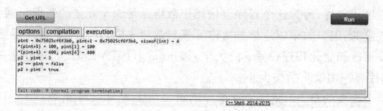

图 5-5　指针的算术运算

这就是我们期望的输出:a[1]==*(pint+1)和 a[4]==*(pint+4),指针就像数组一样,指针减法如预期的那样工作:p2-pint==3。如预期的那样,指针可以使用 6 个比较运算符进行比较。

练习:递增指针

本练习将本书前面的练习整合在一起,完成用指针遍历数组,并打印数组中的每个元素。

以下就是完成这一练习的具体步骤。

1. 输入 main()函数的结构框架。

```
#include <iostream>
using namespace std;

int main()
{
    return 0;
}
```

2. 在 main()的左大括号之后,声明一个由 5 个 int(整数)所组成的名为 a 的数组,并对其进行初始化。声明一个名为 p 的 int 指针,其代码如下。

```
int a[5]{ 10, 20, 30, 40, 50 };
int * p;
```

3. 输入一个 for 循环,在该循环中,p 从 a 的第一个元素开始遍历 a 的每个元素;在 C++中,数组 a 的第一个元素是 a[0],当 p 落在 a 的末尾,即 a[5]时停止,并递增 p,使其依次指向每个元素,且在循环内部,输出每个元素(条目)。请注意,结尾有一个空格(" "),但没有 endl,因此这些打印值显示在同一行上。另外,不要忘记在循环的末尾输出 endl,其代码如下所示。

```cpp
for (p = &a[0]; p < &a[5]; p = p + 1)
{
    cout << * p << " ";
}
cout << endl;
```

4. 编译并运行以上程序代码。

这个程序比较好,因为这个程序会依赖于数组 a 是 5 个元素的长度。通常,依赖数字常量是危险的,因为如果以后添加更多元素到数组 a 中,开发人员必须要更改这个常量。首先要更改初始化程序设置 a 的大小,如 int a[]{10、20、30、40、50};这一语法表示 a 的初始程序要声明这个数组大小。

第 2 个要改变的是 for 循环。这里 a 的第一个元素可以写成 &a[0],但它也可以写成 a,这样看起来更简单。

```cpp
for (p = a; p < &a[5]; p = p + 1)
```

当 p 到达数组 a 的末尾落时,这个循环就结束了。有一种方法可以在不知道 a 的大小的情况下构建此指针表达式,如表达式 size of(a)/sizeof(a[0]) 意味着取数组 a 的大小(以字节为单位),并除以 a 的一个元素的大小,其结果是 a 中的元素个数。因此,终止条件是一个指针表达式,它指向 a 结尾处的第一个字节,如下所示。

```cpp
for (p = a; p < a + sizeof(a)/sizeof(a[0]); p = p + 1)
```

最后,要更改 for 循环的步长表达式,其最初表达式为 p=p+1。C++中还有另一个类似的运算符,这个运算符被称为前缀递增(增量)运算符(++ p)。前缀递增运算符将指针的值加 1,将该结果保存到指针变量中,然后生成递增指针。此外,还有一个后缀递增运算符(p++)。后缀递增首先将指针的值记录下来,之后将指针加 1,并保存该结果,因此后缀递增是在递增指针之前产生保存的值。前缀和后缀递减(减量)的运算符的工作方式与它们同类相似,只是它们从指针中减去 1。所以,for 语句最终看起来是这样的。

```cpp
for (p = a; p < a + sizeof(a)/sizeof(a[0]); ++p)
```

以上这行代码看起来更像是在商业 C++代码中所遇到的 for 循环的程序代码。

那么,为什么 C++中会有特殊的＋＋操作符呢?因为以前的小型计算机可以在单一的指令中进行前后递增或递减。大多数现代处理器,也有指令进行前后增量和减量,C++是一个双关语,一种在 C 语言中加入了少量元素的语言。

5. 更新后的程序如下所示,运行这段程代码序,并亲自验证它是否产生与前一版本相同的输出。

```
#include <iostream>
using namespace std;

int main()
{
    int a[]{ 10, 20, 30, 40, 50 };
    int * p;
    for (p = a; p < a + sizeof(a)/sizeof(a[0]); ++p)
    {
        cout << * p << " ";
    }
    cout << endl;
    return 0;
}
```

将指针通过数组元素递增的习惯用法是 C++中经常出现的一种用法,有很多方法可以编写这个 for 循环,有些使用指针,有些不使用指针。

5.2.4 指向指针

通常,一个指针可以引用另一个指针,如果 char * p;是一个指向 char 的指针,那么 char * * q = &p 是一个指向 char 的指针,这种方式处理指针数组时非常有用。

练习:指向指针的指针

在本练习中,可使用指向指针的指针操纵一个指针数组。以下就是完成这一练习的具体步骤。

1. 键入 main()函数的结构框架。

```
#include <iostream>
using namespace std;

int main()
{
    return 0;
}
```

2. 在 main()的左大括号之后,声明一个由文字字符串组成的数组 alphabet,alphabet 是一个指向 const char 的指针数组。

```
char * alphabet[26]
{
```

```
    "alpha",
    "bravo",
    "charlie",
    "delta",
    "echo",
    "foxtrot"
};
```

数组 alphabet 被声明为 26 个元素(条目),与字母表的 26 个口语单词相对应。但只有前 6 个数组元素被初始化;编译器将其余 20 个元素设置为 nullptr。另一种方法是使指针数组中的最后一个元素为 nullptr。

3. 输入 for 循环,打印字母表的条目,直到程序等于 nullptr 的值为止。

```
for (char **p = alphabet; * p := nullptr; ++ p)
{
    cout << * p << " ";
}
cout << endl;
```

上述代码中,归纳变量 p 的类型是一个指向 const char 的指针。现在,p 设置为 alphabet,这是一个指向 char 的指针数组,编译器将其转换为指向 char 指针的指针。这个 for 循环继续的条件是 p 不等于 nullptr,每次迭代结束时,p 指针递增。在 for 循环中,程序打印 * p 产生输出,它是一个指向 char 的指针,后跟空格,但是没有 endl。

当打印没有 endl 的条目(元素)时,所有的元素会被打印在同一行上,此时 C++ 输出流尝试打印指向 char 的指针,就像它是一个空终止的字符串。与上一个练习一样,在循环之后输出 endl,实际上输出了一行。

4. 编译并运行以上程序代码。

除了输出外,编译器还会打印出警告消息,且每一行都会发出类似这样的警告:ISO C++禁止将字符串常量转换为"char"或类似的内容。如一些在线(联机)编译器会在输出的同一窗口中打印这些错误消息。对于有的编译器,我们必须单击"编译"按钮才能查看错误消息,而要消除这些错误消息,请将 alphabet 的类型更改为 char const * alphabet[26],并将 for 循环归纳变量 p 的类型更改为"char const * * p;"。编译并运行更改后的程序,会发现警告消息已经消失了。

在 C++ 中,文字(正文)字符串是指向 const char 类型的指针,因此,一个文本字符串数组具有指向 const char 指针类型的指针。

声明符 const char 表示程序不能更改指向的字符。在 C 语言中,文本字符串是指向 char 类型的指针,C++ 最初也是这样的,但更新后的 C++ 使这些字符串指针指向 const char。在 C++ 中,常数性(const-ness)是一个很重要的知识,但是因为它太大了,所以本书暂且不讨论。

5.3　引　用

通常,一个引用是保存另一个变量地址的第二种变量,也就是说,引用可"指向"另一个变量。指针可以引用一个有效的变量,一个无效的内存位置或 nullptr,而一个引用必须在声明时就初始化为指向一个变量。

引用与指针之间的区别之一是引用不能被更新,其一旦被声明,就总是指向同一个变量。这意味着引用不能像指针那样以递增的方式一步步地遍历数组。

引用与指针的另一个区别是引用会在使用中被隐式取消,而指针不变,且应用于引用的算术运算符和关系运算符会影响所指向变量。如果 ir 是一个 int(整数变量)的引用,那么语句 ir ＝ ir-10 会从引用的 int(整数变量)中减去 10,因此,涉及引用的数学表达式具有非常自然的外观。开发人员可以使用引用有效地指向一个具有数字含义的变量,如一个复数或矩阵,表达式(如 a ＝ b * c)具有数字含义。

与引用不同,指针上的算术和关系操作所指的是机器地址,它们是指针本身的值,而不是指向的变量。如果数值类型(如矩阵)由指针指向,则生成的数学表达式包含显式的消除运算符,因此它们可能看起来像 * a＝ * b**c。

练习:引用

本练习涉及一个小程序,该程序创建了一些引用以说明它们的语法和证明它们一些属性。以下就是完成这一练习的具体步骤。

1. 键入 main()函数的结构框架。

```
# include <iostream>
using namespace std;

int main()
{
    return 0;
}
```

2. 在 main()的左大括号之后,声明一个名为 i 的 int(整数)变量,并将其初始化为 10。声明一个 int 引用 ir,并将其初始化为指向整数变量 i。引用使用类型名和 & 声明,并初始化为一个变量,例如,int& ir ＝ i;或 int& ir {i};。

```
int i = 10;
int& ir = i;
```

3. 将 i＋10 赋予 i,ir * 10 赋予 ir。请注意,算术表达式在使用 int 时与使用 int 引用时看起来是一模一样。

```
i = i + 10;
```

```
ir = ir * 10;
```

4. 输出 i 的值,以证明当程序更改 ir 时,它确实更改了 i 中的内容[提示:(10 + 10) * 10 = 200]。

```
cout << "i = " << i << endl;
```

5. 声明一个名为 ip 的指针,并将其初始化为指向 ir 的地址。地址运算符 & 将影响 ir 指向的变量,因此 ip 现在指向 i。取消对 ip 的引用,将 ip 指向的变量的值更改为 33(将所指向的变量的内容改为 33)。

```
int * ip = &ir;
* ip = 33;
```

6. 输出 i、*ip 和 ir,以证明改变 *ip 确实改变了 i,而且也改变 ir 了。

```
cout << "i = " << i <<", * ip = " << * ip
    <<", ir = " << ir << endl;
```

7. 编译并运行以上程序代码。

输出显示引用和指针都指向另一个变量的类型。当程序修改引用或取消引用的指针时,它将修改所指向变量。

通常,一个引用始终指向声明时的变量,并且一个有效引用始终指向一个变量。但是,引用可能会变得无效,下面的练习将介绍引用可能是空的或无效的情况。

练习:无效引用

1. 输入以下程序。

```
int main()
{
    char * p = nullptr;
    char& r = * p;
    r = '!';
    return 0;
}
```

2. 运行以上程序代码。如果使用的是在线(联机)编译器,请使用类似 coliru 这样的编译器,它可以捕获如图 5-6 所示的输出。

```
bash: line 7: 14177 Segmentation fault      (core dumped) ./a.out




g++ -std=c++17 -O2 -Wall -pedantic -pthread main.cpp && ./a.out
```

图 5-6 取消引用 nullptr 会导致操作系统终止该程序

请注意,此程序它因操作系统错误而崩溃了,指针指向了 nullptr,这个引用被设置为指向 nullptr，取消对 nullptr 的引用将导致操作系统终止该程序，这种现象称为空引用。通常，在运行程序时才会发现严重的错误，其他的程序设计语言可能可以在取消引用之前检查每个 nullptr 的引用，但是这会降低执行速度，而 C++更关注性能问题，因此 C++允许我们编写可能会崩溃的代码。

3. 检查以下函数。

```
int& invalid_ref()
{
    int a = 10;
    return a;
}
```

上述函数返回对函数调用堆栈上的本地变量的引用。这里的变量超越定义域，并且当函数返回时变为无效，从而产生一个无效的引用，下一个调用的函数几乎肯定会覆盖以前由 a 所占用的存储空间。此时程序不一定会崩溃，但也不会给出正确的答案。

通常，大家会普遍认为引用比指针更安全。确实一个有效的引用总是指向一个变量，但是 C++允许开发人员创建无效的引用和空引用，指针和引用之间的差异应该被认为是样式上的差异，而不是安全上的差异。

5.4　指针和引用作为函数参数

当表达式是函数调用的参数时，表达式的值将复制到函数调用堆栈上的，函数本地存储区中。如果表达式是基本类型（如 int 或 float）时，复制的成本不是问题，但是如果参数是具有许多成员的结构或类实例时，复制会消耗大量时间。

程序可以将实例的引用或指针传递给函数，而不是直接将结构或类实例传递给函数，此时指针和引用同样有效，因此选择使用哪种方法取决于个人的编程风格。

建议大家检查传递到函数中的指针是否为 nullptr，因为当使用一个引用作为一组函数参数，而程序员认为该引用有效时，该函数内部并不会进行相关的检查。

因为指针可以是 nullptr，这对于参数它很重要。也就是说，在计算函数时可能需要参数，也可能不需要参数，但必须始终为引用参数提供一个值。

当一个参数指向一个数组时，使用指针参数是合适的。由于指针或引用指向的存储来自函数外部，因此当程序希望从向函数以外传递信息（如错误代码或已完成操作的计数）或当函数的目的是修改一个数据结构时，指针或引用参数也很有用。

练习：指针作为函数参数

这个程序会将一个字符数组复制到另一个数组中。由于函数的参数是数组，因此，这里用指针比函数形式参数的引用更合适。

以下就是完成这一练习的具体步骤。

1. 输入 main()函数的结构框架。

```cpp
#include <iostream>
using namespace std;

int main()
{
    return 0;
}
```

2. 在使用名称空间(namespace)std 之后,输入函数 copychars()的框架。函数 copychars()接受两个字符指针,一个是 from,为复制来源,而另一个是 to,为复制目标,另外,还需要一个整数(int)计数器 count 用来记录复制的字符个数。

```cpp
void copychars(char * from, char * to, int count)
{
}
```

3. 将指针与 nullptr 进行比较,除非开发人员完全确定调用程序已经检查过,下面这段代码应该在 copychars()的大括号后面:

```cpp
if (from == nullptr || to == nullptr)
    return;
```

4. 进入主复制循环,复制 count 个字符。

```cpp
while (count -- > 0)
{
    * to ++ = * from ++ ;
}
```

通常,每个字符都是由 from 指向的位置复制到由 to 指向的位置,这个循环的核心是 * to++ = * from++;语句,它复制一个字符,并递增两个指针,以便它们复制下一个字符,这是 C++中十分常见的用法。这两个++运算符称为后递增(增量)运算符,它们使用递增的变量递增指针,这个语句可扩展成复合语句{ * to = * from;to = to+1;from = from+1;}。

通常,编译器知道如何为这个习惯用法生成非常有效的代码,运算符的优先顺序也可以计算出来,因此我们不必在任何内容周围加括号就可以使该语句正常工作。

5. 键入 main()函数中内容。首先,声明一个名为 string[]的数组,并将其初始化为"uvwxyz"。编译时,我们不会看到关于 string[]不是 const char 的消息,这是因为 string[]初始化时,文本字符串"uvwxyz"被复制到了 string[]中。这里,请注意,程序并没有为数组 string[]指定大小,因为一个空字符'\0'被加到字串的末尾以标记它的结尾,所以才变成了 7 个字符。

```cpp
char string[] { "uvwxyz" };
```

6. 声明一个由 10 个字符组成的名为 buffer[]的数组,这是程序将要复制的数组。此时,该程序可以调用 copychars(),其中 string[]位于 from 参数位置,buffer[]位于 to 参数位置,计数设置为 7。

```
char buffer[10];
copychars (string, buffer, 7);
```

7. 输出 buffer[],以证明 string[](中的字符串)已经移动到 buffer[]中:

```
cout << buffer << endl;
```

8. 编译并运行以上这段程序,其程序输出内容如图 5-7 所示。

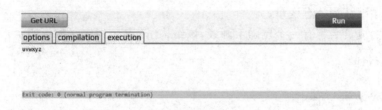

图 5-7 打印 buffer 的输出内容

图 5-7 所示证明了那些字符已按预期复制到输出缓冲区(buffers)中了。

📖 注释:缓冲区复制函数总是存在安全风险。复制字符到达 from buffer(缓冲区)空结束符的函数复制的字符数超过 to buffer(缓冲区)声明的保留字符数,这会导致意外覆盖其他变量,标准库函数 strcpy()就有此缺陷。如果调用程序已检查过 to 缓冲区的空间,则指定长度会稍微降低此风险。通常,一个完全安全的函数将指定缓冲区大小的最大值,并使用 null 终止或用另一个 count(计数器)指定要复制多少字符。

5.5 指向类或结构的指针

通常,可使用". member"的访问方式或者点运算符选择一个类或结构的一个成员,例如,instance. membername(实例. 成员名)。当一个指针指向一个实例时,该指针必须首先使用 * 运算符取消对该指针的引用。由于运算符优先级和关联性规则,这个表达式必须用括号括起来;例如,(* pinstance). membername。在 C++,开发人员常用一个简化的符号表示,而不引用指针,且选择指定的成员(membername)。

练习:指向类实例的指针

在本练习中,程序会输出结构实例数组的内容。在 C++中,结构和类非常相似,一个结构的所有成员都是公有的,因此该结构只需编写较少行的程序代码,而在生产代码中,使用类的几率要大得多。以下就是完成这一练习的具体步骤。

1. 输入 main()函数的结构框架。

```
# include <iostream>
using namespace std;

int main()
{
    return 0;
}
```

2. 输入 struct mydata，它有一个名为 name_的 char const * 字段和一个名为 hero_的 int 字段。由于 mydata 是一个结构，所以这些字段自动声明为 public，因此大家可以从结构外部进行访问。实际上，结构和类几乎相同，只是成员变量在类中默认为私有变量，在结构中默认为公有变量。

请注意，成员名字有一个尾随下画线，该结构 mydata 的定义如下所示：

```
struct mydata
{
    char const *  name_;
    bool hero_;
};
```

3. 如下所示，创建一个名为 cast 的 mydata 实例数组，并对其进行初始化。大家可以认出数组中的那些条目(元素)代表连画书超级英雄中一些角色。在这里，如果角色是英雄，hero_成员可设置为 true；如果角色是恶棍，则可设置为 false。该数组没有显示给出大小，因此初始化元素的数目被设置为它的大小。

```
mydata heroes[]
{
    { "Spider Man", true },
    { "The Joker", false },
    { "Doctor Octopus", false },
    { "Thor", true },
    { "Batman", true },
    { "Loki", false }
};
```

4. 输入 printdata()函数，此函数打印出一个 mydata 实例。

```
void printdata(mydata *  p)
{
    cout << "Hello. I am " << ( * p).name_ << ". ";
    if (p->hero_)
        cout << "I am a hero." << endl;
    else
        cout << "I am a villain." << endl;
}
```

5. 在 main()中,输出结构 mydata 实例的大小,后跟指向 mydata 指针的大小。实例越大,作为参数复制到函数中越不容易。在生产代码中,mydata 可能有数百或数千字节,或者有一个不太容易执行的构造函数,因此,传递指针传会比复制实例更有效。

```
cout << sizeof(mydata) << " " << sizeof(mydata *) << endl;
```

6. 输入一个 for 循环,打印出 heroes[]数组中的 mydata 实例。以前可能已经见过这样的代码:从第一个实例移到下一个实例,直到结束,通常,这样的代码与使用硬接线常量(即不能改变的常数)描述数组大小有相同的问题。

```
for (mydata * p = heroes; p < heroes + 6; ++p)
{
    printdata(p);
}
```

7. 编译并运行以上程序代码。

下面我们来解决硬编码大小的问题,我们之前的确使用 sizeof(array)/sizeof(array[0])解决过,还有另一种方法——那就是使用 std::end()函数。使用函数 std::end()的效果与 sizeof 的解决技巧基本相同,不同的是它必须使用重模板魔幻般地将整个数组声明复制到函数中,并防止其衰变为指针。以下就是使用 std::end()函数的 for 语句的示例。

```
for (mydata * p = heroes; p < std::end(heroes); ++p)
```

8. 函数 std::end()适用于数组和指针,也适用于遍历标准库容器类的迭代器,我们可以在第 10 章"高级面向对象原理"中学习更多有关迭代器的内容。

最后,完善 for 循环,函数 std::begin()返回指针或迭代器。然而,这个 for 语句声明了一个指针。这不够完美,不过 C++提供了一个解决方案:它叫自动(auto)。

当变量的类型在上下文中比较明显的时候,auto 声明变量;就像它是赋值语句的目标一样。由于 auto 非常适合声明 for 循环中的归纳变量,在我们的程序中,已经包含了名称空间 std,因此不需要使用 std::前缀。更改后,我们的 for 语句会非常简洁。

```
for (auto p = begin(heroes); p < end(heroes); ++p)
```

📖 注释:对于指针成员(如 mydata::name_)的使用是有风险的,除非它是由文字常量初始化的。在类实例超出了定义域之前,name_ 所指向的存储必须是有效的,否则该指针将指向无效内存,程序将出现错误。

5.6 引用作为函数的参数

通常,引用就像指针那样包含指向数据的指针。然而,如前所述,应用于引用的运算符会所指向对象,若要选择由引用指向的结构或类的成员,就要使用成员访问方式或点运算符。其中,点运算符应用于所指向变量,即类实例,我们也可以将其称之为取消引用。实际上,使用.(逗号)和引用生成的代码与使用—>和指针所生成的代码相同。

引用可以使用变量初始化引用,指针必须显式获取变量的地址,并将其转换为指针,才能其赋予指针,这里对实例的类型引用的形式参数被初始化为指向实际参数的实例。

还有一种特殊形式的 for 循环,即当一个程序需要对数组的每个元素都引用时,它适合遍历数组,可称为基于范围的 for 循环,其语法如 for(mydata& ref : arr)。这里,编译器识别变量 arr 为一个数组,并生成遍历该数组的元素的代码,且每个元素被依次赋予变量 ref。

再对这个 for 循环进一步改进的方法是使用 auto 关键字,如 for(auto& ref : arr)。关键字 auto 要求编译器通过查看 arr 的元素类型推断 ref 的类型,这里,运算符 & 告诉 for 循环:它应该初始化对每个数组元素的引用,而不是将每个数组元素复制到实例变量中。

练习:引用作为函数的参数

这个程序与上一练习中的程序非常相似,只是它使用了引用而不是指针,且它打印一个类实例数组。以下就是完成这一练习的具体步骤。

1. 键入 main() 函数的结构框架。

```
#include <iostream>
using namespace std;

int main()
{
    return 0;
}
```

2. 输入结构 mydata 的定义。这个示例是 const-correct,不会像前面的练习那样产生编译器的任何警告消息。

```
struct mydata
{
    char const * name_;
    bool darkside_;
    mydata (char const * name, bool dark)
    {
        name_ = name; darkside_ = dark;
    }
};
```

请注意,构造函数的 name 参数具有 char const * 类型,name_ 成员也具有 char

const * 类型。

为什么结构 mydata 的成员变量的名称后面有一个下画线呢？这个下画线可使第 8 行上的构造函数（即 struct mydata）正常工作。如果构造函数有一个名为 name 的参数而结构也有一个名为 name 的成员，则无法在构造函数中设置该成员，因为它的名字将被参数的名字隐藏起来。大多数 C++ 编码标准要求类字段具有特定格式的名字，例如末尾处的下画线是 C++ 标准文档中使用的一种形式，另外，还有很多其他的形式。

3. 初始化一个数组 cast，它有 3 个 mydata 实例。

```
mydata cast[3]
{
    { "Darth Vader", true },
    { "Luke Skywalker", false },
    { "Han Solo", false }
};
```

4. 键入 printname() 函数，它以对 mydata 实例的一个引用作为参数。在使用对结构或类实例的引用时，请使用点（.）成员访问运算符访问成员，而点运算符应用于引用对象，而不是引用。

```
void printname(mydata& data)
{
    cout << "Hello. I am " << data.name_ << endl;
    if (data.darkside_)
        cout << "I was seduced by the dark side" << endl;
}
```

5. 输入函数 main() 的内容。

```
for (mydata& data : cast)
{
    printname(data);
}
```

因为此程序使用引用，所以这里可以使用基于范围的 for 循环，它包含一个归纳变量的声明，在本示例中类似于 mydata& data，后跟一个冒号，然后是生成数据范围的内容。在这种情况下，一个数组会生成一个数据范围。

6. 编译并运行以上这个程序代码。

7. 编辑这个程序，并在 for 循环中使用 auto，使其显示 for(auto& data : cast)。

8. 在 for 循环中移除 &，使其显示 for(auto data : cast)。编译，并运行这个程序，会发现 auto data 也能工作，但效率较低，因为它将数组的元素复制到了 mydata 类型的数据中，而 mydata& 不是。如果这些元素中有很多数据，那就要做大量进行复制。

5.7 测试:使用指针和引用进行字符串数组的操作

在这个测试中,将要求我们同时使用指针和引用编写字符串数组的函数,并测试,以确保代码正常工作。

该函数名为 printarray(),它将两个指针作为参数放入以空结尾的文本(正文)字符串数组中。一个指针指向 printarray()将要打印的数组的第一个条目(元素),另一个指针指向要打印的最后一个元素之后的一个元素,printarray()还将取一个对 int 的引用作为参数,该引用由 printarray()设置为非空(nullptr)字符串的计数。另外,printarray()将非空(nullptr)字符串输出到控制台,每行有一个字符串。如果 printarray()能成功运行,则返回 1,如果检测到参数有问题,则返回 0。提示一下,该数组具有最多 26 个元素的大小。

主(main)程序必须用各种参数进行测试,也包括那些无效参数。以下就是完成这个测试的具体步骤:

(1) 输入 main()函数的结构框架。

(2) 在以上的 main()函数中创建一个字符串数组,如果使用按字母顺序排列的字符串(如 alpha、bravo、charlie 等,或 alpha、beta、gamma 等),则代码将更易于调试。

(3) 输入 printarray()函数的结构框架。因为我们正在打印一个文本字符串数组,所以指针是 char const * * 类型的。这里,count 参数是一个 int(整数)引用,定义返回类型,该类型在赋值中指定为 int(整数)。

(4) 在 printarray()中,输入代码,以检测 printarray()的参数中的错误。

(5) 清除计数器。

(6) 输入一个控制打印的循环。

(7) 在 main()的内部编写一些测试代码,测试应该检查返回的值对于参数是否正确,我们可以查看打印的参数。

5.8 小 结

指针和引用是指向其他变量的两种类型,它们在重叠的情况下很有用,对于指针和引用的选择主要看编程方式的选择。另外,指针和引用是"不安全"的 C++特性的示例,从某种意义上讲,必须正确地使用它们才能防止程序崩溃。指针和引用最重要的用途是遍历数组,并有效地将大型数组或类实例传递到函数中。

下一章,将探讨指针的另一个非常重要的用途——引用动态变量。动态变量没有名字,只能通过引用它们的指针来访问,另外,动态变量允许 C++程序访问现代计算机中的大量内存和建立一些复杂的容器。

第6章　动态变量

教学目的：

在学习完这一章时，您将能够：

- 了解动态变量的重要性。
- 创建动态变量和数组。
- 了解堆栈和堆之间的区别。
- 通过指针引用动态变量和数组。
- 删除动态变量和数组。
- 使用指针创建链接数据结构。

本章介绍动态变量，即可以在需要时创建的变量，这些变量可以保存任意大的数据量，仅受可用内存量的限制。

6.1　简　介

到目前我们引入的所有基本类型的变量、数组和结构都有一个在编译时已知的固定大小。固定大小的变量有许多优点：它们可以首尾相连地放置，以便有效地使用内存，机器访问固定大小的变量非常快。然而，固定大小的变量有一个缺点，无法在固定大小的变量中保存任意大的数据结构。这是开发人员必须预见到一个程序将要解决的最大问题，当一个程序解决一个较小的问题时，内存被浪费了，当一个程序试图超过它的容量时，它将失败。

设想开发人员希望将所有单词存储在一本书中，而只能使用固定大小的变量。他们可能会声明一个二维的 char 数组来保存单词，但是这个数组应该有多大呢？

平均每本书有 75 000～100 000 个单词，开发人员可以选择最差情况，即 10 万字，这将适用于许多书，但可能不是全部的书。一般英语单词大约有 8 个字符长，但最长的单词要长得多，开发人员还必须为单词选择最坏的大小，例如 20 个字符。因此，这个数组的声明如下：

```
char book[100000][20];
```

这个数组的大小是 200 万字节（字符），这在现代的比较标准中是合适的。但是不管你把数组做得多大，都可能有一本书不合适，要么是因为它有很长的单词，要么是因为它有太多的单词。开发人员可能会发明比普通数组更精细的数据结构，但他们都会遇到一两个这方面的问题。运行该程序的计算机可能有千兆字节的可用内存,但程序无法使用它。

幸运的是,C++提供了一个解决这个问题的方法,该方法被称为动态变量。

6.2　动态变量

全局变量在程序启动时,在分配给全局变量的单个内存块中是首尾相连地排列在一起。因此,声明一个全局变量不需要运行时的开销,但是所有全局变量在程序的整个生命周期中都会继续占用存储空间,即使它们不被使用。

那些函数或由{and}限定的其他程序块的局部变量(本地变量)是一个挨着一个存放在本地变量堆栈的顶部。为局部变量分配内存的成本可以忽略不计。当程序执行离开这一块(或函数)时,该块中本地变量的存储将从堆栈顶部弹出。下次执行进入块作用域时,该存储将被有效地重用。

动态变量由可执行语句构造,而不是像其他类型的变量那样被声明。分配给每个动态变量的存储是与普通变量的内存区分开的,是使用一个特定的内存区域、该内存区被称为堆(heap)。当执行退出由{and}限定的程序块的定义域或程序结束时,动态变量不会自动销毁。取而代之的是,每个动态变量都被另一个可执行语句显式删除,其存储分别返还给堆。

堆是未使用内存块的集合。当程序要求一个新的动态变量时,系统在堆中搜索适当大小的内存块。C++运行时,系统可以从堆中返回一个可用的块,也可以将较大的内存块分成两块并返回其中一个,或者可以从操作系统上请求新的内存块。当程序删除一个动态变量时,该动态变量的存储将返回到堆的可用内存块集合中,以便该存储可用于另一个动态变量。

对于可以创建的动态变量的数量或大小没有固定的限制。然而,这并不意味着程序可以创建无限数量的动态变量。它只是意味着计算机、操作系统和以前请求的模式都可能促成某个特定请求能否得到满足。

当一个创建动态变量的请求不能满足时,C++会抛出一个异常。在本书第 13 章"C++中的异常处理"中将涵盖异常的内容。

动态变量的功能不是免费的。创建和删除动态变量的运行开销很大。实际上,创建和删除动态变量是在 C++中最费事的操作,这是因为需要扫描可用内存块的集合。

使用一个 new 表达式来创建一个动态变量。new 表达式将类型作为其操作数,并返回一个指向指定类型实例的指针。动态变量是通过这个指针访问的,而不是像全局和局部变量那样使用变量名访问。new 表达式不仅返回一些随机的存储字节;它还将变量构造到返回的内存中,基于类型对其进行初始化或调用其构造函数。

以下是使用 new 运算符表达式创建动态变量的一个示例。

```
char * p1 = new char;
```

```
int * p2 = new int{12345};
someclass * p3 = new someclass("testing", 123);
```

这里,p1 被赋予一个指针,指向足以容纳一个字符的存储器。由于未指定初始值,因此 char 未初始化为任何值,但包含分配给新动态变量时存储区中的随机位;p2 被赋予一个指针,指向足以容纳 int(整数)的存储器,这个整数被初始化为 12345;p3 被赋予一个指向存储器的指针,该存储器足以容纳 someclass 类的实例,这个实例是通过调用构造函数 someclass::someclass(char const *, int)构造的。创建动态 char(字符)或 int(整数)变量不是很有用,而且也很少出现在程序中,然而,程序经常创建动态类(class)或结构(struct)实例。

使用 delete 表达式删除动态变量。当动态变量被删除时,C++运行时系统调用它的析构成员函数(如果有的话),并且它的存储被 C++运行时系统返还给堆。delete 表达式接受指向由 new 表达式创建的对象的指针,并返回 void。

在之前所创建的 3 个动态变量可以由以下 3 行程序代码删除。

```
delete p1;
delete p2;
delete p3;
```

尽管删除一个指针会销毁所指向的对象,并返还它占用的 C++运行时系统的存储,但它不会改变指针的值。这个指针仍然包含一个内存地址;只是现在,这个地址不是动态变量的地址了。如果程序试图访问这个无效地址,程序很可能会崩溃。

使用 new 表达式创建的每个动态变量都必须由匹配的 delete 表达式删除,否则程序将无法访问该变量所占用的存储空间;内存将从该程序中泄漏。如果一个内存泄漏的程序运行很长时间,它会耗尽计算机上的所有内存,导致该程序、其他程序或操作系统变得不稳定并崩溃。

接下来的两个练习将涵盖创建和删除动态变量与数组的基础知识。

练习:创建和删除基本类型的动态变量

这个练习涉及一个创建和销毁两个动态变量的简短程序。它检查指向这些变量的指针并检查这些变量的值,只是为了证明 new 和 delete 的行为与预期的一样。

1. 按照如下方式,输入 main()函数的结构框架。

```
#include <iostream>
using namespace std;

int main()
{
    return 0;
}
```

2. 在 main()的大括号之后,输入以下代码以创建动态 int(整数)变量。声明一个指向 int 的指针,该指针的名字为 pint,并将其初始化为 nullptr。然后,将 new int 赋予 pint。运算符 new 搜索足以容纳一个 int(整数)的存储空间,并将指向该存储空间的一个指针赋予 pint。

```
int * pint = nullptr;
pint = new int;
```

3. 输出 pint 以显示它拥有一个内存地址,并且不再是 nullptr。

```
cout << "pint = " << pint << endl;
```

4. 删除 pint。这会将动态 int 变量所占用的存储返还给堆。

```
delete pint;
```

5. 再次输出 pint 以证明它仍然保存一个指针,它指向以前的动态 int 变量的无效内存位置(地址)。

```
cout << "pint = " << pint << endl;
```

📖 **注释**:由于动态变量未初始化,因此它的值是随机的。我们没有让程序打印它的值,因为有些操作系统将新存储和已删除存储设置为零,以帮助调试。

到目前为止,完整程序如下所示。

```
# include <iostream>
using namespace std;

int main()
{
    int * pint = nullptr;
    pint = new int;

    cout << "pint = " << pint << endl;
    delete pint;

    cout << "pint = " << pint << endl;
    return 0;
}
```

6. 编译并运行以上这段代码,结果如图 6-1 所示。

两个十六进制数是机器地址。程序可能会报告不同的十六进制数,但这两个数字将是相同的。将 new int 赋予 pint 之后,pint 包含一个内存地址。这是那个动态 int (整数)变量的地址。删除了 pint 之后,pint 仍具有相同的内存地址,但这个地址已经不再有效了。这意味着它不再指向一个动态变量了。在删除指针所指向的变量之后,再使用这个指针是 C++程序中错误的常见原因。

7. 创建一个新的动态 int 变量并将其赋予 pint。现在 pint 可以重用了,因为它没

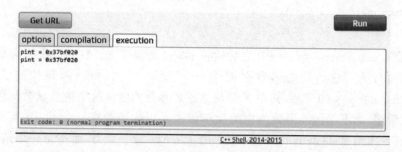

图 6 - 1　pint 包含那个动态变量的内存地址

有指向任何有效的内容。注意，new 表达式在 int 类型后面有一个初始值设定项，它将动态 int 变量设置为 33333。输出动态 int 变量的值，以证明它已按预期初始化。然后，删除动态 int 变量，其代码如下所示。

```
pint = new int{33333};
cout << " * pint = " << * pint << endl;
delete pint;
```

8. 编译并运行以上刚刚完成的程序，输出如图 6 - 2 所示。

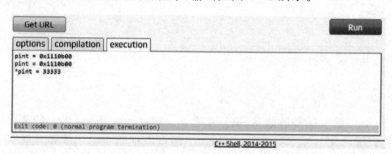

图 6 - 2　pint 指向的动态变量已初始化

由 pint 指向的动态变量已按预期初始化，虽然创建基本数据类型（如 int 或 char）的动态实例相对不常见，但创建动态类或结构实例却是相当常见的。类实例构成了链接数据结构（如链表、树和图等）的基本构建块。

练习：创建和删除动态类实例

这个练习将演示创建动态类实例的基础知识。就像 int 或 char 变量那样，动态类实例是用 new 表达式创建的，唯一的区别是类实例是用构造函数参数列表初始化的。

1. 键入 main() 函数的结构框架，如下所示。

```
# include <iostream>
using namespace std;

int main()
{
```

```
        return 0;
    }
```

2. 紧随 using namespace std 之后输入 noisy 类的定义。现在,noisy 有助于说明动态变量的行为。它的构造函数在创建一个 noisy 实例时运行,该构造函数打印 constructing noisy X 的消息,其中 X 是构造函数参数的值。这个构造函数使用构造函数初始化程序,而不是构造函数体中的简单赋值。析构函数在一个 noisy 实例被删除时运行,它打印消息 destroying noisy X。由于 noisy 是一个类,而不是一个结构,所以默认情况下,其成员是私有的,因此需要一个 public 访问控制的声明。以下就是 noisy 的定义。

```
class noisy
{
    int i_;
    public:
    noisy(int i) : i_(i)
    {
        cout << "constructing noisy " << i << endl;
    }
    ~noisy()
    {
        cout << "destroying noisy " << i_ << endl;
    }
};
```

3. 在 main() 的大括号后面,声明一个名为 N 的 noisy 实例,将 1 传递给 N 的构造函数。当我们运行这个程序时,N 将打印一个消息以证明局部类实例在作用域出口处被自动销毁。

```
noisy N(1);
```

4. 声明一个名为 p 的指向 noisy 的指针,并将 p 初始化为 noisy 的一个新实例,以 noisy(2)初始化。然后删除 p。因此,证明了必须使用 delete 表达式销毁动态类实例,其代码如下所示:

```
noisy* p = new noisy(2);
delete p;
```

5. 编译并运行以上程序代码。

这个程序将会如何执行呢? 当执行进入 main() 时,会构造一个 noisy 实例。noisy 构造函数被调用,它打印出第一条消息:constructing noisy 1。

下一条语句将创建一个动态 noisy 实例。这个 noisy 实例被构造,从而打印第二条消息:constructing noisy 2。下一条语句删除 p,导致 noisy 2 的析构函数打印一条消息。执行离开 main() 的作用域,这导致局部变量 N 超出作用域,并触发对 noisy 1 的析构函数的调用。这正是我们对具有函数作用域的变量的期望。

6.3 动态数组

动态数组遵循与动态变量相同的规则。动态数组在运行时使用 new[] 表达式创建。与动态变量一样,动态数组在执行退出定义域或程序结束时不会被销毁。它们必须由 delete[] 表达式显式删除。与其他动态变量一样,动态数组不是通过名字访问的,而是通过指向动态数组的指针访问的。

动态数组的大小可以在运行时由一个表达式在创建新的动态数组时指定。其大小不必像数组声明中的大小那样是常量。如果动态数组有两个或多个维度,则只能在运行时指定最左边维度的大小。

练习:创建和删除基本类型的动态数组

创建并删除一个动态的 char 数组,并用以空结尾的文本字符串填充该动态数组,这是 C 语言编程中一个十分常见的习惯用法。在 C++中,可以使用一个更复杂的被称为 std::string 的字符串容器类,它有许多有用的插入和提取子字符串的功能。在本书的第 12 章"容器和迭代器"中,会有更多关于 std::string 的内容。

1. 在 C++编译器中,键入 main()函数的结构框架。

```
#include <iostream>
using namespace std;

int main()
{
    return 0;
}
```

2. 该程序将使用标准库函数来处理以空结尾的字符串,因此它必须包含 <cstring>头文件。在 #include <iostream> 预处理器指令之后添加以下行。

```
#include <cstring>
```

3. 在函数 main()中,声明一个名为 cp 的 char const 指针,并将其初始化为任何以空结尾的字符串文本。接下来,声明一个指向名为 buffer 的字符的指针。创建一个新的动态 char 数组,该数组足以容纳 cp 指向的以空结尾的字符串。其长度可以通过调用标准库中的函数 strlen()来确定,该函数计算字符串中的字符数。还必须为空终止标记(\0)保留空格,因为它不包括在 strlen()返回的计数中。

```
char const * cp = "arbitrary null terminated text string";
char * buffer = new char[ strlen(cp) + 1 ];
```

4. 使用标准库函数 strcpy()将 cp 指向的字符串复制到缓冲区(buffer)中。strcpy

（）将以空结尾的字符串源中的字符复制到目标数组中，直到它复制了源字符串结尾处的空终止字符为止。

```
strcpy(buffer, cp);
```

某些编译器在程序使用 strcpy()时发出警告，因为它无法确保目标数组中有足够的空间容纳源字符串。在这种情况下，编写的代码计算了目标数组缓冲区的大小，因此没有风险。

5. 输出缓冲区的内容以证明复制成功。

```
cout << "buffer = " << buffer << endl;
```

6. 使用 delete[]表达式删除 buffer(缓冲区)。

```
delete[] buffer;
```

完整的程序代码如下所示。

```cpp
# include <iostream>
# include <cstring>
using namespace std;

int main()
{
    char const * cp = "arbitrary null terminated text string";
    char * buffer = new char[ strlen(cp) + 1 ];
    strcpy(buffer, cp);
    cout << "buffer = " << buffer << endl;
    delete[] buffer;
    return 0;
}
```

7. 编译并运行以上程序代码，它的输出是缓冲区(buffer)的副本。

除了 new[]和 delete[]表达式的语法略有不同之外，创建和删除动态数组遵循与基本类型的动态变量相同的规则。

练习：创建和删除类的动态数组

我们也可以创建和删除类实例的动态数组。关于类实例的动态数组要注意的事情是：数组中的每个实例都要被构造，即它的构造函数成员函数被调用。销毁类实例数组需要调用每个实例的析构函数。

1. 将 main()函数的结构框架键入到 C++编译器中。

```cpp
# include <iostream>
using namespace std;

int main()
```

```
{
    return 0;
}
```

2. 在 using namespace 声明之后键入类 noisy 的定义，noisy 使实例 noisy 的实例的构造销毁变得可见。这个版本的 noisy 被定义为一个结构而不是一个类，它的两个成员函数是内联定义的，这减少了这个类所占用的空间。

```
struct noisy
{
    noisy() { cout << "constructing noisy" << endl; }
    ~noisy() { cout << "destroying noisy" << endl; }
};
```

3. 在 main() 内部，输出一条获取一个 noisy 数组的消息。声明一个名为 pnoisy 的指向 noisy 的指针，并赋予它一个由 3 个 noisy 实例组成的新动态数组。

```
cout << "getting a noisy array" << endl;
noisy * pnoisy = new noisy[3];
```

4. 输出消息 deleting noisy array（删除 noisy 数组）。然后，使用参数为 pnoisy 的 delete[] 表达式删除 noisy 数组。

```
cout << "deleting noisy array" << endl;
delete[] pnoisy;
```

5. 编译并运行以上程序代码。

需要注意的一点，动态数组中的每个类实例都是构造的，而不是随机位，当删除数组时，实例将被销毁。

6.4 动态变量的 7 个问题

接下来的七个练习演示了不当地使用动态变量可能破坏程序的七种错误，不当地使用动态变量，要么将造成堆崩溃，要么掉到一个操作系统的陷阱里。

以下几个练习是为了打印错误消息和终止程序而精心设计的。产生的特定消息既取决于 C++ 运行时系统版本，也取决于程序运行的操作系统，所以可能不同。

6.4.1 问题 1：在创建动态变量之前，使用指向动态变量的指针

动态变量的问题一是在创建动态变量之前使用指向动态变量的指针。显然，取消对无效存储的指针的引用（访问一个未定义指针所指向的内存中的内容）会将程序直接送到未定义行为的程序中。

练习:在创建一个动态变量之前使用它

1. 输入以下 main()函数的结构框架。

```
int main()
{
    return 0;
}
```

2. 在 main()的内部,创建一个名为 p 的字符(char)型指针。

```
char * p = nullptr;
```

3. 将 p[10]设置为 '!'。这个符号被排字员称为 bang。

```
p[10] = '!';
```

完整的程序如下。

```
int main()
{
    char * p = nullptr;
    p[10] = '!';
    return 0;
}
```

4. 编译并运行以上这段程序。如果使用的是在线(联机)编译器,请使用显示操作系统输出的编译器,例如 Coliru。cpp. sh 不显示,该程序的输出是一条错误消息(取决于操作系统),如图 6-3 所示。

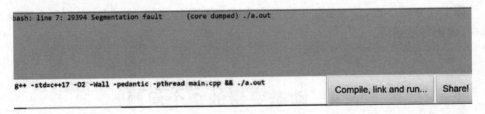

图 6-3 错误消息

在这个简单的例子中,错误是显而易见的,没有动态变量被赋予指针 p。在一个较大的程序中,指针可能在一个地方,设置在另一个地方使用,而在第三个地方删除。尚未将指针变量设置为预期的动态数组可能并不那么明显。嵌入式操作系统可能不会捕捉到对无效地址的写入,而是可能覆盖关键的系统信息,从而使嵌入式程序不稳定,而不是立即崩溃。出现分段错误消息是因为此特定指针已初始化为 nullptr。操作系统捕获了对未映射内存的访问。如果指针有其他无效地址,它可能会覆盖变量或损坏空闲列表,从而导致程序在远离问题源的某个点出现一个不同的错误消息,这就是为什么将指针初始化指向 nullptr 是个好主意的一个原因。

6.4.2　问题 2:删除一个动态变量之后,再使用动态变量

动态变量的第二个问题是删除了一个动态变量,然后继续使用指向它的指针,就好像它仍然引用一个动态变量一样。

练习:删除一个动态变量之后,再使用动态变量

1. 输入 main() 函数的结构框架。

```
#include <iostream>
using namespace std;

int main()
{
    return 0;
}
```

2. 在 main() 的内部,创建一个名为 p 的字符指针,该指针初始化为 new[] 表达式的结果,创建一个包含 10 个字符的数组。

```
char * p = new char[10];
```

3. 将 p[0] 设置为 '!'。

```
p[0] = '!';
```

4. 因为 p 指向一个数组,所以使用 delete[] 表达式删除 p。

```
delete[] p;
```

5. 打印 p[0] 的值。请记住:此时 p 并没有指向任何有效的东西。

```
cout << "p[0] = " << p[0] << endl;
```

6. 编译并运行以上这段程序。它在编译器和操作系统上的输出如图 6-4 所示。

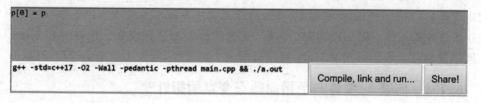

图 6-4　输出指针 p 后

我们可能希望 p[0] 的值是 '!',因为可能看到了将其设置为 '!' 的那行代码。然而,当程序删除 p 时,它向 C++ 运行时系统发出信号,表明这个程序已经不再使用 p 的存储了,之后,C++ 用它做了些其他的事情。C++ 运行时系统可能会将一个指向空闲内存块列表中的下一个项目的指针放到 p 的开头。

6.4.3　问题 3：创建了一个动态变量，但忘记删除

动态变量的第三个问题是：创建了一个动态变量，然后忘记了删除它。

练习：没有删除动态变量

1. 输入这个 main() 函数的结构框架。

```
#include <iostream>
using namespace std;


int main()
{
    return 0;
}
```

2. 在 main() 的内部，创建一个名为 p 的字符指针，该指针初始化为 new[] 表达式的结果、创建一个包含 10 个字符的数组。

```
char * p = new char[10];
```

3. 将 p[0] 设置为 '!'。

```
p[0] = '!';
```

4. 打印 p[0] 的值。

```
cout << "p[0] = " << p[0] << endl;
```

5. 编译并运行以上这段程序。

使用 new 表达式或 new[] 表达式创建的每个动态变量都必须由匹配的 delete 表达式或 delete[] 表达式删除。否则，变量占用的存储空间将无法被程序访问，也就是说，内存将从程序中泄漏了。

如果一个内存泄漏的程序运行了很长一段时间，那么它将把运行它的整个计算机的内存耗尽，导致正在运行的程序、其他程序或操作系统本身变得不稳定和崩溃。有些操作系统在程序终止时回收泄漏的内存，其他的操作系统则没有。依赖操作系统回收未删除的动态变量是一些老 Unix 程序员的一个坏习惯，建议大家避免这种习惯。

6.4.4　问题 4：覆盖一个指向动态变量的指针

如果覆盖一个指向动态变量的有效指针，则可能会破坏对该变量的最后一个引用，从而导致该引用泄漏，这是动态变量的又一问题。

练习：覆盖一个指向动态变量的指针

1. 创建和删除动态类实例，其代码如下。

```
#include <iostream>
using namespace std;
```

```
class noisy
{
    int i_;
    public:
    noisy(int i) : i_(i)
    {
        cout << "constructing noisy " << i << endl;
    }
    ~noisy()
    {
        cout << "destroying noisy " << i_ << endl;
    }
};

int main()
{
    noisy N(1);
    noisy * p = new noisy(2);
    delete p;
    return 0;
}
```

2. 在删除 p 之前,添加一个语句,将另一个新的 noisy 实例(初始化为 noisy(3))赋给 p。

```
p = new noisy(3);
```

3. 编译并运行程序。

当执行进入 main()时,将创建 noisy 的实例。调用 noisy 的构造函数,打印第一条消息:constructing noisy 1。

下一条语句创建第一个动态 noisy 实例,从而打印第二条消息:constructing noisy 2。下一条语句构造另一个 noisy 实例 noisy 3,并将指向该实例的指针赋给 p,替换指向 noisy 2 的指针。

noisy 2 发生了什么? 必须删除这个动态变量,但程序中没有指针指向 noisy 2,因为它已被指向 noisy 3 的指针覆盖,因此不能删除 noisy 2。然而 noisy 2 不仅仅是终止存在那么简单。操作系统不知道 noisy 2 存储在哪里;操作系统将 noisy 2 的存储管理交给程序,但程序忘记了 noisy 2 在哪里 noisy 2 已经从程序中泄漏了。

在嵌入式系统和 Windows 上,泄漏的内存可能会消失,直到下次计算机重新启动为止。每当这个程序运行时,noisy 2 的另一个实例就变得不可访问。如果这种情况发生足够多次,操作系统将没有足够的内存来运行程序,操作系统会变得不稳定。

6.4.5 问题 5:多次删除一个动态变量

动态变量的第五个问题是不止一次地删除一个动态变量,即在多个 delete 表达式中使用同一指针。

当程序删除一个动态变量时,该动态变量的存储将返回到可用存储块的列表中,然而,那个指针并没有改变;它仍然指向以前动态变量的开头。如果程序再次删除同一个指针,C++运行时,系统将尝试调用已销毁的动态变量的析构函数,这可能会导致程序完全崩溃。

然后,C++试图将前一个动态变量的存储(已经在可用存储列表上)重新存储到可用存储块的列表中,这很可能破坏可用存储块的列表。

练习:多次删除一个动态变量

1. 输入 main()程序的结构框架。

```cpp
#include <iostream>
using namespace std;

int main()
{
    return 0;
}
```

2. 在 main()的内部,声明一个新的名为 p 的字符指针,将该指针初始化指向一个新的 10 个字符的数组。

```cpp
char * p = new char[10];
```

3. 因为 p 指向一个数组,所以使用 delete[]表达式删除 p。

```cpp
delete[] p;
delete[] p;
```

该程序完整的代码如下。

```cpp
int main()
{
    char * p = new char[10];
    delete[] p;
    delete[] p;
    return 0;
}
```

4. 编译并运行以上这段程序。如果使用的是在线(联机)编译器,请使用显示操作系统输出的编译器,例如 coliru。其输出可能包含一条错误消息,在 Linux 上的输出如图 6-5 所示。

```
*** Error in `./a.out': double free or corruption (fasttop): 0x00000000011bac20 ***
======= Backtrace: =========
/lib/x86_64-linux-gnu/libc.so.6(+0x777e5)[0x7fdbddda87e5]
/lib/x86_64-linux-gnu/libc.so.6(+0x8037a)[0x7fdbdddb137a]
/lib/x86_64-linux-gnu/libc.so.6(cfree+0x4c)[0x7fdbdddb553c]
./a.out[0x40051e]
/lib/x86_64-linux-gnu/libc.so.6(__libc_start_main+0xf0)[0x7fdbddd51830]
./a.out[0x400559]
======= Memory map: ========
00400000-00401000 r-xp 00000000 ca:01 852422                    /tmp/1565244746.5693452/a.out
00600000-00601000 rw-p 00000000 ca:01 852422                    /tmp/1565244746.5693452/a.out
011a9000-011db000 rw-p 00000000 00:00 0                         [heap]
7fdbd8000000-7fdbd8021000 rw-p 00000000 00:00 0
7fdbd8021000-7fdbdc000000 ---p 00000000 00:00 0
7fdbddd31000-7fdbddef1000 r-xp 00000000 ca:01 606342            /lib/x86_64-linux-gnu/libc-2.23.so
7fdbddef1000-7fdbde0f1000 ---p 001c0000 ca:01 606342            /lib/x86_64-linux-gnu/libc-2.23.so
7fdbde0f1000-7fdbde0f5000 r--p 001c0000 ca:01 606342            /lib/x86_64-linux-gnu/libc-2.23.so
7fdbde0f5000-7fdbde0f7000 rw-p 001c4000 ca:01 606342            /lib/x86_64-linux-gnu/libc-2.23.so
7fdbde0f7000-7fdbde0fb000 rw-p 00000000 00:00 0
7fdbde101000-7fdbde119000 r-xp 00000000 ca:01 606340            /lib/x86_64-linux-gnu/libpthread-2.23.so
7fdbde119000-7fdbde318000 ---p 00018000 ca:01 606340            /lib/x86_64-linux-gnu/libpthread-2.23.so
```

图 6 - 5　两次删除一个动态变量时的错误消息

并非所有 C++编译器都会为程序生成运行时错误消息,这取决于编译器和编译选项。这个运行时系统会检查对一个已经删除了的动态变量所进行的删除操作,并打印警告消息。无法保证 C++运行时,系统将打印此错误消息,尤其是如果我们命令编译器执行了优化。取而代之的是在将来的某个时刻,当程序真的要执行一个 new 表达式或 delete 表达式时,操作系统可能会将该程序抛入炽热的深渊。

6.4.6　问题 6:以 delete,而不是 delete[]删除一个动态数组

以 delete 而不是 delete[]删除一个动态数组违反了 C++编译器中的一条规则就是"应该使用 delete[]删除动态数组"。违反这条规则是动态变量的又一个问题。

练习:以 delete 而不是 delete[]删除一个动态数组

1. 输入 main()函数和结构 noisy 的定义。

```cpp
#include <iostream>
using namespace std;

struct noisy
{
    noisy() { cout << "constructing noisy" << endl; }
    ~noisy() { cout << "destroying noisy" << endl; }
};

int main()
{
    return 0;
}
```

2. 在 main()的内部,声明一个新的名为 p 的 noisy 类型的指针,并使用 new[]表达式将该指针初始化为指向一个有 3 个 noisy 实例的动态数组。

```
noisy * p = new noisy[3];
```

3. 使用 delete 表达式,而不是 delete[]表达式删除 p。

```
delete p;
```

4. 编译并运行以上程序代码。如果使用的是在线(联机)编译器,请使用 coliru 这样的编译器,因为它显示操作系统的输出,图 6 - 6 是操作系统的典型输出。

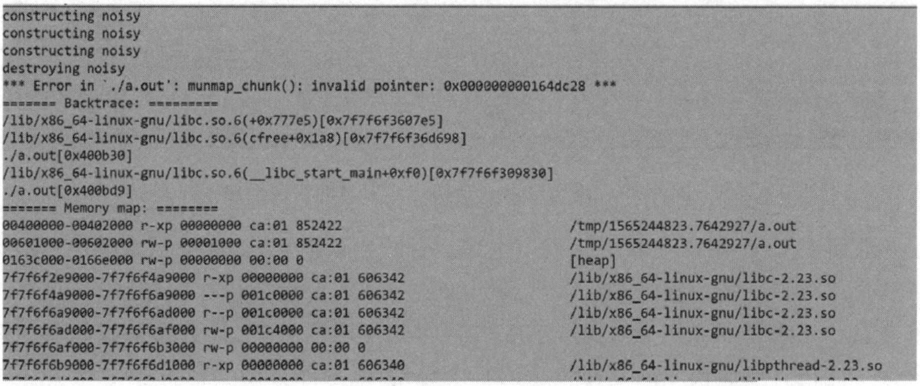

图 6 - 6   当使用 delete 而不是 delete[]删除动态数组时出现错误消息

从输出结果看到,除了崩溃报告以外,还有一个有关这一问题的说明,即程序构造了 3 个 noisy 实例,但只销毁了一个 noisy 实例,而不是 3 个。

6.4.7   问题 7:以 delete[],而不是 delete 删除一个动态变量

使用 delete[]删除一个非数组的动态变量。

练习:用 delete[]而不是 delete 删除一个动态变量

1. 输入这个 main()函数和结构 noisy 的定义,其代码如下。

```cpp
#include <iostream>
using namespace std;

struct noisy
{
    noisy() { cout << "constructing noisy" << endl; }
    ~noisy() { cout << "destroying noisy" << endl; }
};

int main()
{
    return 0;
}
```

2. 在main()的内部,声明一个名为p的noisy类型的指针,并使用new表达式将该指针初始化为指向一个新的动态noisy实例。

```
noisy * p = new noisy;
```

3. 使用一个delete[]表达式而不是delete表达式删除p。

```
delete[] p;
```

4. 编译并运行这个程序。

那么,这里发生了什么?一个noisy的实例被构造出来了,但是有很多的实例被删除。

new[]表达式保存它分配的数组的大小,以便它可以为数组中的每个实例调用析构函数,而new表达式并不保存这个值。delete[]表达式会查找实例的计数,并读取垃圾。除非垃圾恰好为一个实例,否则delete[]就将尝试删除不存在的实例,然后程序将落进一个称为未定义行为的混乱的范围。

C++提供了非常强大、非常高效的工具。然而,这种效率是以牺牲警惕为代价的。C++并不检查程序员所做的每件事情,即并不确保他们做的每件事情都是对的。

因为管理动态变量是非常困难的,所以现代C++定义了一个称为智能指针的东西;也就是说,当智能指针超出范围时,自动删除其动态变量的类。智能指针将在第7章"动态变量的所有权和生命周期"中介绍,智能指针是处理动态变量的唯一的好方法。在我们得到智能指针之前,必须用传统的方法来处理动态变量。

6.5　动态容器

容器是由相同数据类型的多个实例组成的数据结构,例如,C++数组就是一种简单的容器。数组具有在编译时指定的固定大小,而动态数组是具有固定类型和任意大小的容器,但在创建容器时其大小是固定的。

6.5.1　链　表

通过使用动态类实例(每个实例都包含一个指针),程序可以创建容器,该容器的大小可以为非预定的大小。容器中的每个元素都是一个类(或结构)实例。该类有一个有效负载(在下面的示例中是一个名为value_的int_成员)和一个指针成员(在下面的示例中是一个名为next_的成员),指针成员引用序列中的下一个实例。这个类的定义如下。

```
struct numeric_item
{
    int value_;
    numeric_item * next_;
```

```
};
```

动态创建的此类实例可以与其下一个成员链接在一起。指针变量(在图 6 - 7 中称为 head)指向整个容器。链末端的下一个指针设置为 nullptr。这样的一个容器称为一个链表。

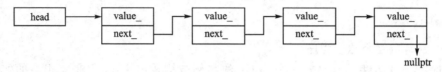

图 6 - 7　可视化链接列表

6.5.2　二叉搜索树

使用动态类实例(每个实例包含两个指针),程序可以创建另一种容器,该容器的大小可以增加,并且不用预先确定大小。容器中的每个条目(元素)都是一个类实例。类有一个有效负载(在下面的示例中称为 value_ 的 int 成员)和两个指针成员(在这个示例中称为 left_ 和 right_),这个类的定义如下。

```
struct numeric_tree
{
    int value_;
    numeric_tree * left_;
    numeric_tree * right_;
};
```

动态创建的此类实例可以与它们的左成员和右成员链接在一起。一个指针变量,在图 6 - 8 中称为根(root)指向整个容器,不指向树的左指针和右指针设置为 nullptr,最终的数据结构类似于倒着生长的树。

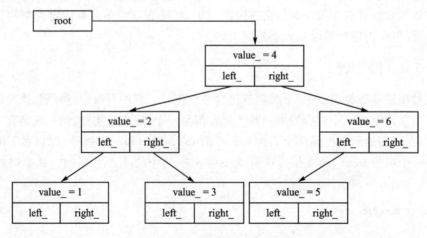

图 6 - 8　倒着生长的二叉搜索树

6.6 递归数据结构

链表和二叉树就是递归数据结构的例子,也就是说,数据结构是由它们自己所定义的。例如,一个链表可以定义为 nullptr,也可以定义为具有指向一个链表的单个链接的项。二叉树是一种数据结构,它可以是 nullptr,也可以是由一个具有两个链接的项所组成,而这两个项被称为左子树和右子树,这两个链接项指向二叉树。

二叉搜索树是一个二叉树,它的附加属性是一个项的左子树上的所有项的值小于该项的值,而右子树上的所有项的值大于该项的值。图 6-8 中的二叉树就是二叉搜索树。递归定义的数据结构很有趣,因为它可以由自身递归的函数操作,尽管这并不保证是有效率的。

6.6.1 在一个递归数据结构中访问项

链表的递归定义告诉我们如何编写一个函数访问链表中的所有项并打印它们。如果一个链表是空的,那么除了 endl 之外就没有可打印的了;然后以链表的 next_ 项作为函数的参数递归地调用这个函数(自己调用自己),这个函数如下所示。

```
void print(numeric_item * p)
{
    if (p == nullptr)
    {
        cout << endl;
    }
    else
    {
        cout << p->value_ << " ";
        print(p->next_);
    }
}
```

递归打印一个链表的唯一问题是:如果这个链表中有 n 个项,则在递归函数开始返回之前将有 n 个嵌套调用。如果 n=10,这是没有问题的,但如果 n 是 1 000 000,这就是一个很大的问题。幸运的是,有一种非递归的方法可以打印一个链表,一个 while 循环在当前链表项不是 nullptr 时打印它,然后在循环之后打印 endl。这类似于递归函数,是循环替换了递归调用,迭代(即非递归)打印函数如下。

```
Void print(numeric_item * p)
{
while (p ! = nullptr)
{
```

```
        cout << p->value_ << " ";
        p = p->next_;
    }
    cout << endl;
}
```

若要递归访问和打印一个二叉搜索树中的项,如果树为空,函数将立即返回;否则,函数将递归访问左子树、打印当前项和递归访问右子树,这一打印函数如下。

```
void print(numeric_tree * item)
{
    if (item == nullptr)
    {
        return;
    }
    print(item->left_);
    cout << item->value_ << " ";
    print(item->right_);
}
```

有一种迭代方法可以打印二叉树,但它使用一个模拟函数调用堆栈的堆栈。与递归函数相比,它没有任何优势。如果在二叉搜索树中插入项的顺序是随机的,则一百万个项的树将只有大约 20 级的递归调用。与一百万个嵌套调用相比,这不太可能引起问题。在图 6-8 中那棵树的插入顺序是 4、2、1、3、6、5。有些插入顺序可能会创建更深的树,例如,插入顺序 1、2、3、4、5、6 将生成一棵这样的树,其所有左子树都为空,并且具有最坏情况下的递归深度。

6.6.2 查找项

在一个链表或树中可以找到一个项(元素),其方法是将该项与键值进行比较,并返回指向找到项的指针,如果找不到项,则返回 nullptr。该指针允许开发人员访问找到的项的字段,但不允许访问指向该项的指针,这对于插入或删除项非常方便。我们可以使用一个稍有不同的函数,并返回指向每个项的指针,其目的是如果需要,可以在找到的项之前插入一个新项。

链表的迭代解决方案为使用 while 循环。即初始条件(while 循环之前)将 pp 设置为 head 的地址;如果 * pp 为 nullptr(到达链表的末尾),或者如果(* pp)->value_ 等于 v,则循环终止。循环步骤表达式将 pp 设置为(* pp)->next_的地址。

```
numeric_item * * pp = &head;
while(( * pp) != nullptr && ( * pp)->value_ != v)
{
        pp = &(( * pp)->next_);
}
```

最初 pp 指向 head 的地址,而现在(* pp)指向第一个链表项。如果链表项为 nullptr,或者链表项的值等于目标值 v,则程序将终止循环,否则,指向指针 pp 的指针将逐步指向链表项的下一个指针的地址,该指针指向下一个链表项。循环之后,要么(* pp)指向值为 v 的项,要么(* pp)等于 nullptr。pp 指向应该在 v 之前插入新项的指针;如果找不到 v,则指向链表中的最后一个指针。

利用指向指针的指针,递归函数可在二叉搜索树中查找插入点。如果指针为 nullptr,则 if 块的第一个分支结束递归;否则,find()使用二叉搜索树的属性。如果键小于当前节点的值,会向下递归左子树;否则,会向下递归右子树。

```
numeric_tree** find(int v, numeric_tree** pp)
{
    if ( * pp == nullptr)
    {
        return pp;
    }
    else if (v < ( * pp) ->value_)
    {
        return find(v, &(( * pp) ->left_));
    }
    else
    {
        return find(v, &(( * pp) ->right_));
    }
}
```

6.6.3 添加项

将一个项添加到链表中,链表在概念上分为头(位于插入项之前)和尾(位于插入项之后)。头可以短到只有链表指针(即图中的头变量)或长到整个链表。插入的项会首先添加到尾部的前端,然后添加到链表头部的后端。

链表头的后端由链表头中最后一个指针的地址表示,也就是说,由指向指针的指针表示,在下面的代码中称为 pp。链表头部的最后一个指针指向尾部,要插入的链表项由 newp 指向。

指向尾部的指针将从链表头部的最后一个指针复制到插入项的 next_指针;然后,通过指向指针的指针更新链表头中的最后一个指针,以指向插入的项。如果 pp 是指向头部分末端的一个指针,而 newp 是指向要插入的新项的指针,这段代码如下所示:

```
newp ->next_ = * pp;
* pp = newp ->next_;
```

这段代码可以在任何位置添加项,甚至在最前面,因为 pp 可以设置为 head 的地址。图 6 - 9 显示了添加一个项(虚线)之前和添加项(实线)之后的链表。

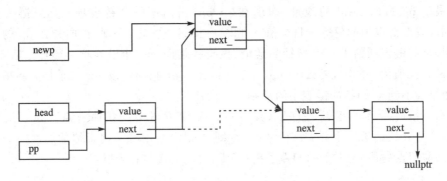

图 6-9 将项添加到一个链表中

插入二叉搜索树更容易,find()返回的值始终指向 nullptr,因此将指向新项的指针赋予 find()返回的消除引用指针将插入新项。

6.6.4 删除动态项

必须删除动态创建的项以避免内存泄漏。删除链表的一个常见用法是从链表的头中删除每个项,然后再删除该头项。用户经常犯的错误就是删除 head,然后使用 head = head →next;这行代码的问题是删除 head 之后,head 已不再指向任何有效的内容。根据编译器的不同,这种不正确的用法可能看起来好像是工作的,但在将来的某个时候可能会意外地失败。

取而代之的是,我们使用指针变量(在下面的代码中称为 p)临时保存 head 的值,设置 head 为 head →next,然后删除 p。

```
while (head ! = nullptr)
{
    numeric_item * p = head;
    head = head →next_;
    delete p;
}
```

这些习惯用法值得记住,因为在 C++程序设计中,我们将多次地使用它们。

练习:创建类实例的链表

在这个练习中,我们将创建一个用于存储一个数字序列的容器。将需要函数在链表中添加一个项、在链表中查找项和打印链表。

1. 输入 main()程序的结构框架。

```
# include <iostream>
using namespace std;

int main()
{
```

```
    return 0;
}
```

2. 在 main() 的上方，添加结构 numeric_item 的定义。numeric_item 有一个名为 value 的 int（整数）成员和一个指向 numeric_item 的指针 next_。

```
struct numeric_item
{
    int value_;
    numeric_item * next_;
};
```

3. 声明 numeric_item 链表的指针 head(头)，将 head 初始化为 nullptr，因为那是程序如何判断链表为空的方法。

```
numeric_item * head = nullptr;
```

4. 到目前为止，这个程序如下所示；可以编译该程序，但它还不会做任何事情。

```
#include <iostream>
using namespace std;

struct numeric_item
{
    int value_;
    numeric_item * next_;
};

numeric_item * head = nullptr;

int main()
{
    return 0;
}
```

遍历链表，下一个函数会遍历以上这个链表，打印该链表中每个 numeric_item 结构的值。

5. 在 head 的声明之后，定义一个 void 函数 print()，函数 print() 的结构框架如下所示：

```
void print()
{
}
```

6. 函数 print() 包含了一个用于打印每个链表项的 for 循环。初始化子句声明一个指向名为 p 的 numeric_item 指针、初始化为 head，其指向链表的第一项的指针。如果 p 是 nullptr,则终止子句退出循环,而步长子句通过将 p->next_赋予 p,将 p 向前推进到下一个链表项。这个 for 语句如下所示:

```
for (numeric_item * p = head; p != nullptr; p = p->next_)
```

7. 如果链表为空,head 将等于 nullptr,因此 p 最初将设置为 nullptr,而循环将终止,否则,将打印链表项的值。当该函数完成打印项目时,p 设置为 p->next_,即下一个链表项,对每个链表项重复此操作。最后一个链表项的 next_指针等于 nullptr。当 p-> next_被赋给 p 时,它就等于 nullptr,for 循环终止。代码如下所示:

```
for (numeric_item * p = head; p != nullptr; p = p->next_)
{
    cout << p->value_ << " ";
}
```

这个练习表明:for 循环可以做的事情远远不止计算整数值或利用递增的方式遍历数组。

8. 这个链表的项是以一个分隔空格输出的,每个输出的链表项之间都没有 endl 以便它们输出在同一行上。在 for 循环的末尾,输出 endl。

```
cout << endl;
```

9. 完整的 print()函数如下所示:

```
void print()
{
    for (numeric_item * p = head; p != nullptr; p = p->next_)
    {
        cout << p->value_ << " ";
    }
    cout << endl;
}
```

如果愿意的话,我们可以在此时编译该程序,但它仍然不会做任何事情。将项目插入到一个链表中,下一个函数在这个链表中的任意位置插入一项。

10. 在 print()下面添加 add()函数。现在,add()有两个参数:一个 int 值 v,它将初始化一个新的动态 numeric_item;另一个指针 pp,它将是插入点。add()是一个 void 函数,因为它根本不返回任何内容。函数 add()的框架如下所示:

```
void add(int v, numeric_item * * pp)
{
}
```

11. add()定义一个名为 newp 的 numeric_item 指针,并将创建的一个动态 numeric_item 实例的结果赋予 newp。newp 的 value_成员被设置为 v 参数。

```
numeric_item * newp = new numeric_item;
newp->value_ = v;
```

12. 使新项指向链表的尾部,当前由 * pp 给出,现在 * pp 被更新为指向新项 newp。

```
newp->next_ = * pp;
* pp = newp;
```

13. 完整的 add()函数如下所示。

```
void add(int v, numeric_item * * pp)
{
    numeric_item * newp = new numeric_item;
    newp->value_ = v;
    newp->next_ = * pp;
    * pp = newp;
}
```

14. 现在这个程序中有足够的机制实际执行某些操作了。在 main()函数中,编写一个 for 循环以向这个链表中添加 numeric_item 实例。使用 for 循环归纳变量设置这些 numeric_item 实例的值,从 1 开始循环,并在每次迭代期间加 2,以创建一个包含值 1、3、5、7 和 9 的实例。

```
for (int i = 1; i < 10; i = i + 2)
{
    add(i, &head);
}
```

15. 在这个 for 循环之后,调用 print()函数以输出刚刚创建的链表。

```
print();
```

main()函数的内容如下所示:

```
int main()
{
    for (int i = 1; i < 10; i = i + 2)
    {
        add(i, &head);
    }
    print();

    return 0;
}
```

16. 编译并运行以上这段程序。

请注意,我们刚刚运行的程序犯下了一个动态变量的问题,那就是在处理完动态变量后没有删除它。我们很快就会解决这一问题。

接着,在一个链表中查找一个项。

17. 定义一个名为 find() 的函数。这个函数通过指向指针的指针 pp 在这个链表中查找一个项,该项的值等于 int 参数 v。它返回指向找到的项的指针的地址,即一个指向指针的指针。为了将一个项插入到这个链表中所找到的位置,需要使用指向指针的指针。如果找不到任何项,则返回指向链表结尾的指针。输入 find() 函数的框架,如下所示。

```
numeric_item** find(int v, numeric_item** pp)
{
}
```

18. 在该链表中遍历那个指向指针的指针,以查找它的 value_ 成员等于函数参数 v 的项。最初,pp 设置为 head 的地址。如果 pp 为 nullptr(已到达链表的末尾),或者 (pp)->value_ 等于 v,则循环终止。这一步将 pp 设置为(* pp)->next_ 的地址。完整的 find() 函数如下所示。

```
numeric_item * * find(int v, numeric_item * * pp)
{
    while (( * pp) ! = nullptr && ( * pp) ->value_ ! = v)
    {
        pp = &(( * pp) ->next_);
    }
    return pp;
}
```

19. 若要继续实现函数 main(),就要使用 find() 查找某些项,并在它们之前插入新项。声明一个指向 numeric_item 指针的指针,并将其称为 pp。将 pp 设置为查找项 7(即 value_ 为 7 的 numeric_item 的类实例)的结果。pp 现在是指向项 7 的指针。使用 Add() 函数在项 7 前面添加一个数字为 8 的项。使用 print() 输出结果。其代码如下所示。

```
numeric_item** pp;
pp = find(7, &head);
add(8, pp);
print();
```

20. 现在插入另一个项。可以使用 find() 通过搜索已知不在链表中的项获取指向链表结尾的指针。搜索-1。在链表末尾插入项 0。使用 print() 输出结果。以下的代码是这些函数的另一种使用方法。

```
add(0, find( -1, &head));
print();
```

删除一个链表中的动态项,必须销毁那些动态创建的链表项以避免内存泄漏。

21. 输入 while 循环。当 head 不等于 nullptr 时,循环继续。

```
while (head != nullptr)
{
}
```

22. 在这个循环中,创建一个指针 p,以记住链表中的第一项。

```
numeric_item * p = head;
```

23. 指定 head 指向下一个链表项。

```
head = head->next_;
```

24. 删除 p。

```
cout << "deleting " << p->value_ << endl;
delete p;
```

这个完整的 while 循环如下所示。

```
while (head != nullptr)
{
    numeric_item * p = head;
    head = head->next_;
    cout << "deleting " << p->value_ << endl;
    delete p;
}
```

现在,这个完整程序如下所示。

```
#include <iostream>
using namespace std;

struct numeric_item
{
    int value_;
    numeric_item * next_;
};

numeric_item * head = nullptr;

void add(int v, numeric_item** pp)
{
    numeric_item * newp = new numeric_item;
    newp->value_ = v;
    newp->next_ = * pp;
```

```cpp
        * pp = newp;
    }

    numeric_item** find(int v, numeric_item** pp)
    {
        while((* pp) != nullptr && (* pp)->value_ != v)
        {
            pp = &((* pp)->next_);
        }
        return pp;
    }


    void print()
    {
        for (numeric_item * p = head; p != nullptr; p = p->next_)
        {
            cout << p->value_ << " ";
        }
        cout << endl;
    }


    int main()
    {
        for (int i = 1; i < 10; i = i + 2)
        {
            add(i, &head);
        }
        print();
        numeric_item** pp;
        pp = find(7, &head);
        add(8, pp);
        print();
        add(0, find(-1, &head));
        print();
        while (head! = nullptr)
        {
            numeric_item * p = head;
            head = head->next_;
            cout << "deleting " << p->value_ << endl;
            delete p;
        }
        return 0;
```

}

25. 编译并运行以上这个程序。

回顾这个示例,我们可以在这个链表中为图书中的每个单词创建一个条目,但是条目的值将是一个包含单词的动态数组。我们可以创建 7 万字 10 万字或 12 万字的书,即完全根据这本书的实际需要创建。构建动态数据结构是指针和动态变量如此强大的真正原因。

📖 **注释:类与结构**

在 C++中,类和结构本质上是相同的。两者都可以有成员变量,都可以有成员函数,都可以有构造函数、析构函数和赋值运算符。两者之间的不同之处只取决于编程风格。在默认情况下,结构中的所有成员都是公有的,而类的所有成员都是私有的。在使用 public 声明的类中使私有成员成为公有成员;在使用 private 声明的结构中使公有成员成为私有成员。大多数人用"类"这个词来表示"类或结构"。

6.7 测试:创建类实例的二叉搜索树

编写一个构造二叉搜索树的程序。该程序应该有一个向树中添加项的 add()函数,一个删除树的函数 delete_tree(),一个查找树中的插入点的函数 find(),一个打印树的函数 print()。二叉搜索树的一个有用属性是它会对项目进行排序,以便可以按升序打印树。

(1) main()函数的结构框架开始。

(2) 为结构 numeric_tree 添加结构的定义,它需要一个名为 value_的 int(整数)成员,以及指向左子树和右子树的指针,它们本身就是 numeric_tree 实例。

(3) 添加一个名为 root 的变量作为这棵树的根,它是一个指向 numeric_tree 的指针。

(4) 添加函数 add()的框架,add()以要添加的 int 值和指向该树指针地址的指针(即指向指针的指针)作为参数,这类似于链表的 add()函数,对于 add()函数,请注意添加的项将始终添加到等于 nullptr 的子树中。

(5) 添加函数 delete_tree()的框架,函数 delete_tree()将指向树的指针作为其参数,delete_tree()用递归函数来实现是最容易的。

(6) 添加函数 find()的框架。find()接受一个 sits 参数、一个要添加的 int 值和一个指向树指针地址的指针——即指向指针的指针。find()返回一个指向指针的指针,find()既可以用递归实现,也可以使用迭代来实现。递归版本已经在本章前面定义过。

(7) print()函数在前面已经描述过,这个函数最好以递归实现。

(8) 在 main()中,可以一次添加一个项,但可以自动化该过程,使用 for 循环从 int 值数组中插入每个项,这个 for 循环为每个值调用 add()。

(9) 打印新构建的树(或者程序可能根本没有任何输出)。

（10）这棵树是一种动态数据结构,当做完一切时,必须将其删除掉。

提示：

（1）这些函数与为构建链表而实现的函数相同。

（2）这些函数可以使用递归定义,利用上面二叉搜索树的递归定义作为指导,也可以使用迭代定义。

（3）所有函数都以树作为参数。

（4）添加项的函数可以使用在链表的 add（）函数中使用的指向指针的指针习惯用法。

（5）添加项的顺序会有所不同。如果按顺序 1、2、3、4、5、6 添加项,则树将仅使用右子树指针,它实际上是一个链表,4、2、1、3、6、5 的插入顺序将形成一个类似于图 6-8 的对称树,它将测试更多的程序。

链表和树是定义数据结构的两种简单方法,但它们只触及动态变量的皮毛。在 C++的头 20 年中,开发人员构建了与这些结构非常相似的一些数据结构。

第 10 章"高级面向对象的原理"将探讨 C++标准库的容器类。这些容器最初是在 20 世纪 90 年代末引入的,它提供了链表、树和其他数据结构的标准化、复杂版本,而且利用预先编写的代码可以满足大多数用户的需求,这些代码可以通过模板进行自定义。现代 C++开发人员几乎总是使用标准的库容器,而不是编写自己的自定义容器类。

6.8 小　结

在本章中,我们学习了程序可以创建的动态变量或数组的数量没有固定的限制,唯一的限制是可用内存的数量。还学习了动态变量是由显式语句创建的,而由另一个显式语句销毁。有两种 new 表达式和两种 delete 表达式,一种用于普通变量,而另一种用于数组。我们也了解了,在创建、使用和删除动态变量时所犯的错误,其后果会因操作系统和编译器不同而有变化。动态变量是由指针引用,并且可以通过指针链接在一起,构成链表、树和其他的数据结构。

下一章将讨论动态变量的所有权和生命周期。理解这些概念会使开发人员能够更可靠地管理动态变量,以便在不再需要它们时及时将其删除,从而避免造成内存泄漏。

第7章　动态变量所有权和生命周期

教学目的：

在学习完这一章时，您将能够：

- 了解 C++ 相对于动态变量所有权和生命期的弱点。
- 学习拥有和未拥有指针的使用。
- 在类实例中嵌入指针以建立所有权，并控制动态变量的生命期。
- 使用智能指针自动化动态变量的所有权和生存(命)期。
- 使用 unique_ptr <> 和 shared_ptr <> 智能指针类来管理所拥有的指针。

这一章的目的是旨在使 C++ 程序中指针的使用更安全，而且更容易理解。

7.1　简　介

在上一章中，我们学习了如何创建和删除动态变量和动态数组，我们还认识了 7 种使用动态变量出错的问题，这些问题会使程序崩溃。显然，这些强大的工具需要一些自律才能正确地使用。在本章中，我们将从动态变量的生命周期和所有权的概念开始，描述管理动态变量的方法，这些方法减少了使用动态变量时出错的机会。

生命周期和所有权是经验丰富的开发人员用驾驭动态变量复杂性，从而不会发生内存泄漏的关键概念。动态变量的生命期和所有权不是建立在 C++ 中的，这些都是开发人员必须管理的东西。

全局变量在程序的整个生命周期中都是有效的。局部(本地)变量只在它们的定义域之内(在定义它们的大括号内部)是有效的。然而，动态变量从由一个显式命令创建到被另一个显式命令销毁之前一直有效。程序可以显式地控制由动态变量构建的数据结构的生命期。

我们必须将每个 new 表达式的结果赋予一个指针变量，否则将无法访问这个新的动态变量。可以说这个指针变量在创建时拥有这个动态变量。每个 delete 表达式都将指向一个动态变量的指针作为其参数。

1. 动态变量的生命周期

大多数变量都有一个定义良好的生命周期，在其生命结束时，这个变量被销毁。全局(静态或外部)变量在退出 main() 之后以一种特定顺序自动销毁。当执行离开声明变量的作用域(由大括号分隔)时，函数局部变量和局部变量(也称为自动变量)将被销毁。类成员变量在包含它们的类被销毁时被销毁。

动态变量和数组是这一规则的例外。动态变量由可执行语句创建和删除，这些语句可以放在程序的任何位置。程序可以显式地控制由动态变量构建的数据结构的生命期。这是一把"双刃剑"，因为如果程序忘记销毁动态变量，这个动态变量的内存将变得不可访问。

2. 动态变量的所有权

动态变量的责任是由整个程序共同承担的。C++允许程序在任何程序行上创建或销毁一个动态变量的附加指针，并且允许程序自由定义动态变量的生命期。然而，如果开发人员忘记删除或两次删除一个动态变量，C++会内存泄漏或一个中断该程序的操作系统错误陷阱。然而，四处搜捕这些 bugs(错误)可能需要追踪程序中的所有执行路径。如果这种情况发生，由于管理动态变量的责任分散，而且失败的代价巨大。

开发人员可能试图通过记录动态变量的所有权非正式地驾取动态变量的原始能力。如果一个单个的指针变量被指定在其生命期内拥有一个动态变量，这个指针变量被用于删除该动态变量，这样的一个指针称为一个拥有的指针。指向这个动态变量的任何其他指针都称为非拥有(无主)指针。要清楚，这不是 C++编译器能够提供帮助的东西，开发人员这样做可能会出错，因为编译器并没有强加于开发人员的所有权规则。

C++充满了非拥有指针，标准库的迭代器和 std::string_view 实例本质上都是非拥有(无主)指针，许多函数将无主指针返回到标准库数据结构中。

管理一个动态变量所有权的最好的方法之一是：将指向动态变量的拥有指针设置为类成员变量、并在类实例被销毁时删除这个动态变量；然后，开发人员可以声明一个类全局、函数本地或块本地实例，并且类实例中包含的动态变量将与这个类实例具有相同的生命期。通过放弃一些自由，开发人员可以得到一个关于动态变量生命期的、容易记住的规则。

7.2　资源获取初始化(RAII)

拥有指向动态变量的指针在实例被销毁时删除动态变量的类实例，这是一个更广泛的习惯用法的实例，其中类实例获取某些资源，拥有该资源并在类实例被销毁时释放该资源。这种习惯用法被称为 RAII(Resource Acquisition Is Initialization,资源获取初始化)。

RAII 是 C++中一个用于许多资源的、强大的习惯用法，这些资源包括动态变量、打开文件、窗口句柄、信号量和互斥量(这是本课程中没有讨论的多线程同步原语)。RAII 类之所以如此有用，是因为它们管理自己拥有的资源的生命周期。开发人员不必考虑如何释放资源，这些全部都是自动的。

练习:全局、函数局部和块局部变量的生命周期

本练习中的程序创建并销毁一些类实例,以解释全局、函数局部和块局部变量的生存(命)期。

1. 键入 main() 函数的结构框架。

```
# include <iostream>
using namespace std;

int main()
{
    return 0;
}
```

2. 输入 noisy 类的定义。在这种情况下，noisy 采用以空结尾的字符串构造函数参数，该参数提供对声明实例的作用域的注释。

```
class noisy
{
    char const * s_;
  public：
    noisy(char const * s)
    { cout << "constructing " << s << endl; s_ = s; }
    ~noisy()
    { cout << "destroying " << s_ << endl; }
};
```

3. 输入函数 func() 的定义，该函数声明一个函数局部 noisy 实例，然后返回。

```
void func(char const * s)
{
    noisy func(s);
}
```

4. 在文件范围(定义域)内输入两个 noisy 实例的全局声明。

```
noisy f("global 1");
noisy ff("global 2");
```

在将控制传输到 main() 之前，程序将按声明的顺序逐个构造所有文件范围的变量。从 main() 执行返回后，它们将按相反的顺序销毁。如果在多个文件中声明文件范围的变量，则有相应的规则规定它们的构造顺序。

5. 在 main() 函数中，创建一个名为 n1 的 noisy 实例。

```
noisy n1("main() function local 1");
```

n1 是一个对所有 main() 都有效的函数局部变量，无论出于何种目的，这与全局变量的生存期是相同的，区别在于 n1 的定义只在 main() 中可见，而 f 和 ff 的定义在文件中的任何地方都可见。

6. 以"function local 2"为参数调用 func()。func() 将在创建时打印一对消息，然

后立即销毁一个 noisy 的实例。

```
func("function local 2");
```

7. 输入由大括号组成的块定义域。它可以包含自己的局部声明,事实上,这是一个很棒的属性,因为开发人员可以通过用大括号来限制变量的范围。

```
{
}
```

8. 在空的大括号内声明另一个 noisy,并调用 func()函数。因此,构造块局部 noisy,然后调用 func(),它在函数范围内构造一个 noisy 实例。然后,func()返回,销毁在函数作用域的 noisy 实例。当执行离开花括号块时,它会暂停足够长的时间,以便在经过时销毁 noisy 实例。

```
noisy n("block local");
func("function local 3");
```

9. 在该程序块之后,main()返回,这也会在 main()的作用域中销毁 noisy 实例。没有任何与此对应的可见代码,但这两个全局 noisy 实例将按与构造相反的顺序被销毁。

10. 编译并运行以上程序代码。其输出如图 7-1 所示。

constructing global 1	Before main() starts, constructing f
constructing global 2	Before main(), constructing ff
constructing main() function local 1	main() function scope
constructing function local 2	inside the call to func() in main()
destroying function local 2	before func() exits
constructing block local	inside the block in main
constructing function local 3	in the call to func() in the block
destroying function local 3	exiting the call to func() in the block
destroying block local	exiting the block
destroying main() function local 1	end of main()
destroying global 2	after main(), destroying ff
destroying global 1	after main, destroying f

图 7-1 程序输出及相应的说明

从这次练习中我们将学到。

① 变量的生存命期如果适当地包装在类实例中,可以扩展到程序的所有执行,或所有 main()和从 main()中调用的任何函数,或所有其他函数,或函数中的一个程序块。

② 我们可以使用大括号在一个函数的作用域内创建多个块作用域,其中不同的声明都是有效的,这比动态变量更有用。

③ 由于变量的生存期是在声明时开始的,因此我们可以通过在块的中间声明变量进一步约束变量的生存期。

在任何看到类 noisy 实例的地方,比如 constructing…,请记住这也是一个创建动态变量的时机,这个变量的指针属于 noisy 类,并且与那个 noisy 实例具有相同的生存期。当类 noise 的实例运行 destroying…(销毁…)时,这是销毁与该 noise 实例具有相同生存期的动态变量的时机。

7.3 管理数据结构中动态变量

拥有动态内容的数据结构是 C++开发中一个经常出现的模式。一个常见的 C++用法是:以一个类来定义数据结构,而另一个类定义这个数据结构中的项。在不那么面向对象的语言中,程序员们通常为数据结构项声明一个记录结构,而一个简单的指针指向数据结构的根。

在 C++中,我们可以附加一些作用于整个数据结构的成员函数以打印或删除整个实例。numeric_list::head_是指向 numeric_item 的自有指针。当 numeric_list 的实例被销毁时,析构函数将删除这个链表中的每个动态变量。

单个 numeric_item 实例中的 next_(下一个)指针不是拥有的指针;所有实例都由 numeric_list 中的头指针拥有。

练习:数据结构中所拥有的指针

在这个练习中,程序将演示如何管理数据结构中动态变量的生存期和所有权。在本练习中,numeric_list 链表类拥有构成该链表的所有动态创建的 numeric_item 实例。

1. 输入默认的 main()函数和结构 numeric_item 的定义,在第 6 章的"动态变量"中,我们已经看到过它们。

```
#include <iostream>
using namespace std;

struct numeric_item
{
    int value_;
    numeric_item * next_;
};

int main()
{
    return 0;
}
```

2. 输入 numeric_list 类的定义。

```
class numeric_list
{
    numeric_item * head_;
```

```
public：
    numeric_list()：head_(nullptr) {}
    ~numeric_list();
    void print();
    void add(int v);
    numeric_item * find(int v);
};
```

numeric_list 有一个私有成员变量、一个指向名为 head_ 的 numeric_item 的指针。它的公共接口有一个构造函数、析构函数、一个名为 print() 的 void 函数、一个名为 add() 的 void 函数和一个名为 find() 的函数，该函数接受一个 int 参数，并返回一个指向 numeric_item 的无主指针，numeric_item 可以是 nullptr。

3. 在 numeric_list 中的那些函数是在 numeric_list 的类定义（部分）中声明的，但在类定义部分之外定义（即定义函数的程序代码之外），就像在头文件中定义类的定义，而在 .cpp 文件中定义成员函数那样。当以这种方式定义时，必须将带有 numeric_list 和 "::" 的复合函数名添加到函数名前面，因为它出现在类定义中。析构函数由 C++ 运行时系统隐式调用，但如果显式调用它，它的名字将是 ~numeric_list()。由于 head_ 是一个拥有的指针，析构函数必须删除该指针拥有的任何动态变量，在本例中，就是这个链表中的每个元素。这个析构函数遍历该链表，重复从链表中删除第一个项，然后删除 head_ 指针。析构函数如下所示。

```
numeric_list::~numeric_list()
{
    while (head_ != nullptr)
    {
        numeric_item * p = head_;
        head_ = head_->next_;
        cout << "deleting " << p->value_ << endl;
        delete p;
    }
}
```

删除 head_，然后再执行 head_ = head_->next_; 是一个常见的错误。以上这段看似简单的程序代码是存在问题的，因为删除 head_ 之后，它不再指向任何东西。

4. print() 函数与上一章中的练习相同。

```
void numeric_list::print()
{
    for (numeric_item * p = head_; p != nullptr; p = p->next_)
    {
        cout << p->value_ << " ";
    }
```

```
    cout << endl;
}
```

5. add()函数创建一个新的 numeric_item 实例,并将其添加到链表的开头上。

```
void numeric_list::add(int v)
{
    numeric_item * newp = new numeric_item;
    newp ->value_ = v;
    newp ->next_ = head_;
    head_ = newp;
}
```

6. find()函数遍历这个链表,以便搜寻与 v 参数值相同的项。它返回一个指向找到的项的无主指针,如果找不到,则返回 nullptr。

```
numeric_item * numeric_list::find(int v)
{
    for (numeric_item * p = head_; p != nullptr; p = p->next_)
    {
        if (p->value_ == v)
        return p;
    }
    return nullptr;
}
```

为什么 find()返回的指针没有所有者(即返回了一个无主指针),因为删除这个指针可能会损坏链表。前一个链表项将指向不再有效的内容,因此程序的行为将是未定义的。如果之前没有发生什么可怕的事情,那么析构函数可能会两次删除已经删除的项,使程序运行失败。

通常,没有编写这个链表类的开发人员不知道 find()返回的指针是无主,除非编写类的开发人员对它们做了文档。类定义中函数声明所带有的注释可能会写道:"//返回指向链表项的无主指针或 nullptr"。

任何时候,容器类的成员函数(如 numeric_list)返回一个无主指针都可能会出错。开发人员必须确保容器类被销毁后不使用无主指针。如稍后将显示的那样,当执行离开 main()时,无主指针变量和链表容器同时被销毁,因此,在本例中,使用无主指针不会导致问题。

7. 开始进入 main()的函数体。首先,声明一个名为 l 的 numeric_list 实例,当 main()返回时,此函数的局部变量将被销毁。

```
numeric_list l;
```

8. 创建一个 for 循环以向这个链表中添加 5 个项,然后打印出该链表。

```
for (int i = 1; i < 6; ++i)
{
    l.add(i);
}
l.print();
```

9. 声明一个名为 p 的 numeric_item 指针,并将 l.find(4)返回的值赋给 p。我们已经知道 find()将发现具有此值的项,因为我们刚才添加了它,如果返回的指针不是 nullptr,则确保输出一条消息。

```
numeric_item * p = l.find(4);
if (p != nullptr)
    cout << "found numeric_item 4" << endl;
```

当 main()返回时,p 仍然指向那个 l 链表中的一个项。p 没有被删除,但这没什么问题,因为 p 是一个无主指针。当 main()返回时,将调用 l 的析构函数,因为 l 有一个拥有的指针,所以 l 的析构函数必须删除它指向的任何内容,这是整个链表。

```
    return 0;
}
```

10. 编译并运行这段程序。

正如所料,程序在这个链表中插入了 5 项,并且由 print()输出了 5 项。在该链表中找到了项 4,链表的析构函数删除了这 5 个项。

无主(非拥有)指针是一个不安全的指针。在引用它的拥有指针被破坏,并且动态变量被删除之后,完全没有任何东西可以阻止开发人员握有非拥有指针。C++开发人员必须承担责任确保这不会发生,以换取代码的快速执行。

我们可以很容易地看到 l 中拥有的指针的生存期,它的生命期就是整个 main()函数。无主指针 p 的生存期呢?它的生命期从它的声明点(在这里它被初始化为一个值)到 main()函数的结尾,当 p 指向垃圾时,就没有机会使用它了,如果在任何函数的函数或块范围内声明 l 和 p,则分析将是相同的。

有时,函数读取文件、接受输入或以其他方式收集成为一个动态变量的数据。发生这种情况时,拥有的指针可能是本地函数,当指向动态变量的指针返回时,会发生所有权转移,C++代码中的任何内容都无法告诉您函数返回的原始指针是一个拥有的指针。大家可以阅读函数的文档或注释,或者您可能意识到:由于函数返回的是一个大量字节的缓冲区,而不是参数,因此它必须是一个拥有的指针。

练习:所有权的转移

这个练习提供了一个示例,说明一个程序必须在什么地方转移原始指针的所有权。

1. 输入 main()函数的结构框架。

```
# include <iostream>
using namespace std;
```

```
int main()
{
    return 0;
}
```

2. 因为这个程序将使用字符串函数,所以要为 <cstring> 添加一条 include 指令。

```
#include <cstring>
```

3. 定义一个名为 noisy_and_big 的 noisy 类。它不同于通常的 noisy 类,它有一个 10 000 字节的字符数组,其目的是模拟一个大到必须动态分配的结构。

```
struct noisy_and_big
{
    noisy_and_big() { cout << "constructing noisy" << endl; }
    ~noisy_and_big() { cout << "destroying noisy" << endl; }
    char big_buffer_[10000];
};
```

4. 定义一个创建 noisy_and_big 实例的函数。

```
noisy_and_big * get_noisy_and_big(char const * str)
{
    noisy_and_big * ownedp = new noisy_and_big;
    strcpy(ownedp->big_buffer_, str);
}
```

在实际的代码中,该缓冲区将通过读取文件或获取网络数据包填充,但是为了这个简短的示例,需在缓冲区中写入一个字符串。我们可以安全地使用 strcpy(),因为与字符串相比,缓冲区非常大。在生产代码中,这个变量也可能是动态分配的,当创建 noisy_and_big 实例时,ownedp 是它的所有者;然而,ownedp 只在函数结束之前有效。函数 get_noise_and_big() 必须删除 ownedp(这没有意义)或概念上将所有权转移给调用者。

5. 输入 main() 的程序体。第一条语句声明一个名为 newownedp 的指针,并将调用 get_noise_and_big() 的结果赋给它,现在 newownedp 是所有者,输出消息以显示缓冲区的内容已到达。

```
noisy_and_big * newownedp = get_noisy_and_big("a big, big buffer");
cout << "noisy and big: " << newownedp->big_buffer_ << endl;
```

6. 所产生的代码对 noisy_and_big 实例做了一些有用的事情,然后是删除拥有的指针。

```
delete newownedp;
```

7. 编译并运行这个程序。

实例 noisy_and_big 是在函数 get_noise_and_big() 中构造的,并在 main() 中销毁。

所有权从一个拥有指针转移到另一个拥有指针。重要的是,C++中没有任何表示这一转移的内容,要获取这些内容只能依赖于文档和惯例。

在 C++发展的前 20 年中,追踪动态变量所有权的能力是区分有经验的 C++开发人员与新手的标准之一,绝大多数人都认为这种情况远非最佳。幸运的是,已经有更好的解决方案,这是我们接下来将要学习的。

7.4 智能指针

前面的练习已经演示了可以将拥有的指针包装在类实例中,这样在类被销毁时可以删除指针拥有的动态变量。这种设计可以更进一步,创建一个只包含一个指向动态变量的拥有指针的类。这样的对象被称为智能指针(smart pointer)。

C++标准库中的智能指针的设计充分利用了 C++的绝大多数高级特性,其中,包括运算符函数、模板元数据编程、移动语义、可变模板和完美转发。

7.4.1 unique_ptr < >

unique_ptr < >是一个拥有动态变量的智能指针,其拥有动态变量的模板类,在C++中,模板类是一种可以生成一个类家族的宏。因为模板是一个太大的题目,所以在这一课程中要涵盖它的全部内容是完全不可能的,但是模板在 C++程序设计中又非常重要。现在,最重要的是使用 include 指令包含一个模板类库,然后通过在模板类声明中用尖括号命名该类型来专门化特定类型的模板,如下所示:

```
# include <memory> unique_ptr <MyClass> pMyClass;
```

声明创建一个指向动态变量 MyClass 的智能指针,unique_ptr < >生成的代码与原始指针的代码一样快,它之所以被称为 unique_ptr < >,是因为它不共享所有权。

与原始指针相比,unique_ptr < >有许多优点,包括:

1. unique_ptr < >拥有它的动态变量,并在该 unique_ptr < >被销毁时删除这个动态变量。

2. unique_ptr < >不包含随机位。它要么包含 nullptr,要么包含一个指向动态变量的指针。

3. unique_ptr < >在删除它的动态变量之后不包含悬挂指针。它在销毁时删除动态变量,或者 unique_ptr::reset()删除动态变量并将 unique_ptr < >内部的指针设置为nullptr。

4. unique_ptr < >记录所有权。原始指针是一个程序中的无主指针,而该程序使用unique_ptr < >作为拥有指针。

练习:使用 unique_ptr < >

这个练习构造并销毁一些指向动态变量和动态数组的 unique_ptr < >实例,并演示如何将动态变量的所有权从一个 unique_ptr<>实例转移到另一个。

1. 输入 main()函数的结构框架。

```
#include <iostream>
using namespace std;

int main()
{
    return 0;
}
```

2. 头文件<memory>定义 unique_ptr<>模板,在#Include<iostream>下面包含<memory>。

```
#include <memory>
```

3. 这个程序使用<cstring>头文件中的一个字符串函数,所以要包括<cstring>。

```
#include <cstring>
```

4. 输入 noisy 类的定义。可以通过以下两种方式之一来构造该版本的 noisy,并显示 new 表达式的某些选项。

```
struct noisy
{
    noisy() { cout << "default constructing noisy" << endl; }
    noisy(int i) { cout << "constructing noisy: arg " << i <<          endl; }
    ~noisy() { cout << "destroying noisy" << endl; }
};
```

5. 在 main()中,首先声明一个名为 u1 的 unique_ptr<noisy>实例,并将其初始化为一个新的 noisy 实例。

```
unique_ptr<noisy> u1(new noisy);
```

6. 声明一个名为 u2 的 unique_ptr<noisy>实例,unique_ptr<>的默认构造函数将该指针设置为 nullptr。然后,将 u2 设置为初始化为 100 的新 noisy 实例,此时,成员函数 unique_ptr::reset()会删除 unique_ptr 当前引用的任何动态变量,然后将 unique_ptr 设置为指向 reset()的参数。在这种情况下,u2 指向 nullptr,因此 reset()的效果是将 u2 设置为新的 noisy 实例。

```
unique_ptr<noisy> u2;
u2.reset(new noisy(100));
```

7. 声明一个名为 u3 的指向 noisy 数组的 unique_ptr<>实例,并将其初始化为由三个 noisy 实例组成的新动态数组。

```
unique_ptr<noisy[]> u3(new noisy[3]);
```

关于这个声明有几点需要注意：首先，针对数组的 unique_ptr <> 声明与针对普通变量的 unique_ptr <> 声明是不同的，这样模板将选择适合于删除数组的 delete 表达式类型；其次，unique_ptr <> 从不创建动态变量本身，而是接受在 unique_ptr <> 之外创建的动态变量的所有权。在下一个练习中，我们将看到 make_unique() 函数，该函数同时创建 unique_ptr <> 实例和动态变量。

8. 声明一个名为 u4 的、指向 noisy 数组的 unique_ptr 实例。将其初始化为包含两个 noisy 实例的新动态数组，第一个初始化为 1，而第二个初始化为默认值（因为初始化列表中没有足够的初始化表达式）。

```
unique_ptr <noisy[]> u4(new noisy[2]{1});
```

9. 声明一个名为 u5 的 unique_ptr <noisy> 实例，默认初始化为 nullptr。

```
unique_ptr <noisy> u5;
```

10. 输出 u1 和 u5 的原始指针值，使用 get() 成员函数获取原始的、无主的指针。

```
cout << "before transfer of ownership u1 = " << u1.get()
    << ", u5 = " << u5.get() << endl;
```

11. 将 u1 中动态变量的所有权转移到 u5。使用 release() 成员函数来释放 u1 动态变量的所有权，并返回一个拥有的原始指针，这成为 reset() 的参数，它删除了 u5 拥有的动态变量，然后接受 u1 拥有的原始指针的所有权，因为 u5 是默认构造的，所以它的前一个值是 nullptr。

```
u5.reset(u1.release());
```

12. 在所有权转移之后，输出 u1 和 u5 的原始指针。

```
cout << "after transfer of ownership u1 = " << u1.get()
    << ", u5 = " << u5.get() << endl;
```

13. 通过不同的方法将 u5 的所有权转移回 u1。使用函数 std::move() 使用移动 (move) 语义将 u5 移动到 u1，由一个函数返回的一个 unique_ptr <> 实例也是通过移动语义转移所有权，在这个语句末尾，u5 为 nullptr。

```
u1 = move(u5);
```

14. 在完成以上转移之后输出 u1 和 u5。

```
cout << "after second transfer u1 = " << u1.get()
    << ", u5 = " << u5.get() << endl;
```

15. 创建一个指向 char 数组的 unique_ptr <> 实例。这是一种常见用法，它用于创建动态大小的缓冲区，不必担心以后删除它们，这个缓冲区将在 main() 函数返回时自删除，在该缓冲区中放置一个短字符串，并使用 get() 将 char（字符）指针输出为一个字符串。

```
unique_ptr <char[]> buf(new char[20]);
strcpy(buf.get(), "xyzzy");
cout << "buf = " << buf.get() << endl;
```

当 main() 函数返回时,将销毁所有 unique_ptr <> 的实例,并删除它们的动态内容。

16. 编译并运行程序。

unique_ptr <> 并没有解决所有的问题。例如,unique_ptr <> 的默认版本不足以在链表头被销毁时删除链表的所有成员。unique_ptr <> 模板有一个很少使用的、可选的第二个参数,称为 deleter,它是在 unique_ptr 实例被销毁时要调用的一个函数。这允许扩展 unique_ptr <> 来删除整个数据结构,并允许它执行其他操作,例如关闭打开的文件。

在 C++ 中,智能指针的广泛使用标志着相对于旧的 C 和 C++ 代码库,C++ 程序的可靠性显著地提高。尽管 C++ 是一种"不安全"的语言,但是遵循现代 C++ 实践的团队很少有内存泄漏的问题。我们将在以后的章节中展示智能指针与 C++ 异常处理结合时功能的强大之处。

7.4.2　make_unique()

make_unique() 是一个模板函数,它创建一个动态变量,并将其赋予相应类型的 unique_ptr <> 实例,然后返回该实例。正如 unique_ptr <> 在其定义中隐藏 delete 表达式一样,make_unique() 也对 new 表达式做了同样的事情。这允许一些开发团队使用一种编码标准,即禁止"裸"new 和 delete 表达式以提高代码质量。

练习:使用 make_unique()

1. 输入 main() 函数的结构框架。

```
# include <iostream>
using namespace std;

int main()
{
    return 0;
}
```

2. 头文件 <memory> 是定义 unique_ptr <> 模板的地方,在 # Include <iostream> 下面包含 <memory> 。

```
# include <memory>
```

3. 输入 noisy 类的定义。

```
struct noisy
{
```

```
noisy() { cout << "constructing noisy" << endl; }
~noisy() { cout << "destroying noisy" << endl; }
};
```

4. 在 main() 中，声明一个名为 u1 的 unique_ptr <noisy> 实例，并将其初始化为一个新的 noisy 实例。

```
unique_ptr <noisy> u1(new noisy);
```

5. 声明一个名为 u2 的 unique_ptr <noisy>。这将调用 make_unique <noisy> () 所返回的值赋予它。

```
unique_ptr <noisy> u2 = make_unique <noisy>();
```

6. 声明一个名为 u3 指向一个 noisy 数组的 unique_ptr <> 实例；使用 auto 关键字以避免重新输入变量类型，并将 make_unique <noise[]>(4) 所返回的值赋值给它，从而创建一个包含 4 个 noisy 实例的数组。

```
.auto u3 = make_unique <noisy[]>(4);
```

将此行与上一行比较，它短得多，但在产生的代码中，模板名称可能会很长，auto 关键字大家比较熟悉。现代 C++ 语法避免了重复 noisy 数组的声明，这种语法的优点是，开发人员第一次使用长名称或一堆模板参数声明某些内容时比较清晰。

7. 编译并运行这个程序。

本练习中，第一个声明创建了一个 noisy 的实例，第二个创造了另一个，第三个创造了 4 个。正如预期的那样，当 main() 退出时，unique_ptr <> 实例被销毁时，6 个 noisy 实例都被删除。

make_unique() 不是完美的，例如，数组只能默认初始化其动态数组，而 make_unique() 具有隐藏 new 关键字的属性，make_unique() 部分存在是为了与 make_shared() 保持风格上的兼容，后者将在稍后介绍。

7.4.3 unique_ptr <> 作为一个类成员变量

当一个类被销毁时，其析构函数会被调用，且该类的实例被销毁，然后，每个成员变量的析构函数被调用，成员被销毁。虽然基本类型（如 int 或 char）的析构函数不执行任何操作，但是，当成员是类实例时，会调用成员的析构函数。

当一个类成员是智能指针，包含智能指针的类实例被销毁时，会自动调用该智能指针的析构函数，开发人员无须编写任何代码即可删除智能指针的动态变量。

如果包含动态变量的所有类成员都是智能指针，则类的析构函数可能为空，但即使析构函数为空，成员析构函数也会运行，而且使类的代码看起来非常简单和精简，而且执行代码检查也更容易。

练习：使用 unique_ptr <> 作为一个类成员变量

1. 输入 main() 程序的结构框架。

```
# include <iostream>
using namespace std;

int main()
{
    return 0;
}
```

2. unique_ptr <> 模板是在头文件 <memory> 中定义的,在 # Include <iostream> 下面包含 <memory>。

```
# include <memory>
```

3. 该程序使用 <cstring> 头文件中的一个字符串函数,包括 <cstring> 的编译指令如下。

```
# include <cstring>
```

4. 输入类 noisy 的通常定义。

```
struct noisy
{
    noisy() { cout << "constructing noisy" << endl; }
    ~noisy() { cout << "destroying noisy" << endl; }
};
```

5. 输入类 autobuf 的定义,以便对包含非常大的缓冲区的类进行建模,就像从文件或网络数据包中读取数据一样。

```
class autobuf
{
    unique_ptr <noisy> np_;
    unique_ptr <char[]> ptr_;
  public:
    autobuf(char const * str);
    char * get();
};
```

上述这个类有两个成员变量,一个变量是 unique_ptr <> 实例,它指向名为 np_ 的 noisy 类;其目的是更容易看到 autobuf 的实例何时被构造或销毁;另一个变量是指向 char 数组的名为 ptr_ 的 unique_ptr <> 实例。

现在,autobuf 有一个默认构造函数和一个名为 get() 的访问方法函数,它返回了一个指向缓冲区(buffer)的无主指针,这里 autobuf 的析构函数由编译器自动生成。

6. 定义 autobuf 的两个成员函数,其后面的两行是构造函数初始值的设定列表,其中 np_ 获取一个新的动态 noisy 实例,而 ptr_ 获取了一个足够大的 char 缓冲区(buffer)以保存构造函数的 str 参数。

```
autobuf::autobuf(char const * str)
  : np_(make_unique <noisy> ()),
    ptr_(make_unique <char[]> (strlen(str) + 1))
{
    strcpy(ptr_.get(), str);
}
```

7. 函数 get() 使用 unique_ptr <> 的 get() 成员函数返回了一个指向缓冲区 (buffer) 的无主指针。

```
char * autobuf::get()
{
    return ptr_.get();
}
```

8. 在 main() 函数中,声明一个名为 buffer 的 autobuf 实例,并将它初始化为方便的文本(正文)字符串,以使用 buffer 的 get() 成员函数返回指向 char 数组的指针的方式,输出 buffer 中的字符串。

```
autobuf buffer("my favorite test string");
cout << "Hello World! " << buffer.get() << endl;
```

9. 编译并运行这段程序。

当 main() 函数开始运行时,autobuf 的构造函数会将创建一个新的 noisy 实例,打印第一行,接着 output 语句写出了第二行,其中包括缓冲区的内容,然后,离开 main() 函数,但这会导致缓冲区被销毁。因为由编译器生成的 buffer 析构函数会销毁 np_(指向 noisy 的智能指针,所以它会删除 noisy,并打印第三行输出)和 ptr_(指向 char 数组的智能指针,它删除 char 数组)。

在这个示例中,开发人员不必为 autobuf 编写析构函数。当有许多类(其中一些类有多个成员变量)时,也不必记住为每个动态变量相对应的每个析构函数添加代码。

7.4.4　函数参数和返回值中的 unique_ptr <>

通常,因为有主(拥有)指针只在函数的持续时间内有效,所以程序将无主指针作为参数传递给函数,但 unique_ptr <> 用作函数参数是危险的,这是因为实际参数是一个 unique_ptr <> 实例,函数的形式参数将窃取实际参数的值,使实际参数等于 nullptr。如果函数的实际参数是未拥有的(无主)指针,则 unique_ptr <> 参数将获得指针,并在函数退出时删除它。我们希望的是,将函数的形式参数设为无主指针,并使用 unique_ptr <> 的 get() 成员函数获取一个无主指针用作参数。

当一个函数返回时,可以使用 unique_ptr <> 来指示调用者(程序)必须获取返回的动态变量的所有权。

练习:在函数的返回值中使用 unique_ptr <>

这个练习会演示如何在函数中通过返回一个 unique_ptr <> 实例将动态变量的所

有权进行转移。

1. 输入 main()程序的结构框架。

```
#include <iostream>
using namespace std;

int main()
{
    return 0;
}
```

2. unique_ptr <>是在头文件 <memory> 中定义的,#Include <iostream> 包含 <memory> 。

```
#include <memory>
```

3. 定义类 noisy,在之前我们已经看到过这个定义。

```
struct noisy
{
    noisy() { cout << "constructing noisy" << endl; }
    ~noisy() { cout << "destroying noisy" << endl; }
};
```

4. 创建一个名为 func()的函数,该函数会模拟创建一个指向大型数据结构的自有指针的函数,这个函数可能是通过读取文件或接收网络数据包(获取数据)。这里的函数 func()不接任何受参数,并返回一个 unique_ptr <>实例。

```
unique_ptr <noisy> func()
{
    return make_unique <noisy> ();
}
```

5. 在 main()函数中,调用 func(),捕获返回值。使用 auto 关键字以避免查找 func()返回的指针的确切类型,大家可以看到,这种现代 C++语法是很简练的。

```
auto u1 = func();
```

6. 将输出进行复制。在 func()中创建一个 noisy 实例,并将其转移到 u1,然后在 main()返回时将其删除,这表示所有权已成功转移。

在绝大多数情况下,一个指向动态变量有单个拥有指针是没有问题的。其他的情况时,为了共享所有权,C++提供了一个引用计数 shared_ptr <>。

7.4　动态变量的共享所有权

在 C++ 11 之前,其标准库中有一个名为 auto_ptr <>的智能指针。但是在 auto_

ptr<>模板类的许多限制中,它不能用作 C++标准库容器类中的元素类型,或者将一个动态变量的所有权转移到函数之外。标准库包含名为 shared_ptr<>的引用计数智能指针类,它可用于函数参数、返回值和标准库容器。近几年来,一些开发团队专门使用 shared_ptr<>,并禁止使用原始指针。

shared_ptr<>存在的问题是:一方面运行时指令比较复杂,另一方面 shared_ptr<>除了拥有动态变量外,还会创建第 2 个动态变量保存引用计数,如图 7 - 2 所示;并在删除最后一个引用时删除引用计数,所以每次调用内存分配程序都是不容易的。

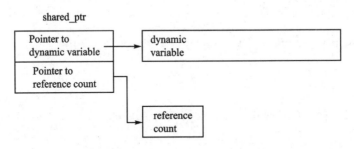

图 7 - 2 shared_ptr 的简化内存分布图

通常,用于递增和递减引用计数的代码要使用线程安全互锁递增和递减。与简单增量或减量相比,它们的速度慢大约 10 倍,而作为 shared_ptr<>实例的每个函数参数必须在调用函数时递增,并在函数返回时递减。如果对于频繁调用的函数,操作可能会比较困难,那么为了支持很少使用的自定义删除程序和 weak_ptr<>实例,会使得 shared_ptr<>的实现变得更加复杂。

练习:使用 shared_ptr<>

在本练习中,我们将创建几个共享指针,并调用一个函数,该函数会将一个共享指针作为参数返回另一个共享指针。这是由于函数将动态变量的条件设置为永远不为 nullptr,因此该程序不必测试 nullptr。

1. 输入 main()程序的结构框架。

```
# include <iostream>
using namespace std;

int main()
{
    return 0;
}
```

2. shared_ptr<>模板是在头文件 <memory> 中定义的,在♯Include <iostream>中包含 <memory>。

```
# include <memory>
```

3. 定义一个函数 func(),它将一个指向 char 数组的 shared_ptr<>作为参数,并返回一个指向 char 数组的 shared_ptr < >。

```
shared_ptr <char[]> func(shared_ptr <char[]> str)
{
}
```

4. 在 func()中,需测试 str 是否等于 nullptr,如果 str 为 nullptr,则表达式"!str"
返回 true。

```
if (!str)
{
}
```

5. 如果 str 为 nullptr,则会将其值重置为一个新的字符数组,且会将字符的值设
置为空终止符 '\0'。

```
str.reset(new char[1]);
str[0] = '\0';
```

6. 在 main()函数中,创建一个名为 null 的指向 char 数组的 shared_ptr < >实例。
这个 shared_ptr < >的默认构造函数会将 null 设置为 nullptr。

```
shared_ptr <char[]> null;
```

7. 测试 null 是否等于 nullptr。这次我们获取无主指针,并将其与 nullptr 进行比
较,这里不使用表达式"!null"执行测试,如果等于 nullptr,则打印一条消息。

```
if (null.get() == nullptr)
cout << "null is equal to nullptr" << endl;
```

8. 以 null 作为参数调用 func(),之后创建一个名为 result1 的 auto(自动)变量,以
接收 func()返回的值。

```
auto result1 = func(null);
```

9. 如果 result1 等于 nullptr,则输出一条消息。

```
if (result1.get() == nullptr)
cout << "result1 is equal to nullptr" << endl;
```

10. 以 result1 作为参数再次调用 func(),然后,捕捉 result1 中的返回值。

```
result1 = func(result1);
```

11. 在一个支持 C++ 17 的 C++编译器上编译并执行这个程序。支持 C++ 17 的
在线(联机)编译器包括对于 Coliru 和 Tutorialspoint,这里的 cpp.sh 只是一个 C++ 14
的编译器,无法编译代码。

本练习中的这个程序看起来很简单,但实际上我们无法通过指示 shared_ptr 查看
它的运行情况,下面是对这个程序执行的描述。

（1）创建 shared_ptr 实例 null，它的指针被设置为 nullptr。因为它不指向一个动态变量，所以不需要为动态变量或引用计数分配内存。

（2）获取原始指针，并验证它是否等于 nullptr 以证明为空。

（3）调用 func()，实例参数、null 被复制构建到形式参数 str 中。因为 null 等于 nullptr，所以 str 也包含 nullptr。

（4）测试 str 是否等于 nullptr，如果它等于 nullptr，可使用创建一个新的动态 char 数组，并将 str 重置为此值。另外，str 还可创建一个新的动态变量来保存引用计数，并将引用计数设置为 1。

（5）将 str 拥有的动态变量设置为空终止符"\0"。

（6）返回 str，str 被复制并构造为 result1。因为 str 和 result1 都指向动态数组，所以它将指针复制到动态 char 数组，引用计数复制到 str，使其引用计数增加到 2，之后，调用析构函数，将引用计数递减为 1，并返回 str。

（7）测试 result1 是否等于 nullptr。我们会发现它不等于 nullptr，因为它刚刚被设置为一个单字符（这个字符就是"\0"——字符串的终止符。要注意的是：C++中常说的空字符串实际上是包含一个字符的，这个字符就是标识字符串结尾的字符"\0"）动态数组，所以不打印任何内容。

（8）再次调用 func()。

（9）将 result1 复制构造到 str 中，会发现因为 result1 不是 nullptr，所以它的引用计数递增到 2。

（10）测试 str 是否等于 nullptr，会发现因为 str 不等于 nullptr（它是一个包含了一个字符数组），所以测试失败。

（11）返回 str，str 被复制并构造到 result1 中。由于 str 和 result1 已经指向同一个数组和同一个引用计数，因此，首先将要分配的对象的引用计数增加到 3，再将要覆盖的对象的引用计数递减为 2。此时，str 被销毁，并将引用计数递减为 1。这里，由于没有指向 0 的引用计数，因此不会删除任何内容。

（12）现在 main() 返回，result1 被销毁，它所拥有的对象的引用计数将递减为 0，字符（char）数组被删除，引用计数也被删除。

（13）null 被销毁，此时它已经等于 nullptr，因此什么也没有发生。

虽然本示例仅仅是对一个函数的两次调用，但是在幕后却发生了许多事情。

7.5 make_shared()

make_shared() 是一个模板函数，它会创建一个动态变量，将其赋予一个适当类型的 shared_ptr<> 实例。正如 unique_ptr<> 和 shared_ptr<> 在它们的定义中隐藏了 delete[] 表达式一样，make_shared() 也对 new 表达式做了同样的事情，如图 7-3 所示。

需要注意的是 make_shared() 还有一个额外的能力，即它同时为单个对象中的动

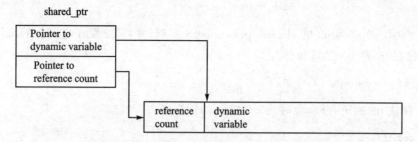

图 7－3　简化的动态对象和 make_shared( )后的引用计数的内存分布

态变量和引用计数分配存储空间。由于创建动态对象是较复杂的 C++操作,因此减少(内存)分配的次数可以显著提高 shared_ptr <>代码的使用性能。

　　make_shared()也有一些限制,如一个动态数组不能被创建为 C++ 17,因为它是针对 C++ 20 提出的,其无法指定删除程序。

练习:使用 make_shared( )

本练习使用 make_shared()构造几个动态变量。

1. 输入 main()程序的结构框架。

```
# include <iostream>
using namespace std;

int main()
{
    return 0;
}
```

2. make_ shared( )模板函数是在头文件 <memory> 中定义的,# Include <iostream> 包含 <memory> 。

```
# include <memory>
```

3. 输入类 noisy 定义。

```
struct noisy
{
    noisy() { cout << "constructing noisy" << endl; }
    ~noisy() { cout << "destroying noisy" << endl; }
};
```

　　4. 在 main()函数中声明一个名为 u1 的 shared_ptr <noisy> 实例,并将其初始化为一个新的 noisy 实例。

```
shared_ptr <noisy> u1(new noisy);
```

　　5. 声明一个名为 u2 的 shared_ptr <noisy>实例,然后将一个 make_shared <noisy> ()调用返回的值赋给它。

```
shared_ptr <noisy> u2 = make_shared <noisy> ();
```

6. 声明一个名为 u3 的 shared_ptr <noisy> 实例,并将 u2 赋予它,其中,noisy 实例的所有权在 u2 和 u3 之间共享。

```
shared_ptr <noisy> u3 = u2;
```

7. 释放 u2 的所有权,此时,u3 是唯一的所有者。

```
u2.reset();
```

8. 编译并运行这个完整的程序。

7.6　测试:使用动态变量存储一本书的单词

在本书第 6 章"动态变量"的开头,我们探讨了一种数据结构,它可以在不使用动态变量的情况下将所有单词存储在同一本书中。

在本测试(实践活动)中,我们将实现这样的一个程序,它存储一本书中的所有单词而不受到任何限制。

我们所编写的程序应能够精确地重构输入,即它要记录每个单词周围的空格数,并在每行上收集单词,且具有将其作为输入进行全部打印。

通常,书籍阅读程序的输入可能是一个包含相关文本的文件。对于本测试,程序的输入是一个指向文本字符串的指针数组,其中的文字字符串由一个或多个空格分隔的非空格字符或字符串结束符('\0')组成,且每个字符串表示书的一行。

C++标准库包含一些容器类,但是请不要使用它们,std::string 也可能会有帮助,但也不要使用它,因为此测试(实践活动)的目的是测试指针和动态变量的知识,下面的样本输入,一段哈姆雷特的简短引文,可以测试我们的设计:

```
char const * book[] {
    "What a piece of work is man,"
    " How noble in reason, how infinite in faculty,"
    "In form and moving how express and admirable, "
    " In action how like an Angel, In apprehension how like a god. "
    "The beauty of the world. The paragon of animals."
};
```

以下是一些帮助我们完成本测试的提示。

1. 这是一个大练习,但它可以被分解成几个部分。首先,需要一个数据结构保存一个单词、一个包含单词字符串和一个空格数的缓冲区,且缓冲区必须能够输出单词和空格。您可以把它们放到 cout(控制台输出)上,把它们放到字符串上可以使测试更容易。

其次,要有一个可以容纳一行字的数据结构,且还必须能够输出行;另外,还需要有一个能够容纳整本书内容的数据结构，并且能输出这本书。如果您创建的类彼此相似，将有助于我们在此作业中找到结构，这将使您的工作进行得更快。

2．每个单词，连同随后的空格数都可以被存储，那么如何表示前导的一个或多个空格呢？注意考虑一下零长度的单词。

3．使用什么数据结构保存一个单词？单词的文本应该是一个动态的 char 数组，尾随空格的数目可以是 int，所以指向动态数组的智能指针将使删除变得容易。

4．使用什么数据结构保存行？单词链表可以实现，因此一个 next 指针应该添加到存储单词的另外两个字段中。这个链表的头节点应该是包含原始指针的类，它带有一个析构函数，用于删除行中的所有单词。

5．使用什么数据结构保存整本书？行的链表可以做到。这里，可以使用动态数组，但如果最初对数组大小的猜测是错误的，则代码必须将数组复制到更大的数组。另外，书的头节点应该是包含原始指针的类，它带有一个析构函数，用于删除书的所有行，例如您可以向 line 类添加一个 next 指针。

6．以空结尾的字符串应如何转换为一单词链表？在分隔字符串时，只有 3 个字符，其每个单词后面都有一个或多个空格，空终止符出现在行的末尾。在一个循环中，可以设置一个指向单词开头的指针，然后使用第 2 个指针查找空格或空结束符，而这两个指针之间的差就是该单词的大小。注意，不要忘记为空终止符添加 1。

7．使用一个函数产生一个表示单词链表中的行的字符串，但我们需要知道要分配多少个字符。可以通过计算单词的大小，加上每个单词的空格数，并在行尾加上一个空结束符找到这个数目，然后，再将单词和空格复制到此数组中。因为需要知道每个单词的长度，所以可以在 word 类中将每个单词的字符数存储为另一个 int 是合适的。

7.7 小 结

指针和动态变量是基本 C++工具包中两种最有价值的工具，需要我们很好地理解和使用它们，C++没有强制任何关于动态变量的创建或删除的规则，开发人员可以记录动态变量的所有权，以便处理异常问题。管理动态变量所有权的一个很好的方法是使用智能指针，它将动态变量与在被销毁的普通变量绑定在一起，总的来说 C++还算是一种比较强大的程序设计语言，因为它提供了简单的不安全的编程以及比较复杂的智能库类。

在下一章中，我们将深入学习类数据类型和面向对象的程序设计。

第8章 类与结构

教学目的：

在学习完这一章时，您将能够：

- 了解类与结构之间的差别。
- 声明和使用 union（联合）类型。
- 应用构造函数和析构函数初始化/取消对象。
- 实现复制构造函数和复制赋值运算符。

在一些实例和练习的帮助下，这一章将介绍结构和类的一些基本知识。

8.1 简 介

C++是一种应用广泛的编程语言，它有两种数据类型：内置数据类型和类数据类型。内置数据类型是构成该语言核心的任何类型，如 int（整数）、float（浮点数）和 char（字符）。类数据类型可以看作是用户定义的类型，这些类型是我们通过声明类、结构和联合等创建的。C++标准库（如向量和队列）的特性和类型都是类数据类型，这显示了该语言的真实威力以及创建与内置数据类型一样易于使用的类型的能力。类是面向对象程序设计的基础，所以深入学习类将帮助我们建立所需知识的基础；而要成为一个强大的 C++程序员，具备创建具有可靠接口的稳健类型的能力是至关重要的。

在第 6 章"动态变量"中，我们学习了有关构造函数和析构函数，new 和 delete 以及 new[]和 delete[]的使用。在本章中，我们将学习如何使用构造函数初始化类成员变量，以及如何使用析构函数在类被销毁时进行清理。此外，还将学习什么是复制构造函数和赋值运算符，以及它们之间的关系。最后，学习如何声明和使用 union 类型，这是封装数据的另一种方法。

8.2 类与结构

在 C++中，我们可以在声明一个对象为结构或类之间进行选择。两者都可以利用成员函数和继承，并可以混合使用公有、受保护和私有字段（在后续章节中将详细介绍它们）。类和结构的主要区别是：在默认情况下，结构的成员变量和方法是公有的，类的成员变量和方法是私有的。在下面的示例中，声明了两个等效的数据类型，以显示一个结构如何将其成员默认为 public 公有的,而类将其成员默认为 private(私有的)。

```
struct MyStruct
{
    int myInt = 0; // this defaults to public
};

class MyClass
{
    int myInt = 0; // this defaults to private
};

int main()
{
    MyStruct myStruct;
    MyClass myClass;

    // allowed - public
    int i = myStruct.myInt;

    // not allowed - private - compiler error
    int j = myClass.myInt;

    return 0;
}
```

除了以上所说的细节之外,这些对象是相同的,C++中的一个结构实例与一个类的实例完全相同。在编译后的代码中,它们是相同的;内存使用、访问时间和内存对齐也是完全相同的,并且彼此之间也没有开销。结构传统上用作普通旧数据(POD:Plain Old Data)类型,以帮助实现与 C 库的向后兼容。POD 类型是没有构造函数、析构函数或虚拟成员函数的类或结构,在实例中经常使用结构表示此意图。

8.3 联 合

类和结构将数据成员存储在单独的内存块中,而联合类型只分配足够的内存存储最大的数据成员。一个联合体的所有成员共享同一个内存位置,因此,如果要在内存中放置这些成员,则可以使用一块分配的内存来访问不同的数据类型。联合是一种不很常见的数据类型,但了解它们是如何工作是值得的。它的一个优势是能够使程序以一种格式读取数据,然后以另一种格式访问它。

下面的示例显示一个名为 Backpack 的联合类型。它有一个由 4 个整数组成的数组和一个名为 data 的结构、而该结构有 4 个 int 成员。仔细观察如何使用数组、结构设置和读取数据。

```cpp
# include <iostream>
using namespace std;

union Backpack
{
    int contents[4];
    struct
    {
        int food, water, key, flashlight;
    } data;
};
void DisplayContents(Backpack& backpack)
{
    cout << "Has Food = " << backpack.data.food << endl;
    cout << "Has Water = " << backpack.data.water << endl;
    cout << "Has Key = " << backpack.data.key << endl;
    cout << "Has Flashlight = " << backpack.data.flashlight << endl;
}
void UpdateBackpack(Backpack& backpack, int contents[4])
{
    for(int i = 0; i < 4; i++)
    {
        backpack.contents[i] = contents[i] > backpack.contents[i]
        ? contents[i] : backpack.contents[i];
    }
}

void RemoveFromBackpack(Backpack& backpack, int idx)
{
    backpack.contents[idx] = 0;
}


int main()
{
    Backpack backpack;

    int defaultContents[4] = {1,1,0,0};
    int firstRoomContents[4] = {0,0,0,1};
    int secondRoomContents[4] = {0,0,1,0};
    for(int i = 0; i < 4; i++)
```

```
    {
        backpack.contents[i] = defaultContents[i];
    }
    DisplayContents(backpack);
    cout << "You enter the first room" << endl;
    UpdateBackpack(backpack, firstRoomContents);
    DisplayContents(backpack);
    cout << "You eat some food before continuing" << endl;
    RemoveFromBackpack(backpack, 0); // food is index 0
    DisplayContents(backpack);
    cout << "You enter the second room" << endl;
    UpdateBackpack(backpack, secondRoomContents);
    DisplayContents(backpack);

    return 0;
}
```

正如以上程序所示,联合允许程序以不同的方式存储和访问数据。

8.4 构造函数

构造函数是用来初始化对象的类函数。无论何时,只要一个对象被创建,就都会调用构造函数。与其相反,每当对象被销毁时,都会调用析构函数。构造函数不同于普通的成员函数,因为它们与它们所属的类同名。它们没有返回类型,如前所述,只要创建了一个它们所属类的实例,就会自动调用它们。

这一节将介绍三种不同类型的构造函数。

(1) 默认构造函数。

(2) 参数化构造函数。

(3) 复制构造函数。

这些类型的构造函数将通过创建一个简单的 song track(曲目)列表类顺序介绍,该类包含关于特定曲目的各种信息。

8.4.1 默认构造函数

默认构造函数是不接受任何参数的构造函数,或者是所有参数都具有默认值的构造函数。让我们看一个有几个成员变量的类,这个类称为 Track。

```
# include <iostream>
# include <string>

using namespace std;
```

```
class Track
{
  public:
    float lengthInSeconds;
    string trackName;
};
```

这里是一个名为 Track 类的声明,其中包含一些可能与它相关的数据:它的名字和长度。注意,我们还没有为这个类定义构造函数。

由于在前面的 Track 类声明中没有显式定义的默认构造函数,因此编译器将隐式地生成一个构造函数,以下代码将创建 Track 类的一个实例。

```
# include <iostream>
# include <string>

using namespace std;

class Track
{
  public:
    float lengthInSeconds;
    string trackName;
};

int main()
{
    Track track;
    cout << "Track Name = " << track.trackName << endl;
    cout << "Track Length = " << track.lengthInSeconds << endl;
    return 0;
}
```

运行以上代码,程序将输出空字符串和随机浮点值。

cpp.sh 的编译器将浮点值初始化为 0,但是我们不能总是保证对于不同的编译器都是这样。其原因是编译器生成的默认构造函数会将数据成员初始化为默认值;对于一个类数据类型的字符串,它有自己的默认构造函数,会将其初始化为空,对于浮点数,则为任何随机浮点数。显然,这种行为并不适用于默认的 Track 对象;毕竟,无论谁都没有听说过一个 Track 是 $-4.71077e-33$(记住,它是随机的)秒长。

现在,让我们在下面的练习中解决这个问题,创建一个显式的默认构造函数,将成员变量初始化为"合理的",或者至少是合乎逻辑的。

练习:定义一个默认的构造函数

默认构造函数与类同名,没有参数,而且也没有返回类型。在这个练习中,我们将创建一个公有构造函数,以便我们可以从这个的类外部调用它。

1. 我们可以在 Track 类的 public 关键字下创建构造函数的框架。

```
Track()
{
}
```

2. 填写构造函数,以便在构造类后将成员变量设置为合理的值。我们将 track 的长度设置为 0,而不设置 track 的名。

```
Track()
{
    lengthInSeconds = 0.0f;
    trackName = "not set";
}
```

3. 使用上一个示例中的 main 函数测试正在调用的构造函数。

```
int main()
{
    Track track;
    cout << "Track Name = " << track.trackName << endl;
    cout << "Track Length = " << track.lengthInSeconds << endl;

    return 0;
}
```

4. 运行代码。

8.4.2　参数化构造函数

构造函数可以像任何其他函数一样接受参数。一个参数化构造函数是至少接受一个参数的构造函数。这是一个非常重要的概念,我们将会在 C++ 中不断地利用它。当前的 Track 类构造函数如下所示:

```
Track()
{
    lengthInSeconds = 0.0f;
    trackName = "not set";
}
```

每当创建一个 Track 的实例时,它的成员变量将被设置为此构造函数中的值。参数化构造函数允许我们通过将参数传递给构造函数设置在初始化时 Track 对象的成员变量应该是什么。

只要所有参数都有默认值,默认构造函数也可以接受参数。这样可以实现一种混合方法,而在这种方法中,构造函数即可以用作默认构造函数,也可以根据情况将参数传递给它。

练习:定义参数化构造函数

一个参数化构造函数的语法基本上与默认构造函数的语法相同,区别在于它自然地接受参数。让我们看看通过向 Track 构造函数添加参数来创建一个参数化构造函数。

1. 将现有的 Track 构造函数写入编译器。

```
Track()
{
    lengthInSeconds = 0.0f;
    trackName = "not set";
}
```

2. 添加可以设置 lengthInSeconds 和 trackName 的参数,我们需要一个 float 参数和一个 string 参数。

```
Track(float lengthInSeconds, string trackName)
{
```

3. 我们希望更清楚哪些变量是我们的类成员,哪些是传入的参数。为此,我们将在变量名前面加上 m_(用 m_前置变量是将一个变量表示为一个成员变量的常用方法)。

```
// m_ prefix added to member variables, to avoid naming conflicts with parameter names

float m_lengthInSeconds;
string m_trackName;
```

4. 将这些成员变量设置为传入参数的值。

```
Track(float lengthInSeconds, string trackName)
{
    m_lengthInSeconds = lengthInSeconds;
    m_trackName = trackName;
}
```

5. 用一个新的 main 函数来测试这个构造函数。我们将使用与默认构造函数练习相同的代码,但是现在,在创建 Track 实例时,必须使用参数化构造函数。如果不再有默认构造函数,编译器就不会生成默认构造函数。

```
int main()
{
    Track track(200.0f, "Still Alive");
    cout << "Track Name = " << track.m_trackName << endl;
    cout << "Track Length = " << track.m_lengthInSeconds << endl;
```

```
    return 0;
}
```

6. 运行程序。该程序应该分别输出 200 的长度和 Still Alive 的名字。

参数化构造函数可以有默认值,这意味着我们可以像使用默认构造函数一样使用它们(不带参数)。这种默认值参数化构造函数在大多数情况下非常有用,因为传递给构造函数的值是相同的,但是我们希望可以在需要时更改它。因此可以混合和匹配默认参数与非默认参数,但任何默认参数都必须在非默认参数之后。以下就是具有默认参数的 Track 类构造函数的示例。

```
// set default values to parameters
Track(float lengthInSeconds = 0.0f, string trackName = "not set")
{
    m_lengthInSeconds = lengthInSeconds;
    m_trackName = trackName;
}
```

我们现在将转向更高级的构造函数,当编写稳健的类时,它们同样重要,这些类在所有情况下的行为都与我们期望的一样。

8.4.3　复制构造函数

一个复制构造函数的方法是创建现有类实例副本的构造函数。除了默认构造函数之外,如果一个类没有定义它的构造函数,编译器还将自动为每个类创建一个复制构造函数。

在许多情况下,程序都会调用复制构造函数,但要记住最重要的一点是:当从另一个对象创建变量或对象时,会使用复制构造函数。复制构造函数创建现有对象的副本,因此将复制构造函数。

以 Track 类为例,复制构造函数的语法如下:

```
Track(const Track& track)
{
    lengthInSeconds = track.lengthInSeconds;
    trackName = track.trackName;
}
```

看上面这个语法,复制构造函数的声明方式与前面介绍的构造函数几乎相同,但有一个重要的区别:它接受对 const 参数的引用。将参数设置为 const 可以确保复制构造函数不会更改传入的参数。对参数的引用是在复制构造函数的情况下使用的,这是复制构造函数将被调用的情况之一,当对象通过值传递给函数时,将调用复制构造函数。

因此,如果参数不是引用,则将其传递到复制构造函数将需要调用复制构造函数来生成副本。此复制构造函数将生成一个副本,该副本将继续调用复制构造函数,依此类推,无限循环。

8.5 浅复制或深复制

如前所述,编译器将为程序的类型创建一个复制构造函数。这个编译器生成的复制构造函数可能与上一节示例中所示的相同,这称为浅复制,因为它运行在每个成员变量中,并将当前复制对象的相应值赋予它们。这种编译器生成的复制构造函数在很多情况下都可能工作得很好,我们不必自己定义。当从已经存在的对象创建一个新对象时,将调用复制构造函数。

下面的这个示例显示了将调用复制构造函数的另一种情况(在本例中,是编译器生成的复制构造函数)。

```cpp
#include <iostream>
#include <string>

using namespace std;

class Track
{
  public:
    Track(float lengthInSeconds = 0.0f, string trackName = "not set")
    {
        m_lengthInSeconds = lengthInSeconds;
        m_trackName = trackName;
    }

    // m_ prefix added to member variables, to avoid naming conflicts with parameter names
    float m_lengthInSeconds;
    string m_trackName;
};

int main()
{
    Track track(200.0f, "Still Alive");
    Track track2 = track; // copy constructor is called

    cout << "Track Name = " << track.m_trackName << endl;
    cout << "Track Length = " << track.m_lengthInSeconds << endl;
    cout << "Track Name = " << track2.m_trackName << endl;
    cout << "Track Length = " << track2.m_lengthInSeconds << endl;

    return 0;
```

```
}
```

以上这段代码,对象 track2 是从对象 track 创建的,编译器生成的复制构造函数创建了一个浅复制。一个对象的浅复制将复制所有成员。当所有成员都是值时,这通常很好。那么,浅复制什么时候就不够了? 当一个类动态分配内存时,通常需要一个深复制。

当对指向动态内存的指针执行浅复制时,只复制指针而不复制指针指向的内存。Track 类可以有一个可播放的片段示例,可能有几秒钟的声音。为了简洁起见,假设我们可以将这个可播放片段的数据存储在一个字符数组中,以便由其他一些声音软件解析和播放。以下就是具有此功能 Track 类的示例。

```cpp
# include <iostream>
# include <string>
# include <cstring>

using namespace std;

class Track
{
  public:
    Track(float lengthInSeconds = 0.0f, string trackName = "not set", const char * data =
NULL)
    {
        m_lengthInSeconds = lengthInSeconds;
        m_trackName = trackName;

        // create the sample clip from data
        m_dataSize = strlen(data);
        m_data = new char[m_dataSize + 1];
        strcpy(m_data, data);
    }

    // definitely need a destructor to clean up the data
    ~Track()
    {
        delete[] m_data;
    }

    // m_ prefix added to member variables, to avoid naming conflicts with parameter names
    float m_lengthInSeconds;
    string m_trackName;

    // sample clip data
```

```
        int m_dataSize;
        char * m_data;
};

int main()
{
    Track track(200.0f, "Still Alive", "f651270d6011098375db09912b03e5e7");
    Track track2 = track;

    cout << "Track 1" << endl;
    cout << "Track Name = " << track.m_trackName << endl;
    cout << "Track Length = " << track.m_lengthInSeconds << endl;
    cout << "Track Data = " << track.m_data << endl;
    cout << endl;

    cout << "Track 2" << endl;
    cout << "Track Name = " << track2.m_trackName << endl;
    cout << "Track Length = " << track2.m_lengthInSeconds << endl;
    cout << "Track Data = " << track2.m_data << endl;

    return 0;
}
```

运行以上这段程序。此时这个类仍在使用编译器生成的复制构造函数，这意味着 track2 是 track 的浅复制。这里的浅复制只是复制了指针的地址，换句话说，track 和 track2 的 m_data 变量都指向同一个内存地址。这可以通过向 Track 类添加附加功能来演示，以允许通过函数更改 m_data 变量，如下代码所示。

```
# include <iostream>
# include <string>
# include <cstring>
using namespace std;

class Track
{
  public:
    // added additional artist name constructor parameter
    Track(float lengthInSeconds = 0.0f, string trackName = "not set", string artistName = "not set", const char * data = NULL)
    {
        m_lengthInSeconds = lengthInSeconds;
        m_trackName = trackName;
        m_artistName = artistName;
```

```
        // create the sample clip from data
        m_dataSize = strlen(data);
        m_data = new char[m_dataSize + 1];
        strcpy(m_data, data);
    }


    ~Track()
    {
        delete[] m_data;
    }


    void SetData(float lengthInSeconds = 0.0f, string trackName = "not set", const char
* newData = NULL)
    {
        m_lengthInSeconds = lengthInSeconds;
        m_trackName = trackName;

        // delete the array so it can be recreated
        delete[] m_data;

        // create the sample clip from data
        m_dataSize = strlen(newData);
        m_data = new char[m_dataSize + 1];
        strcpy(m_data, newData);
    }

    // m_ prefix added to member variables, to avoid naming conflicts with parameter names
    float m_lengthInSeconds;
    string m_trackName;

    // additional artist name string member variable
    string m_artistName;

    // sample clip data
    int m_dataSize;
    char * m_data;
};
```

为了简洁起见,可以创建 Track 对象,然后使用相同的名字创建这些对象的副本,以便创建一个分类专辑。添加的 SetData 函数接受一个新的长度、曲目名和可播放的剪辑数据作为参数,而且如果一个新曲目只是另一个曲目的副本,则不再需要在每个曲目上设置演唱者的名字。以下这段代码为具体操作。

```
int main()
{
    Track track(200.0f, "Still Alive", "GlaDos", "f651270d6011098375db09912b03e5e7");

    // copy the first track with the artist name
    Track track2 = track;

    // set the new needed data
    track2.SetData(300.0f, "Want You Gone", "db6fd7d74393b375344010a0c9cc4535");

    cout << "Track 1" << endl;
    cout << "Artist = " << track.m_artistName << endl;
    cout << "Track Name = " << track.m_trackName << endl;
    cout << "Track Length = " << track.m_lengthInSeconds << endl;
    cout << "Track Data = " << track.m_data << endl;
    cout << endl;

    cout << "Track 2" << endl;
    cout << "Artist = " << track2.m_artistName << endl;
    cout << "Track Name = " << track2.m_trackName << endl;
    cout << "Track Length = " << track2.m_lengthInSeconds << endl;
    cout << "Track Data = " << track2.m_data << endl;

    return 0;
}
```

请注意,虽然 track2 上的 m_data 变量已更改,这会影响复制的 track 对象上的 m_data 变量,因为它们指向同一位置。当这个程序完成并调用两个 tracks 的析构函数以试图释放已销毁的内存时,这将导致运行时错误,这就是所谓的双释放错误。

```
void PrintTrackName(Track track)
{
    cout << "Track Name = " << track.m_trackName << endl;
}
```

当一个对象通过值传递给一个函数时会发生什么? 一个复制构造函数被调用。此函数被调用时,其值输出的 Track 对象实际上是一个局部变量,它是传入 Track 对象的副本,一旦该局部变量超出范围(定义域),它的析构函数将被调用。Track 类删除其析构函数中的 m_data 数组,并且由于 Track 类没有正确执行深度复制用户定义的复制构造函数,因此它删除传入对象使用的相同 m_data 变量。下面是一个变量超出范围(定义域)的示例。

```
void PrintTrackName(Track track)
{
```

```
    cout << "Track Name = " << track.m_trackName << endl;
}


int main()
{
    Track track(200.0f, "Still Alive", "GlaDos", "f651270d6011098375db09912b03e5e7");

    PrintTrackName(track);

    cout << "Track 1" << endl;
    cout << "Artist = " << track.m_artistName << endl;
    cout << "Track Name = " << track.m_trackName << endl;
    cout << "Track Length = " << track.m_lengthInSeconds << endl;
    cout << "Track Data = " << track.m_data << endl;

    return 0;
}
```

　　由于函数按值传递给 Track 函数,并且随后超出范围(定义域),因此从 Track 中删除了 data(数据)。通过添加执行深度复制的复制构造函数,可以解决这个问题。

　　我们需要一种方法正确地处理动态分配内存的复制,编译器生成的复制构造函数不会为我们这样做,我们需要自己编写。我们可以从观察 Track 类如何在其自身中构建自己通常的构造函数开始。下面是使用浅复制或深复制部分的示例中展示的动态分配数据的 Track 构造函数。

```
// added additional artist name constructor parameter
Track(float lengthInSeconds = 0.0f, string trackName = "not set",
string artistName = "not set", const char * data = NULL)
{
    m_lengthInSeconds = lengthInSeconds;
    m_trackName = trackName;
    m_artistName = artistName;

    // create the sample clip from data
    m_dataSize = strlen(data);
    m_data = new char[m_dataSize + 1];
    strcpy(m_data, data);
}
```

练习:定义一个复制构造函数

　　在这个练习中,我们将定义一个复制构造函数。为此,我们会使用前面的那段代码作为参考,因为我们实际上需要做的事情与该构造函数中正在做的事情是完全相同的,但是使用新构造函数传入 Track 对象中的值。

1. 创建复制构造函数的框架。我们需要将一个 Track 对象的 const 引用传递给复制构造函数。

```
Track(const Track& track)
{
}
```

2. 将成员变量赋予传入的 Track 对象中，其方法与常规构造函数类似。

```
Track(const Track& track)
{
    // these can be shallow copied
    m_lengthInSeconds = track.m_lengthInSeconds;
    m_trackName = track.m_trackName;
    m_artistName = track.m_artistName;
    m_dataSize = track.m_dataSize;
}
```

3. 不能只将 data 数组赋予给 track 的 data 数组，因为这只会复制指针地址并导致两个 data 数组指向同一个位置。因此，我们必须使用 new[]初始化 data 数组（我们已经从 m_dataSize 中存储的值知道其大小）。

```
Track(const Track& track)
{
    // these can be shallow copied
    m_lengthInSeconds = track.m_lengthInSeconds;
    m_trackName = track.m_trackName;
    m_artistName = track.m_artistName;
    m_dataSize = track.m_dataSize;

    // allocate memory for the copied pointer
    m_data = new char[m_dataSize + 1];
```

4. 像使用构造函数一样使用 strcpy 函数，不过其是从我们正在复制的 track 对象传入 data 中的。

```
Track(const Track& track)
{
    // these can be shallow copied
    m_lengthInSeconds = track.m_lengthInSeconds;
    m_trackName = track.m_trackName;
    m_artistName = track.m_artistName;
    m_dataSize = track.m_dataSize;

    // allocate memory for the copied pointer
    m_data = new char[m_dataSize + 1];
```

```
    // copy the value from the old object
    strcpy(m_data, track.m_data);
}
```

现在我们有了一个可以正确处理 data(数据)的复制构造函数了。

5. 运行以上程序。

复制构造函数可以直接复制任何值类型的成员，但是，对于动态创建以保存 data(数据)的 char 数组，它必须为这个新类创建一个新的 char 数组，然后从另一个实例复制数据。这是必需的，因为我们需要数据的副本，而不是指向另一个实例的数据的指针。

8.6　赋值运算符

如果显式定义了析构函数、复制构造函数或赋值运算符，那么这 3 个参数可能都应该显式定义(记住编译器将隐式定义任何尚未显式定义的内容)。当一个现有对象被赋予另一个现有对象时，赋值运算符被调用。

当这种赋值操作发生时，它的行为非常类似于复制构造函数(除了它必须处理现有变量的清理，而不是将值赋值给未初始化的变量)，赋值运算符还必须正确处理自赋值。

就像一个复制构造函数一样，如果没有显式声明，编译器将生成一个复制赋值运算符，就像复制构造函数一样，这将只是一个浅复制。以下示例说明了这一点。

```
int main()
{
    Track track(200.0f, "Still Alive", "GlaDos",
    "f651270d6011098375db09912b03e5e7");

    PrintTrackName(track);

    // construct another track with new values
    Track track2(300.0f, "Want You Gone",
    "GlaDos","db6fd7d74393b375344010a0c9cc4535");

    // here the assignment operator is called
    track2 = track;

    // set the new needed data
    track2.SetData(300.0f, "Want You Gone",
    "db6fd7d74393b375344010a0c9cc4535");
```

```
        cout << "Track 1" << endl;
        cout << "Artist = " << track.m_artistName << endl;
        cout << "Track Name = " << track.m_trackName << endl;
        cout << "Track Length = " << track.m_lengthInSeconds << endl;
        cout << "Track Data = " << track.m_data << endl;
        cout << endl;

        cout << "Track 2" << endl;
        cout << "Artist = " << track2.m_artistName << endl;
        cout << "Track Name = " << track2.m_trackName << endl;
        cout << "Track Length = " << track2.m_lengthInSeconds << endl;
        cout << "Track Data = " << track2.m_data << endl;

        return 0;
}
```

运行这个程序。我们在复制构造函数中讨论的问题在编译器生成的复制赋值运算符中也会发生,我们的动态数据没有被正确复制。

在创建一个重载赋值运算符时,我们可以再次查看之前编写的代码,上一个练习(步骤 2)中的复制构造函数是一个很好的参考。

```
Track(const Track& track)
{
    // these can be shallow copied
    m_lengthInSeconds = track.m_lengthInSeconds;
    m_trackName = track.m_trackName;
    m_artistName = track.m_artistName;
    m_dataSize = track.m_dataSize;

    // allocate memory for the copied pointer
    m_data = new char[m_dataSize + 1];

    // copy the value from the old object
    strcpy(m_data, track.m_data);
}
```

在下面的练习中,我们将实现这一操作以重载赋值运算符。

练习:重载赋值运算符

在这个练习中,我们将重载赋值运算符以在 Track 类中创建对象的副本。

1. 创建重载赋值运算符。

```
Track& operator = (const Track& track)
{
}
```

就像复制构造函数一样，程序将传入一个 track 的 const 引用，由于这不是构造函数，程序将需要一个返回值。此返回值将是一个非常量（non-const）Track 引用（这不是必需的，但这是编译器生成赋值运算符的方式）。

2. 使用赋值运算符的一个重要检查是验证程序没有试图将一个对象赋值给它自己。如果是这样，程序不需要执行复制。

```
Track& operator = (const Track& track)
{
    // check for self assignment
    if(this ! = &track)
    {
```

3. 对成员变量进行浅复制。

```
// these can be shallow copied
m_lengthInSeconds = track.m_lengthInSeconds;
m_trackName = track.m_trackName;
m_artistName = track.m_artistName;
m_dataSize = track.m_dataSize;
```

4. 现在程序进入了一个与复制构造函数在功能上不同的步骤。因为我们正在对现有对象赋值，所以需要删除动态分配的数组，这样我们就可以将新的值复制到它上面。首先，我们创建一个新的 char * 数组，并将传入的 track 引用对象的 data（数据）复制到其中。

```
// allocate new memory and copy the existing data from the passed in object
char * newData = new char[m_dataSize];
strcpy(newData, track.m_data);
```

5. 删除现存的 m_data 数组。

```
// since this is an already existing object we must deallocate existing memory
delete[] m_data;
```

6. 我们可以将 newData 数组赋予现在已删除的 m_data 数组。请注意，我们不能只将传入的 track 引用 m_data 赋予现有的 m_data 数组，因为这样我们仅仅使它们指向同一个地方。为了解决这个问题，我们创建了一个新数组，并使 m_data 数组指向该数组。

```
// assign the new data
m_data = newData;
```

7. 程序可以返回一个被赋予 track 的引用，我们可以使用 this 关键字。

```
    }
    return * this;
}
```

8. 运行这段程序。

虽然比复制构造函数稍微复杂一点,但原理大致上是相同的,这也说明如果需要定义一个显式复制构造函数,那么总是需要定义一个显式的复制赋值运算符。

8.7　析构函数

析构函数是特殊的成员函数,一个对象的生存期结束时被调用时,当对象超出范围或指向它们的指针被删除时,它们将被销毁。正如构造函数负责创建一个对象一样,析构函数则负责销毁一个对象。如果已为动态数据分配了任何内存,则对象的析构函数必须使用 delete 或 delete[] 释放该内存,这具体取决于数据类型。析构函数与类同名,不接受任何参数,没有返回值,并在它的前面冠以波浪号"～"。以下示例显示了定义析构函数所需的语法。

```
~Track()
{
    delete[] m_data;
}
```

当处理动态分配内存的成员变量时,可以使用析构函数来确保在对象被销毁时释放该内存。与前面的概念相关联的动态分配内存的问题也适用于析构函数。如果一个类动态分配内存,则应该创建一个显式析构函数以确保正确释放该内存。

我们不需要对非动态分配的成员变量和内置(数据)类型做任何事情,因为它们会自行销毁。

8.8　测试:创建一个视频剪辑(VideoClip)类

Track 类已经教给了我们许多有关如何编写类的方法。现在需要巩固我们的理解。我们将编写一个表示视频剪辑的类,这个类很大程度上与 Track 类相同,需要构造函数、析构函数、复制构造函数和复制赋值运算符重载。我们希望这个测试的结果是有一个 VideoClip 类,其行为类似于 Track 类。一旦成功地完成这个测试后,输出应包含视频曲目长度、名字和发布年份等信息。输出如图 8-1 所示。

1. 打开 cpp.sh 并开启一个空白项目。
2. 创建 VideoClip 类的轮廓。
3. 为视频长度和视频名字创建成员变量。
4. 编写一个将视频长度和名字初始化为默认值的默认构造函数。
5. 编写一个参数化构造函数,该构造函数将视频长度和名字设置为传递的参数。
6. 创建一个数据字符数组和数据大小的成员变量,并在两个构造函数中初始化它们。

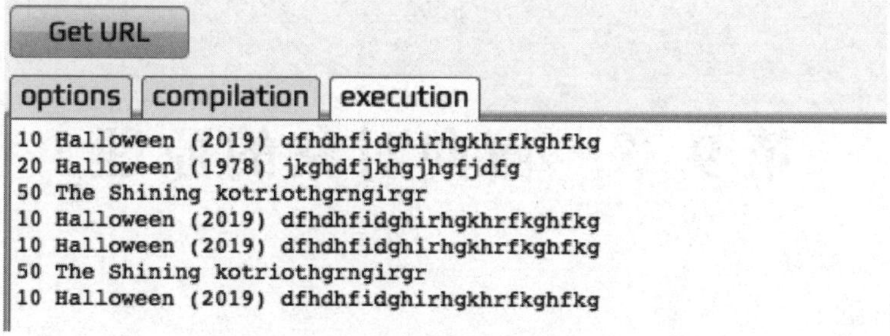

图 8 - 1   VideoClip 类的一种可能的输出

7. 创建一个正确处理数据数组复制的复制构造函数。

8. 创建一个正确处理数据数组复制的重载复制赋值运算符。

9. 编写一个析构函数删除分配的数据数组。

10. 更新 main 函数以创建 3 个不同的 videoClip 实例并输出它们的值。

11. 通过使用现有实例初始化一个视频剪辑，并使用其构造函数初始化一个视频剪辑的实例，然后将其赋予另一个现有实例，测试 main 函数内的复制构造函数和复制赋值运算符。

8.9   小   结

我们在本章中介绍了几个概念。我们研究了联合和结构以及它们与类的区别，以及它们之间的区别。然后，我们详细讨论了不同类型的构造函数，并深入探讨了复制对象时可能出现的问题以及如何解决这些问题。最后，我们快速探讨了析构函数。

我们发现 C++在定义自己的类型时必须记住一些非常具体的东西，并且发现我们必须非常小心地处理动态内存和设计我们程序的类。通过这一章，我们可以看到：如果遵循一些指导方针，C++为我们提供了创建稳健和易于使用的类型所需的所有工具。

所有这些信息都为我们提供了必要的知识，以使我们能够进一步深入到面向对象的概念中，相信我们已经掌握了所需的基础知识。下一章将进一步深入探讨如何直接面对我们的类设计。

第9章　面向对象的原理

教学目的：

在学习完这一章时，您将能够：

- 使用访问修饰符编写封装良好的类。
- 遵循最佳实践方法编写类。
- 实现 getters 和 setters 模型。
- 认识抽象和封装之间的差别。

本章将介绍设计类的最佳实践，并给出抽象和封装的概述以及在什么地方使用它们和它们如何使自定义的 C++ 类型受益。关于类的更多细节以及它们如何适应面向对象程序设计模型也将介绍。

9.1　简　介

第 8 章讲解了关于对象构造的详细知识，以及关于 C++ 为定义这些对象提供的不同关键字的信息。我们了解到，在创建自己的类型时必须小心，以确保它们被适当地构造和销毁。这一章将进一步深入讲解面向对象的程序设计和设计类的重要原则，这些原则应该牢记，以便我们从面向对象的程序设计（OOP：object-oriented programming）范式中获得最大的收益。

在本章中，我们将进一步介绍定义程序自己类型的最佳方法。通过这些知识，我们可以编写类，使其与程序不使用的方式隔离开来；而且通过使用公有和私有函数以及成员变量，我们可以清楚地说明程序如何使用一个类。

封装允许程序隐藏不希望用户直接访问的数据，而抽象为类的用户提供了一个接口，该接口公开了类的所有重要用途，但隐藏了细节。本章将介绍这个主题，以及一些更详细的类的说明。

9.2　类与面向对象的程序设计(OOP)

类是对数据进行分组并提供操作该数据的功能的一种方法。一个数据类型是一个对象的 C++ 表示，无论出于何种目的，类都是对象的同义词，在前一章中，Track 类是 Track 类型的一个对象的原型。

原型这个词很重要,因为它暗示了可重用性的概念,这是面向对象设计方法的主要优点之一。用原型(类)中自己的特定数据构建的一个对象被称为对象或类的一个实例。

下面就是在第 8 章中曾经使用的 Track 类。

```
# include <iostream>
# include <string>

using namespace std;

class Track
{
    public:
        Track(float lengthInSeconds, string trackName)
        {
            m_lengthInSeconds = lengthInSeconds;
            m_trackName = trackName;
        }

        float m_lengthInSeconds;
        string m_trackName;
};
```

如果被要求在基本层面上描述 Track 对象,很可能会将其描述为一个有名字和长度的对象,即描述了组成一个类的成员变量。当被要求描述一个特定的 Track 时,例如 Track track(180.0f, "Still Alive"),我们可能会将其描述为一个名为 Still Alive、其长度为 3 分钟的一首歌曲,这显然是对一个对象实例的描述。从根本上说,它仍然是一个有名字和长度的曲目,但现在的描述更为详细,因为已经设置了细节。另一个用下面的代码段构建的 Track 呢?

```
Track anotherTrack(260.0f, "Want You Gone");
```

同样,很有可能我们会把它描述成一首名为“Want You Gone”,4 分 20 秒长的曲目。在描述一个对象时,知道它所期望的是什么会使描述它(实现它)更为简单。同样的概念也适用于 OOP 设计的类,因为我们需要知道如何存储一个对象的细节,以及我们想要访问的细节的名称。这也扩展到创建可以在多个程序中使用的类,而不仅仅是在同一个程序中;这实质上是创建了一个“代码库”,而该代码库可以用来执行以前编写的任务,例如数学类或文件解析类,这就是可重用性的基础。

我们再介绍一个概念,这个概念的首字母缩写为 SOLID,这个缩写词是由五个面向对象设计原则的首字母所组成,如下所示:

(1)S 表示单一责任原则(Single-responsibility principle)。

(2)O 表示开放封闭原则(Open-closed principle)。

（3）L 表示里氏代换原则（Liskov substitution principle）。

（4）I 表示接口隔离原则（Interface segregation principle）。

（5）D 表示依赖倒置原则（Dependency inversion principle）。

9.2.1　单一责任原则

SOLID 缩写中的 S 代表单一责任原则（SRP：single-responsibility principle）。一个类应该只有一个而且只能有一个改变的原因，也就是说一个类应该只有一个职责。

回到可重用性的概念，方能突显出这一原则的重要性。如果试图为了某种目的重用某些代码，那么它不应该带来一堆额外的职责，而这些职责随后需要维护或者在新的用例中带来一些冗余的职责。另外，这些额外的职责可能依赖于其他的一些类。因此，它们也需要被移入新的项目。显然，这种依赖类的循环是不可取的，任何具有我们需要功能的类都应该能够独立使用。有时，给一个类一点额外的责任似乎是无害的；但是，应该仔细考虑将该责任抽象并交给另一个类，然后这些类可以被其他需要它提供功能的类重用。

练习：创建一个打印值的类

在这个练习中，我们将创建一个类，它可用于从我们的类中打印值。类应该只有一个单一的职责，让我们演示一种方法，该方法通过从类本身移除打印到控制台的职责，并将该职责交给另一个类来实现这一点。尽管这个练习可能很平常，但是如果我们愿意的话，能够轻松地将打印到控制台的类替换为输出到文件的类，这对我们来说是非常有用的。

1. 将 ValuePrinter 类添加到 cpp.sh 中的一个空文件中。它非常简单，仅由几个重载函数组成，它们用于打印消息和 float（浮点数）、int（整数）或 string（字符串）。程序如下所示。

```
#include <iostream>
#include <string>

using namespace std;

class ValuePrinter
{
    public:
        void Print(string msg, float f)
        {
            cout << msg << " : " << f << endl;
        }

        void Print(string msg, int i)
        {
```

```
        cout << msg << " : " << i << endl;
    }

    void Print(string msg, string s)
    {
        cout << msg << " : " << s << endl;
    }
};
```

现在,让我们创建一个可以利用这个 ValuePrinter 的类。

2. 创建一个名为 Article 的类,并为其提供标题、页数、字数和作者的成员变量。我们还将编写一个构造函数来初始化成员变量,并将 ValuePrinter 添加为成员变量。程序如下所示。

```
class Article
{
    public:
        Article(string title, int pageCount, int wordCount, string author)
        {
            m_title = title;
            m_pageCount = pageCount;
            m_wordCount = wordCount;
            m_author = author;
        }
        string m_title;
        int m_pageCount;
        int m_wordCount;
        string m_author;
        ValuePrinter valuePrinter;
```

3. 在 Article 中创建一个函数,该函数使用 ValuePrinter 成员对象打印我们的成员变量,这个函数被称为 ShowDetails,程序如下所示。

```
    void ShowDetails()
    {
        valuePrinter.Print("Article Title", m_title);
        valuePrinter.Print("Article Page Count", m_pageCount);
        valuePrinter.Print("Article Word Count", m_wordCount);
        valuePrinter.Print("Article Author", m_author);
    }
};
```

4. 在一个 main 函数中对此进行测试,以查看使用 ValuePrinter 打印出的值。

```
int main()
```

```
{
    Article article("Celebrity Crushes!", 2, 200, "Papa Ratsea");
    article.ShowDetails();
    return 0;
}
```

5. 运行程序。

作为一个真正巩固这一概念的练习,尝试实现一个 Shape 类,该类的类型有一个 string(字符串)成员变量和一个保存其面积的 float(浮点数),然后重用 ValuePrinter 来编写 Shape ShowDetails 函数。我们可以看到这一个练习中呈现的模式非常有用。程序承担了从 Article 类打印到控制台的责任,并将其交给了一个不同的类。如果我们需要改变 ValuePrinter 内部的工作方式,那么 Article 根本不需要改变。以这种方式使用 ValuePrinter 可以很好地进入我们接下来的两个主题:封装(encapsulation)和抽象(abstraction)。

9.2.2 封 装

封装作为面向对象的程序设计中的一个基本概念,对于理解和尝试应用于设计的大多数类非常重要。封装将数据和作用于该数据的成员函数组合在一个类中。一个类中的数据操作只能通过类提供的成员进行,成员数据不应直接访问,这就是所谓的数据隐藏(data-hiding),而 C++为我们提供了几个关键字,利用这几个关键字在编写类时使数据隐藏成为可能;这些关键字被称为访问修饰符(access modifiers)。表 9 - 1 显示了这些关键字及其含义。

表 9 - 1 关键字及其含义

Keyword(关键字)	Description(描述)
public	在类内部和外部都可以访问
protected	对于类和它的导出(衍生)类是可以访问的(在后续章节中将详细介绍)
private	仅在类内部可以访问

使用表 9 - 1 中封装的解释,了解我们一直使用的 Track 类。

```cpp
#include <iostream>
#include <string>

using namespace std;

class Track
{
    public:
        Track(float lengthInSeconds, string trackName)
        {
```

```
        m_lengthInSeconds = lengthInSeconds;
        m_trackName = trackName;
    }

    float m_lengthInSeconds;
    string m_trackName;
};
```

它符合这个原则吗？不，它不符合。持有数据的两个成员变量都在 public 关键字下，因此，可以从类内外的任何地方访问它们。对于另一段代码来说，抓取一个 Track 实例并胡乱处理它是完全可能的，而且除了类型之外，没有任何限制。以下程序是 main 函数使用 Track 类，并显示从 Track 类中抓取数据，对其进行更改。

```
int main()
{
    // create
    Track t(260.0f, "Still Alive");
    cout << "My Favourite Song is：" << t.m_trackName << endl;

    // mess with it
    t.m_lengthInSeconds = 9405680394634.4895645f; // Song is now pretty much 300 mil-
lennia long!
    t.m_trackName = "S-Club Party"; // OH NO!!
    cout << "My Favourite Song is：" << t.m_trackName;

    return 0;
}
```

为了使类外部无法访问一个成员变量，我们可以使用 private 关键字。以下代码显示 private 关键字用于阻止从类外部访问成员变量，而且随后给出了尝试更改这些变量的 main 函数。

```
# include <iostream>
# include <string>

using namespace std;

class Track
{
    public：
        Track(float lengthInSeconds, string trackName)
        {
            m_lengthInSeconds = lengthInSeconds;
            m_trackName = trackName;
```

```
        }

    private:
        float m_lengthInSeconds;
        string m_trackName;
};

int main()
{
    // create
    Track t(260.0f, "Still Alive");
    cout << "My Favourite Song is: " << t.m_trackName << endl;

    // mess with it - Agh! thwarted, compiler error: these variables are private
    t.m_lengthInSeconds = 9405680394634.4895645f;
    t.m_trackName = "S - Club Party";
    cout << "My Favourite Song is: " << t.m_trackName;

    return 0;
}
```

运行以上这段程序将使编译器产生如下错误。

m_lengthInSeconds' is private within this context
m_trackName' is private within this context

既然成员变量是私有的,那么任何试图直接设置这些变量的程序都将面临编译器错误。此数据现在已被隐藏,一旦在构造函数中设置了变量,就不能直接更改或访问它们。然而,这带来了一个新的问题,既然变量不能从类外部访问,那么它们就不能被打印到控制台或读入可能需要使用的地方。例如,前面那段代码中的以下代码行将不再编译。

```
cout << "My Favourite Song is: " << t.m_trackName << endl;
```

成员函数也可以是私有的,因为可能有一些函数是我们希望保留在类内部的。函数对于拆分代码或实现可在类中的其他函数中重用的功能非常重要。通过将这些函数设为私有的,可以确保它们只由类本身使用,而不向类的用户公开,它们不是公共接口的一部分。

练习:创建一个带私有成员变量的 Position 类

在这个练习中,我们将创建一个名为 Position 的类,其中包含二维坐标:x 和 y。x 和 y 都是将在构造函数中设置的私有成员变量,而我们将创建一个公有成员函数,该函数接受另一组浮点数(x,y),并返回它们之间的欧几里得距离和 float 类型的位置。

1. 将 Position 声明为类来创建程序类的框架。在 cpp.sh 中创建一个新项目,并键入下面的类框架，以及要使用的♯include语句。我们需要cmath的平方根函数。

```
# include <iostream>
# include <cmath>

class Position
{

};
```

2. 创建组成坐标 x 和 y 的成员变量。我们希望这些成员变量是私有的，所以它们使用 private 关键字。这两个变量都是浮点数，我们将在它们前面加上 m_，而 m_用于表示变量是成员变量。

```
# include <iostream>
# include <cmath>

class Position
{
    private：
        float m_x;
        float m_y;
};
```

3. 在创建变量时设置这些变量。使用初始化列表语法在构造函数中执行此操作。构造函数需要是公有的，因此我们将在构造函数上使用该关键字，如下程序所示。

```
# include <iostream>
# include <cmath>

class Position
{
    public：
        Position(float x, float y) : m_x(x), m_y(y) {}

    private：
        float m_x;
        float m_y;
};
```

4. 创建 distance(距离)函数。这是一个公有成员函数，它将以另一个 x 坐标和任意 y 坐标作为参数，并返回从该坐标到存储在类中的位置(m_x, m_y)的距离。在实现功能之前，我们可以先创建此成员函数。

```
# include <iostream>
# include <cmath>
```

```
class Position
{
    public:
        Position(float x, float y) : m_x(x), m_y(y) {}
        float distance(float x, float y)
        {
            // we must return something at this point if we want it to compile
            return 0;
        }
    private:
        float m_x;
        float m_y;
};
```

5. 使用毕达哥拉斯定理的推导来计算距离的函数：$distance=\sqrt{(x_2-x_1)^2+(y_2-y_1)^2}$。这是两个位置之间的直线距离。

```
float distance(float x, float y)
{
    float xDiff = x - m_x;
    float yDiff = y - m_y;
    return std::sqrt(((xDiff * xDiff) + (yDiff * yDiff)));
}
```

6. 现在已经准备好测试程序的新类了。让我们创建一个 main 函数，它创建一个被设置为(10,20)的 Position 对象，并打印从该对象到(100,40)的距离。

```
int main()
{
    Position pos(10.0f, 20.0f);
    std::cout << "The distance from pos to (100, 40) is:" << pos.distance(100.0f, 40.0f)
<< std::endl;

    return 0;
}
```

7. 运行以上代码。

在这个练习中，我们将 position(位置)数据(即 x 和 y 坐标)封装为 Position 类的私有数据。任何希望使用这些数据的程序都必须通过我们提供的 public 函数使用。在保持某种控制的同时，又如何访问私有数据成员呢？下面将介绍可以提供一种解决方案的通用模式。

9.2.3 Getters 和 Setters

类是以某种方式被利用的，然而封装的概念表明成员数据不应该被直接访问。使成员变量私有化确保了在我们的实例中就是这种情况,但是我们最终由于保存有关数据的可读数据而使 Track 类表现为几乎没有用处。在仍然允许合理访问的情况下,保护数据的一种常见技术是使用获取函数(getters)和设置函数(setters),getter 获取数据,setter 设置数据。getters 通常以 get 作为前缀,setters 则以 set 作为前缀。以下这段程序声明了一个 Track 类,这个类带有获取成员数据的 getters。

```cpp
# include <iostream>
# include <string>

using namespace std;

class Track
{
    public：
        Track(float lengthInSeconds, string trackName)
        {
            m_lengthInSeconds = lengthInSeconds;
            m_trackName = trackName;
        }

        float getLength() { return m_lengthInSeconds; }
        string getName () { return m_trackName; }
    private：
        float m_lengthInSeconds;
        string m_trackName;
};

int main()
{
    // create
    Track t(260.0f, "Still Alive");
    cout << "My Favourite Song is：" << t.getName() << endl;
    cout << "It is :" << t.getLength() / 60.0f << " minutes long";

    return 0;
}
```

在以上的这段程序中,getLength 返回 m_lengthInSeconds 变量,getName 返回 m_trackName 变量。这些函数都是公有的,因此可以在类之外使用,以允许打印它们的值,同时将变量本身保留为私有,因此可以安全地从类之外直接访问。

Setters(设置函数)允许设置某些数据。值得注意的是,一个直接 setter(设置函数)实际上会破坏封装,因为它暴露了要再次更改的变量。一个 setter(设置函数)允许公开曝露成员变量,所以只有要设置的数据的验证是有效时才能设置这个成员变量,下面的代码会帮助我们理解这一点。

```cpp
# include <iostream>
# include <string>

using namespace std;

class Track
{
    public:
        // declare a constant value for maximum track length
        const float MAX_TRACK_LENGTH = 600.0f;
        Track(float lengthInSeconds, string trackName)
        {
            m_lengthInSeconds = lengthInSeconds;
            m_trackName = trackName;
        }

        float getLength() { return m_lengthInSeconds; }
        string getName () { return m_trackName; }

        void setName(string newTrackName)
        {
            // if S-Club is not found set the track name - otherwise do nothing
            if(newTrackName.find("S-Club") == string::npos)
            {
                m_trackName = newTrackName;
            }
        }
    void setLength(float newTrackLength)
    {
        if(newTrackLength <MAX_TRACK_LENGTH && newTrackLength> 0) //no prog metal for us!
        {
            m_lengthInSeconds = newTrackLength;
        }
    }

        private:
            float m_lengthInSeconds;
            string m_trackName;
    };
```

```
int main()
{
    // create
    Track t(260.0f, "Still Alive");
    cout << "My Favorite Song is: " << t.getName() << endl;
    cout << "It is : " << t.getLength() / 60.0f << " minutes long" << endl;
    t.setName("S-Club Party"); // this again
    t.setLength(315576000000.0f); // 10 millennia
    cout << "My Favorite Song is: " << t.getName() << endl;
    cout << "It is : " << t.getLength() / 60.0f << " minutes long";

    return 0;
}
```

在这个示例中,我们添加了 setName 和 setLength。setName 函数接受一个字符串作为参数设置 m_trackName,但首先,它检查该参数是否等于 S-Club,如果等于,则不设置该变量。setLength 函数接受一个浮点作为参数,并使用它设置 m_trackLengthInSeconds 变量,但在设置该变量之前,它会检查它是否不大于 MAX_TRACK_LENGTH 常量,以及它是否大于零。

运行前面的示例代码,输出如下所示。

```
My Favorite Song is: Still Alive
It is : 4.33333 minutes long
My Favourite Song is: Still Alive
It is : 4.33333 minutes long
```

练习:在一个 Position 类中获取函数和设置函数

在练习"创建一个带私有成员变量的 Position 类"中,以私有成员变量,我们创建了一个 Position 类和一个 distance 函数。distance(距离)函数的问题是我们无法将另一个 Position(位置)类的对象值作为参数传递给它,因为计算距离所需的变量对程序是不可用的,它们是私有的。解决此问题的一种方法是将 Position 对象作为参数传递,这给 C++中的私有元素提出了一个需要注意的点:私有元素实际上可以由同一类型的类访问,因为这种访问控制是基于类的,而不是基于每个对象的。

不过,现在我们不会传入 Position 对象,为了便于讨论,我们假设不知道 Position 对象有多大,并且我们不想在只需要其 x 和 y 值时不必要地复制它。因此,在该练习中,我们将为 Position 类实现 getters(获取函数),并创建一个示例程序,该程序使用 distance 函数来确保两个位置不会相距太远。

1. 从练习"创建一个 Position 类"中查看一下那个 Position 类,并将其复制到我们的新示例中。

```
#include <iostream>
#include <cmath>
```

```cpp
class Position
{
    public:
        Position(float x, float y) : m_x(x), m_y(y) {}

        float distance(float x, float y)
        {
            float xDiff = x - m_x;
            float yDiff = y - m_y;
            return std::sqrt(((xDiff * xDiff) + (yDiff * yDiff)));
        }

    private:
        float m_x;
        float m_y;
};
```

2. 对于这个类,我们可以为程序的私有成员变量添加两个名为 getX() 和 getY() 的 getters(获取函数),它们将分别返回 m_x 和 m_y 变量,在 distance 函数之后添加它们,但要确保它们仍在 public 关键字下。

```cpp
float getX() { return m_x; }
float getY() { return m_y; }
```

3. 此时,我们可以构造一个新的 Position(位置)对象,并访问其变量以通过距离检查。让我们看看更新后的 main 函数的模样。

```cpp
int main()
{
    Position pos(10.0f, 20.0f);
    Position pos2(100.0f, 200.0f);
    std::cout << "The distance between pos and pos2 is: " << pos.distance(pos2.getX(),
pos2.getY());

    return 0;
}
```

4. 在转到 main 函数之前,我们将为成员变量创建 setters(设置函数),在 getters(获取函数)下面添加 setters,如下所示。

```cpp
void setX(float x) { m_x = x; }
void setY(float y) { m_y = y; }
```

5. 现在,对于 main 函数,我们准备定义位置可以分开的最大距离(在这种情况下,它将是 500 个单位)。然后,我们将在一个循环中更新程序的 positions(位置),如果达到这个最大距离(maximum distance),就停止。为此,我们将使用 getters、setters 以及 distance 函数。我们将首先通过减去两个位置的 x 和 y 值(direction(x,y)=(pos2X−pos1X,pos2Y−pos1Y))得到两个位置之间的方向,从而将一个位置向另一个位置的相反方向移动,然后将其标准化。我们可以通过将两个位置之间的 x 和 y 除以 distance(我们在上一步中得到了这个值)进行标准化。以下就是带有我们 distance(距离)检查的 main 函数。

```cpp
int main()
{
    float maxDistance = 500.0f;
    Position pos(10.0f, 20.0f);
    Position pos2(100.0f, 200.0f);
    bool validDistance = true;
    int numberOfTimesMoved = 0;
    while(validDistance)
    {
        float distance = pos.distance(pos2.getX(), pos2.getY());

        if(distance > maxDistance)
        {
            validDistance = false;
            break;
        }

        // get direction
        float xDirection = pos2.getX() - pos.getX();
        float yDirection = pos2.getY() - pos.getY();

        // normalize
        float normalizedX = xDirection / distance;
        float normalizedY = yDirection / distance;
        pos.setX(pos.getX() - normalizedX);
        pos.setY(pos.getY() - normalizedY);

        numberOfTimesMoved + + ;
    }
    std::cout << "Too far apart." << " Moved " << numberOfTimesMoved << " times";

    return 0;
}
```

6. 运行程序。

9.3 返回值或引用

决定 getter 中的值应该如何返回是很重要的。在 C++ 中,我们可以通过值、指针、引用以及与它们对应的 const 量来返回变量,选择如何返回变量很大程度上取决于它的使用情况,本章的这一部分将在我们的 Track 类中讨论这个问题,特别是它如何应用于 getters 和 setters。

9.3.1 返回值

下面从 Track 类中看 getLength 方法。

```
float getLength() { return m_lengthInSeconds; }
```

这是返回的值。换句话说,此方法返回了一个 m_lengthInSeconds 值的一个复制。如果将此值赋予另一个变量,则对 m_lengthInSeconds 的任何修改都不会反映在新变量中,反之亦然,因为它是返回值的复制,下面就是这样一个例子。

```
int main()
{
    // create
    Track t(260.0f, "Still Alive");

    cout << "My Favourite Song is: " << t.getName() << endl;
    cout << "It is :" << t.getLength() / 60.0f << " minutes long" << endl;

    // create a new variable and assign to it the value of the track length
    float tLength = t.getLength();

    // modify it
    tLength = 100.0f;

    cout << "My Favourite Song is: " << t.getName() << endl;
    cout << "It is :" << t.getLength() / 60.0f << " minutes long";

    return 0;
}
```

修改 tLength 不会修改 m_lengthInSeconds 的值,反之亦然。

9.3.2 返回引用

除了返回数据或对象的值之外,此方法还可以返回对数据或对象的一个引用。返回一个引用不会复制数据的值；它将返回对它的引用，从而允许继续修改该数据。通过引用返回很快，因为程序不必执行复制操作，返回引用通常用于返回大型结构或类，因为它们的复制会对性能造成损害，以下方法是修改后返回引用的 getLength 函数。

```
float& getLength() { return m_lengthInSeconds; }
```

这允许通过以下方式修改数据。

```
int main()
{
    // create
    Track t(260.0f, "Still Alive");

    cout << "My Favourite Song is: " << t.getName() << endl;
    cout << "It is :" << t.getLength() / 60.0f << " minutes long" << endl;

    // getLength now returns a reference and can be modified
    t.getLength() = 100.0f;

    cout << "My Favourite Song is: " << t.getName() << endl;
    cout << "It is :" << t.getLength() / 60.0f << " minutes long";

    return 0;
}
```

从上面程序的输出中可以看出，Track 的长度已被修改，封装和数据隐藏已被抛出了窗外，数据应该只有通过类提供的方法才能对类中的数据进行操作，成员数据不应被直接访问。

值得注意的是，将返回的引用赋予一个非引用类型变量，实际上只是赋予了一个副本，而不是那个引用，如以下的代码段所示。

```
int main()
{
    // create
    Track t(260.0f, "Still Alive");

    cout << "My Favourite Song is: " << t.getName() << endl;
    cout << "It is :" << t.getLength() / 60.0f << " minutes long" << endl;

    // getLength returns a reference but this actually is a copy
    float tLength = t.getLength();

    tLength = 100.0f;
```

```
    cout << "My Favourite Song is: " << t.getName() << endl;
    cout << "It is :" << t.getLength() / 60.0f << " minutes long";

    return 0;
}
```

以上的这段程序代码使用了 getLength 函数,该函数返回一个引用,然而,正如我们从输出中看到的那样,它实际上并没有给 tLength 赋予一个引用,因为 tLength 实际上不是一个引用类型。

当将一个引用赋予另一个引用类型时,任何修改都将反映在类成员数据中,因为新的引用实际上只是同一事物的另一个名字,如下所示。

```
int main()
{
    // create
    Track t(260.0f, "Still Alive");

    cout << "My Favourite Song is: " << t.getName() << endl;
    cout << "It is :" << t.getLength() / 60.0f << " minutes long" << endl;

    // getLength now returns a reference and can be modified
    float& tLength = t.getLength();

    tLength = 100.0f;

    cout << "My Favourite Song is: " << t.getName() << endl;
    cout << "It is :" << t.getLength() / 60.0f << " minutes long";

    return 0;
}
```

请注意,修改 tLength 也会修改 Track 对象的长度。

在通过引用返回时要记住的另一件重要事情是,不要通过引用返回函数的局部变量,因为一旦该变量超出范围(局部变量在函数末尾超出范围并被销毁),这个引用将是对垃圾的引用,如下所示。

```
float& getLengthInMinutes()
{
    float lengthInMinutes = m_lengthInSeconds / 60.0f;
    return lengthInMinutes;
} // lengthInMinutes out of scope here
```

在计算表达式时,编译器将生成一个临时变量来存储该表达式的结果。

```
float& getLengthInMinutes()
```

```
{
    // creates a temporary
    return m_lengthInSeconds / 60.0f;
} // temporary out of scope here
```

📖 **注释**：这两个示例都可以按值返回，没有任何问题。

9.4 常 量

如前所述，有些情况下类可能希望返回引用，例如当它返回的对象很大时，复制它将对性能产生影响。返回引用的问题是它破坏了封装。在引用需要返回但不可修改的情况下，我们可以使用 C++ 的常量（const）关键字，这个关键字将数据标记为只读。

9.4.1 返回 const 引用

我们知道程序如何以及何时通过引用返回，但是我们可以用不同的方式从函数返回变量，这就是以常量引用的形式。我们知道 const 将数据标记为只读，因此 const 引用是标记为只读的引用，是一个不可修改的引用。

下面是我们在引用示例中使用的 getLength 函数，现在标记为 const。

```
const float& getLength() { return m_lengthInSeconds; }
```

以下这段程序代码尝试以与在引用部分中的示例相同的方式使用该数据。

```
int main()
{
    // create
    Track t(260.0f, "Still Alive");
    cout << "My Favourite Song is：" << t.getName() << endl;
    cout << "It is ：" << t.getLength() / 60.0f << " minutes long" << endl;

    // getLength now returns a const reference
    float& tLength = t.getLength();

    tLength = 100.0f;

    cout << "My Favourite Song is：" << t.getName() << endl;
    cout << "It is ：" << t.getLength() / 60.0f << " minutes long";

    return 0;
}
```

如果我们运行以上这段程序代码，将看到以下错误。

error: binding 'const float' to reference of type 'float&' discards qualifiers

这时,编译器错误告诉我们,从 getLength() 返回的 const 常量引用只能绑定到另一个常量引用。还有就是,因为该引用将是常量,所以它也将是只读的,从而保护了数据。

下面的示例说明如何通过将返回的 const 常量引赋予另一个 const 常量引用以消除删除前面的编译器错误。

```
int main()
{
    // create
    Track t(260.0f, "Still Alive");

    cout << "My Favourite Song is: " << t.getName() << endl;
    cout << "It is :" << t.getLength() / 60.0f << " minutes long" << endl;

    // getLength now returns a const reference
    const float& tLength = t.getLength();

    tLength = 100.0f;

    cout << "My Favourite Song is: " << t.getName() << endl;
    cout << "It is :" << t.getLength() / 60.0f << " minutes long";

    return 0;
}
```

9.4.2 const 函数

我们也可以将成员函数声明为 const。声明为 const 的成员函数不允许修改成员数据,即使它们是类本身的一部分。这使得程序员能够清楚地知道函数的意图,并且任何修改类的人都应该知道函数的目的是 const,而不应该修改成员数据,因为这可能会对整个应用程序产生影响。以下就是标记为 const 的 getLength 函数。请注意,const 是在将函数本身表示为 const 的声明之后,而不是在返回的 float 值之后。

```
float getLength() const
{
    // modify member data in const function
    m_lengthInSeconds = 10.0f;
    return m_lengthInSeconds;
}
```

运行以上这段代码会产生如下的错误。

```
error：assignment of member 'Track::m_lengthInSeconds' in read-only object
```

这段代码段生成的编译器错误原因是 const getLength 成员函数试图修改某些成员数据的数据。

注意，const 成员函数可以在 non-const（非常量）和 const 对象上调用，而 non-const 成员函数只能在 non-const 对象上调用。

在 Track 类中，假设我们有以下 non-const（非常量）成员函数。

```
float getLength() { return m_lengthInSeconds; }
```

main 函数创建了一个 const Track 对象，并尝试调用这个 non-const（非常量）函数。

```
int main()
{
    // create
    const Track t(260.0f, "Still Alive");
    cout << "It is :" << t.getLength() / 60.0f << " minutes long" << endl;
    return 0;
}
```

这将导致以下编译器错误，因为 Track 对象 t 是 const 并试图调用 non-const 成员函数。

```
error：passing 'const Track' as 'this' argument discards qualifiers\
```

const 是 C++ 中一个重要且有时令人困惑的部分，以上的示例和解释仅仅是一个小例子，大家可以测试如何创建 const 对象并通过 const 引用返回，以感受其语法。

9.5 抽　象

抽象和封装是一枚硬币的两面。将数据封装在类中可以将该数据上的功能抽象出来，只需向用户公开所需功能的类设计方法，而隐藏类对其成员数据执行的所有细节实现。抽象只为用户提供了一个基本的接口，并隐藏了背景细节。

下面的示例将使用一个 Playlist 类来说明这一点，该类可以保存 Track 对象以及以下功能。

（1）按名字添加和删除曲目；

（2）将曲目以字母顺序排序或按字母的反向顺序排序；

（3）将曲目以最短或最长排序；

（4）打印当前曲目的名字及其长度。

Playlist 类不负责创建 Track 对象，与前面的几个示例一样，main 函数将创建 Track 对象。Track 对象已经从前面的示例中简化为不可变的，这是通过使用 const 实现的，如下代码所示。

```cpp
#include <iostream>
#include <string>
#include <vector>
#include <algorithm>

using namespace std;

class Track
{
    public:
        Track(float lengthInSeconds, string trackName)
        {
            m_lengthInSeconds = lengthInSeconds;
            m_trackName = trackName;
        }

        float getLength() const { return m_lengthInSeconds; }
        string getName () const { return m_trackName; }

    private:
        float m_lengthInSeconds;
        string m_trackName;
};
```

Playlist 类相当长，而且使用了 std library（标准库）的排序和向量，这些特性在本书中还没有涉及。理解类中的每一行代码并不重要，更重要的是理解向最终用户隐藏所有这些细节的概念。以下就是 Playlist 类的定义。

```cpp
class Playlist
{
  public:
    void AddTrack(const Track * track)
    {
        if(!any_of(m_tracks.begin(), m_tracks.end(),
        [&track](const Track * t){ return t->getName() == track-
        >getName(); }))
        {
            m_tracks.push_back(track);
            return;
        }
        cout << "Track: " << track->getName() << " Not added as already exists in playlist";
    }
```

```cpp
    void RemoveTrack(const string trackName)
    {
        m_tracks.erase(remove_if(m_tracks.begin(),
    m_tracks.end(), [&trackName](const Track * t){ return t -> getName() ==
trackName; }));
    }

    void PrintTracks() const
    {
        for (auto & track : m_tracks)
        {
            // round seconds
            int seconds = static_cast <int> (track->getLength());
            std::cout << track->getName() << " - " << seconds / 60 << ":" << seconds %
60 << endl;
        }
    }

    void SortAlphabetically(bool reverse)
    {
        if(reverse)
        {
            sort(m_tracks.begin(), m_tracks.end(),
            CompareTrackNamesReverse);
        }
        else
        {
            sort(m_tracks.begin(), m_tracks.end(), CompareTrackNames);
        }
    }

    void SortByLength(bool reverse)
    {
        if(reverse)
        {
            sort(m_tracks.begin(), m_tracks.end(),
            CompareTrackLengthsReverse);
        }
        else
        {
            sort(m_tracks.begin(), m_tracks.end(), CompareTrackLengths);
        }
```

```
    }

private:
    static bool CompareTrackNamesReverse(const Track * t1, const Track * t2)
    {
        return (t1->getName() > t2->getName());
    }

    static bool CompareTrackNames(const Track * t1, const Track * t2)
    {
        return (t1->getName() < t2->getName());
    }

    static bool CompareTrackLengthsReverse(const Track * t1, const Track * t2)
    {
        return (t1->getLength() > t2->getLength());
    }

    static bool CompareTrackLengths(const Track * t1, const Track * t2)
    {
        return (t1->getLength() < t2->getLength());
    }
    vector <const Track *> m_tracks;
};
```

这个类中的内容很多,但是一个 Playlist 类的用户根本不需要知道所有这些功能,只需要知道作为公共接口所提供的方法就可以。下面是这个 Playlist 类的一个示例,从这个类使用者的角度来看,如下所示的代码段,Playlist 类没有太多内容。所有的细节都被抽象出来,现在以一个简单的公共界面的形式呈现给用户。

```
int main()
{
    Track t(100.0f, "Donut Plains");
    Track t2(200.0f, "Star World");
    Track t3(300.0f, "Chocolate Island");

    Playlist p;

    p.AddTrack(&t);
    p.AddTrack(&t2);
    p.AddTrack(&t3);

    p.SortAlphabetically(false);
```

```
        p.PrintTracks();

        p.SortAlphabetically(true);

        p.PrintTracks();

        p.SortByLength(false);

        p.PrintTracks();

        p.SortByLength(true);
        p.PrintTracks();

        return 0;
}
```

运行上述代码,输出如下所示。

```
Chocolate Island - 5:0
Donut Plains - 1:40
Star World - 3:20
Star World - 3:20
Donut Plains - 1:40
Chocolate Island - 5:0
Donut Plains - 1:40
Star World - 3:20
Chocolate Island - 5:0
Chocolate Island - 5:0
Star World - 3:20
Donut Plains - 1:40
```

在外部,这个 Playlist 类很容易使用,所有琐碎的细节都在类本身以及 Track 对象中,从而确保 Playlist 类自己的数据不受外界的干扰。这种类型的抽象意味着这些细节可以在不使用类的情况下更改,甚至不需要知道更改已经发生。良好的封装和抽象使代码不需要知道所使用对象的任何特定信息,如果这些特定信息不重要,那么它们可以很容易地更改。例如,Track 对象可以以完全不同的方式存储在 Playlist 类中,而使用 Playlist 的任何东西都不需要知道它。

9.6 测试:一个基本的 RPG 作战系统

既然这一章已经学习了封装和抽象,我们就可以把它与我们关于创建类、getters

(获取函数)和 setters(设置函数)、构造函数以及它们的各种形式的知识结合起来。为了帮助巩固我们有关类的知识,我们现在将从头开始创建一个类,我们将创建一个非常简单的 RPG 战斗系统,RPG(role-playing game)是一种角色扮演游戏,在这些游戏中,通常会有英雄和怪物轮流发动攻击和使用物品战斗。这些攻击和物品有一些影响它们的属性,我们将从实现这个战斗系统的一个非常简单的版本开始。一旦您完成游戏之后,屏幕上应显示角色的名字及其他们使用的物品的统计信息。

(1)为角色、攻击和物品创建类,每个类中都有一个可以在构造函数中设置的 name(名字)变量。

(2)为攻击提供攻击统计(attackStat)的变量,并为物品提供一个治疗统计(heal-Stat)变量。添加适当的 getters 和 setters 以及额外的构造函数。

(3)允许角色在其构造函数中接受一个攻击和物品的数组,并存储它们,以便在需要使用时按名字查找。

(4)创建一些攻击其他角色、使用物品和对攻击作出反应的函数。

(5)创建名为 strengthMultiplier 和 defenseMultiplier 的成员变量,这些会影响一个角色的攻击和防御统计。

(6)创建一个函数,该函数将一个角色的名字和其他统计信息打印到控制台。

(7)用几个不同的角色测试 main 函数中的所有内容。

9.7 小 结

本章的讲解中涵盖了大量内容,以帮助大家创建稳健和可维护的类。介绍了通过使用 private 关键字来封装数据,以确保我们决定如何访问该数据;探讨了 getters(获取函数)和 setters(设置函数)来提供对数据的访问,并以可验证的方式对其进行修改。我们还讨论了如何使用引用访问我们的数据并直接修改它,以及当我们只希望在其他地方读取或使用它而不更改对象的内部数据时如何按值返回数据;发现 const 可用于确保我们不希望更改的任何成员变量都可以与成员函数一起标记为 const(常量)。

在下一章中,我们将探讨可以使用什么确保创建的任何动态对象都可以使用智能指针正确销毁。指针是 C++ 的主要部分之一,并带有自己的陷阱和最佳实践。还会讲解普通指针和智能指针之间的区别以及它们为什么是重要的。

第 10 章　面向对象的高级原则

教学目的：

学习完本章,您将能够:

- 使用基类继承功能创建新对象。
- 实现虚拟函数和抽象类。
- 使用多态性创建通用代码。
- 在类型之间安全地转换。
- 使用高级面向对象的程序设计原则构建复杂的应用程序。

这一章将介绍一些面向对象的高级原则,其中包括继承和多态性,这将使我们能够构建更加动态和更为强大的 C++ 应用程序。

10.1　简　介

第 8 章"类和结构"和第 9 章"面向对象的原理"讲解了 C++ 中一些面向对象的原理。我们首先查看类和结构,创建自己的用户定义对象来封装我们的成员;然后我们继续研究了一些基本的面向对象的原理;最后我们继续研究智能指针,以及如何利用它们编写更安全、更不易出错的代码。

在本章中,我们将介绍面向对象的程序设计(OOP)的一些更高级的概念,如继承、虚拟成员函数、抽象类、多态性和类型之间的转换。理解了这些原理,我们就可以真正开始使用 C++ 的一些无与伦比的特性,正是这些特性使 C++ 成为了一种通用和功能强大的语言。

我们将从继承开始,通过继承这一特性,我们可以在单个基类中定义公共功能,然后在子类中扩展它。这是面向对象的程序设计中的一个基本概念,这将引导我们探讨虚拟成员函数,这些允许我们在通用基类中定义,而且可以在继承类中重载的函数。接下来,我们将关注多态性,通过多态性,可以根据调用函数的继承对象调用同一函数的不同实现。最后,我们将研究使用 static_cast(静态转换)和 dynamic_cast(动态转换),并观察这两种转换类型之间的差异。

为了完成关于高级面向对象原理的工作,我们将完成一个练习;在这个练习中,将创建一个百科全书应用程序,它将显示有关选定动物的各种信息。我们将创建一个基类来定义一个底层结构,然后将使用单个动物记录扩展它,利用多态性来获取它们的数据。当本章结束时,我们将对这些面向对象编程的核心原则有更深入的理解。

10.2 继 承

在 C++中声明一个类时,程序有能力从另一个类继承;事实上,程序可以同时从多个类继承,这是 C++的一个特性,而不是所有面向对象语言共同的特性。当程序从另一个类继承时,我们获得它的所有成员,这些成员既可以带有公有的也可以带有受保护的或私有的修饰符。私有成员只对定义它们的类可见,而不包括继承类。这是 OOP 中的基本概念之一,它允许我们构建灵活、可维护的对象,其中公共功能只能声明一次,然后在需要时实现和扩展。

让我们以车辆为例,定义一个基类,Vehicle(车辆),它定义了一些共同的属性,如最大速度或门的数量。然后我们可以从这个类继承创建专门的车辆类,如 Car(汽车)、Bike(自行车)或 Lorry(货运汽车)。我们创建多个类,这些类共享一个公共基类,因此共享公共成员。

10.2.1 单一继承

如要从一个类继承,可以使用以下语法:

Class DerivedClassName :[access modifier] BaseClassName
(Class 导出/派生类名字 :[访问修饰符] 基类名字)

正常定义类时,先使用运算符,然后再声明要继承的类。访问修饰符对继承的影响会在后面进行讨论,这些修饰符决定了继承成员是否可见。这里,我们只声明希望从中继承的类,如下所示:

```
class MyBaseClass
{
};

class MyDerivedClass : public MyBaseClass
{
};
```

如上所述,现在派生类可以访问基类中声明的所有公共成员和受保护成员。切记,私有成员只可访问声明它们的类和朋友类。

从基类继承的派生类,可以在下面的简单的关系图中看到,如图 10-1 所示。

如果我们想禁止类被继承,可以使用 C++ 11 提供的 final 关键字。

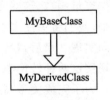

图 10-1 单一继承

```
class MyBaseClass final
{
};

class MyDerivedClass : public MyBaseClass
{
};
```

在上述情况下,代码将无法编译,进而出现一个错误,指出 MyBaseClass 是 final。

使类成为 final 的主要原因是:我们要确保它们不会被继承,因此这正是大家想要实现的。例如,如果我们在写一个公共库代码,可能有一个记录类。如想准确地实现这个类可能是非常重要的,因此可以将该类标记为 final,以阻止任何人继承该类,改用其他用户定义的(类)版本。不管什么原因,只要将类标记为 final,就意味着没有类可以继承它。

我们看一个继承示例。如有 3 个对象,它们有一个共同的"成员",我们使用形状和面积,单独定义这 3 个类,最终可能会得到类似下面所示的结果。

```
class Square
{
    public:
        int area = 10;
};

class Circle
{
    public:
        int area = 10;
};

class Triangle
{
    public:
        int area = 10;
};
```

可以看到,这 3 个对象有共同的代码。我们为 3 个形状声明了相同的"成员",这是不必要的,因为它在类之间是通用的,所以可以将它移到它自己的类中,让其他类继承它,这就在这两者之间建立了一种关系。其中,具有公共功能的类称为 base(基)类,继承此行为的类称为 derived(派生/导出/衍生)类。

练习:单一继承

在上述的那段代码中,在声明 3 个 shape(形状)类时,如何完成类的定义呢? 当每个 shape 类都有一个用于 area(面积)的变量,我们可以利用继承重构这段代码。

（1）声明一个包含共享成员的基类 Shape，添加一个函数返回它的面积。

```
#include <iostream>
class Shape
{
    public:
        int area = 10;
        int GetArea() { return area; }
};
```

📖 **注释**：严格来讲，这里的 get 函数不是必需的，因为 area 变量是公有的，这里只是用一个函数演示继承。

（2）声明 3 个单独的 shape 类。但这次不是像以前那样在每个类中声明 area 成员，而是在新的 Shape 类中继承它，如下所示。

```
class Square : public Shape
{
};

class Circle : public Shape
{
};

class Triangle : public Shape
{
};
```

（3）在 main 函数中实例化下面的类。

```
int main()
{
    Square mySquare;
    Circle myCircle;
    Triangle myTriangle;
```

（4）这里，我们可以看到继承的作用。对于刚刚创建的 Square 类，我们将为 area 成员设置一个值，然后调用 GetArea() 方法将其打印到控制台。

```
mySquare.area = 5;
std::cout << "Square Area: " << mySquare.GetArea() << std::endl;
```

（5）对 Circle 类执行上述的操作，但对 Triangle 类不执行。这里将只打印此值，而不为继承的成员设置新值。

```
myCircle.area = 15;
std::cout << "Circle Area: " << myCircle.GetArea() << std::endl;
std::cout << "Triangle Area: " << myTriangle.GetArea() << std::endl;
```

```
}
```

(6) 运行这个应用程序。

我们从输出和程序编译没有错误的事实中看到,Square、Circle 和 Triangle 这 3 个类都继承了 Shape 类中的两个成员。在 Square 和 Circle 中,我们给继承的成员变量放置了一个新值,这在调用 GetArea 时得到了反映。在 Triangle 中,因为没有为继承的变量赋予新值,Shape 中定义的原始值被输出了。

我们可以继续在此基类中定义进一步的共享属性或功能,让任意派生类都可以自由地为它们提供唯一的值。这是继承原则;在基类中定义共享成员,且专属于继承类。

10.2.2 多重继承

在前面的示例中,我们创建了从单个基类继承的派生类,但是 C++的重要特性之一是支持多重继承。这意味着一个派生类可以从多个基类继承变量和功能创建更复杂的对象。多重继承与单一继承的区别是继承的成员有多种来源。

从多个类继承的语法如下所示。

```
Class DerivedClassName ：[access modifier] BaseClassName,
      [access modifier] AnotherBaseClassName
```

(Class 派上类名字：[访问修饰符]基类名字,[访问修饰符]为另一个基类名字)

图 10-2 显示了直接类的两个基类以及它从这两个基类中的继承成员。

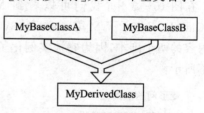

图 10-2 多重继承关系图

C++没有对可以继承的类的数量进行硬性限制,但是 C++标准确实提供了以下推荐的最小值。

(1) 直接和间接基类[16384];

(2) 一个单个类的直接基类[1024];

(3) 一个类的直接和间接虚拟基类[1024]。

接下来,我们看一下多重继承的作用。

```
class MyClassA
{
  protected：
     int myInt;
};

class MyClassB
{
  protected：
     std::string myString;
};
```

```
class MyClassC : public MyClassA, public MyClassB
{
    MyClassC()
    {
        myInt = 1;
        myString = 2;
    }
};
```

在上述的代码中,我们定义了两个基类: MyClassA 和 MyClassB,然后,我们创建了派生类 MyClassC,并从这两个类中继承, MyClassC 现在可以访问这两个类中的成员。这种做法对于从多个来源继承值和行为可能是有用的,但是需要注意以下几点。

(1) 菱形的问题。这样命名一是因为它的继承关系图的形状,二是因为一个类从共享一个公共基类的两个基类继承,在图 10 - 3 中可以更清楚地看到这一点。

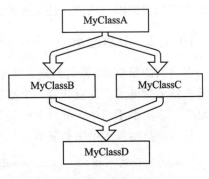

图 10 - 3 菱形问题

在图 10 - 3 中,我们可以看到 MyClassB 和 MyClassC 都继承了 MyClassA, MyClassD,又继承了 MyClassB 和 MyClassC。这导致 MyClassD 拥有 MyClassA 中所有内容的两个副本,因为它被实例化了两次,一次来自 MyClassB,一次来自 MyClassC, 如下所示:

```
// 菱形问题示例
# include <iostream>
# include <string>

class MyClassA
{
    protected:
        int myInt;
};

class MyClassB : public MyClassA
{
};

class MyClassC : public MyClassA
{
};
```

```
class MyClassD : public MyClassB, public MyClassC
{
    MyClassD ()
    {
        myInt = 1;
    }
};


int main()
{
}
```

如果尝试运行上述此代码,将得到一个错误提示,指出 myInt 是不明确的。那是因为 MyClassA 被实例化了两次,所以有两个版本,大家可以通过两种方式避免这个问题。

第一种避免的方式是限定程序要访问的变量版本。

```
class MyClassD : public MyClassB, public MyClassC
{
    MyClassD ()
    {
        MyClassB::myInt = 1;
    }
};
```

因为用"MyClassB::"对要使用的 myInt 版本进行了限定,就可以确保访问它的是 MyClassB 版本。

第二种解决方式是当使用 virtual 关键字从类继承时,使用虚拟继承可以确保派生类只继承基类成员变量的一个副本。

```
class MyClassB : public virtual MyClassA
{
};


class MyClassC : public virtual MyClassA
{
};
```

既然 MyClassB 和 MyClassC 实际上是从 MyClassA 继承的,那么它的构造函数会直接从 MyClassD 调用一次,这样可以避免重复,并可减少菱形问题。

练习:多重继承

使用多重继承从 Shape 基类继承以提供 area 成员,程序从第二个类继承,以继承 color 成员。

1. 将练习代码复制到编译器窗口中。

2. 添加定义 color 变量的一个新 Color 类和一个返回该变量的方法。

```cpp
class Color
{
  public：
    std：：string color = ""；
    std：：string GetColor() { return color； }
}；
```

3. 更新所有的派生类，在继承原来 Shape 类的同时，也继承这个新类。

```cpp
class Square ：public Shape, public Color
//[...]

class Circle ：public Shape, public Color
//[...]

class Triangle ：public Shape, public Color
```

4. 设置 Square 的 area 变量，然后在 cout 语句中返回它，对新的 color 成员执行相同的操作。

```cpp
mySquare.area = 5；
mySquare.color = "red"；
std：：cout << "Square Area：" << mySquare.GetArea() <<
    std：：endl；
std：：cout << "Square Color：" << mySquare.GetColor() <<
    std：：endl；
```

5. 对其他两个派生类重复这些步骤。

```cpp
myCircle.area = 10；
myCircle.color = "blue"；
std：：cout << "Circle Area：" << myCircle.GetArea() <<
    std：：endl；
std：：cout << "Circle Area：" << myCircle.GetColor() <<
    std：：endl；


myTriangle.area = 15；
myTriangle.color = "green"；
std：：cout << "Triangle Area：" << myTriangle.GetArea() <<
    std：：endl；
std：：cout << "Triangle Color：" << myTriangle.GetColor() << std：：endl；
```

6. 运行这个应用程序。

由于已经继承了两个类，因此可以访问两组成员：来自 Shape 类的 area 和 GetArea，以及来自 Color 类的 color 和 GetColor 成员。

在我们的示例中，对所有内容都设置了公共可访问性，意味着所有成员在任何地方都可见。但这只是为了演示，它会导致潜在的误用，所以并不是我们通常想要的系统。作为一般规则，我们的成员应该有最严格的可见性，接下来我们看看可访问性是如何与继承一起工作的。

10.2.3　访问修饰符与继承

在使用继承时，需要注意两方面的可访问性。第一是基类中成员的可访问，第二是从类继承时定义的访问修饰符。

当声明成员时，有 3 个可用的访问修饰符确定它们的可见性。

（1）Public：任何地方都是可见的。

（2）Protected：在定义的类和任何派生类中均是可见的。

（3）Private：只在定义的类中是可见的。

如果希望派生类访问变量，则派生类必须具有公有的或受保护的可见性。但是，这也只能确定该成员是否对派生类可见，而不能对其他类可见。为此，目标转向从类继承时声明的访问修饰符。

从一个类继承的语法如下：

Class DerivedClassName :［access modifier］BaseClassName

（Class 派生类名字 :［访问修饰符］基类名字）

为确定它们的可见性，这里提供的访问修饰符要与单个基类成员上的修饰符一起使用。通常限制性最强的修饰符优先。

练习：访问修饰符与继承

为了更好地了解访问修饰符是如何影响事物的，可以创建一个程序，以方便使用各种各样的修饰符，这里创建一个包含 3 个成员的基类，public、protected 和 private。然后，使用各种访问修饰符从该类继承，进而查看每个成员的可见性效果。

1. 声明基类，继续使用 shape 示例声明 3 个成员，分别将每个成员赋予 3 个可能的访问修饰符。

```
# include <iostream>
# include <string>

class Shape
{
    public：
        int area = 0;
```

```
    protected:
        std::string color = "";

    private:
        bool hasOutline = false;
};
```

2. 继承这个类，创建派生的 Square 类。在本示例中，我们使用公有继承。

```
class Square : private Shape
{
    public:
        Square()
        {
            area = 5;
            color = "red";
            hasOutline = true;
        };
};
```

3. 为了测试成员的可见性，实例化这个派生类，并尝试在 cout 语句中访问其每个成员。

```
int main()
{
    Square mySquare;

    std::cout << "Square Area: " << mySquare.area << std::endl;
    std::cout << "Square Color: " << mySquare.color << std::endl;
    std::cout << "Square Has Outline: " << mySquare.hasOutline << std::endl;
}
```

4. 运行这个应用程序。

在本示例中，由于我们创建了一个具有公共继承的派生类，因此，程序访问 Square 构造函数中的 hasOutline 成员，出现以下错误。

```
error: 'bool Shape::hasOutline' is private
```

这个成员在基类中是私有的，派生类无法访问。

接下来，再查看 main 函数中的代码，就不会看到关于访问 area 变量的错误。由于这个成员在基类中是公有的，因此此时仍然是公有的，并且可以自由访问，但访问 color 成员会导致以下错误：

```
std::string Shape::color' is protected
```

即使我们使用了公有继承，也无法公开地访问此变量，因为基类的 protected 修饰

符的限制性很强,这就是使用的修饰符特点。我们在尝试访问 hasOutline 时也会遇到
类似错误。

```
bool Shape::hasOutline' is private
```

这种错误同样是由于基类赋予了这个变量私有访问权所致,它甚至对派生类都不
可见,因此肯定不能公开访问。

5. 将继承中使用的访问修饰符更改为 protected,运行这个应用程序,并读取编译
器输出。

6. 将继承中使用的访问修饰符更改为 private,并再次执行上述的操作。

弄明白不同的访问修饰符如何影响继承是很重要的。所有变量,不管访问修饰符
是什么,对于它们定义的类都是完全可见的,而派生类(继承自基类的类)可以访问公有
的和受保护的成员。从基类继承时使用的访问修饰符决定了成员的最终可见性,以及
其他类如何访问它们。

10.3　虚拟函数

当从一个基类继承时,可以访问任何公有和受保护的成员。对于成员变量,我们会
在派生类中给它们设定唯一的值,对于函数,只需访问它们和调用它们即可。在派生类
中可以专门化设置一个函数,就像给成员变量设定一个唯一的值一样。这一点我们可
通过使用虚拟函数实现。

在 C++中,虚函数是可以由派生类重写其功能的函数,要将函数标记为 virtual(虚
拟的),只需在其声明的开头使用 virtual 关键字。

```
virtual return_type function_name();
```

上述表明允许在派生类中重写函数,这是通过声明具有相同签名、返回类型和名称
的函数,并提供定义实现的。我们看一个示例。

```
class MyBaseClass
{
    public:
        virtual void PrintMessage()
        {
            std::cout << "Hello ";
        }
};

class MyDerivedClass : public MyBaseClass
{
    public:
```

```
        void PrintMessage() override
        {
            std::cout << "World!";
        }
};
```

在上述代码中,我们定义了两个类:MyBaseClass 和 MyDerivedClass。在 MyBase-Class 中,声明了一个虚拟的 PrintMessage 函数,它将把 Hello 这个单词打印到控制台。然后,程序从 MyDerivedClass 中继承,并重写了该函数,取而代之的是打印单词 World。如果实例化 MyDerivedClass,并调用它的 PrintMessage 函数,将会看到什么? 将会看到单词 World! 这表示程序没有调用基类的函数,而调用的是重写的函数。此时,如果我们查看源代码,将会注意到,在派生类中的函数定义之后使用了 override 这个单词。这个可选标识符不仅向程序员表明这是一个被重写的虚拟函数,而且还导致编译时检查,以确保它是对基类函数的有效重写。在没有这个标识符的情况下,重写虚拟函数没有问题,但在实际工作中最好包含它。

📖 **注释**:override 不是关键字,它是一个具有特殊含义的标识符。仅在虚拟函数有特殊的意义。

所以,当重写一个虚函数,然后调用它时,它将调用在派生类中定义的版本。在我们重写的虚拟函数中,也可以调用基类实现的函数,这是通过以下语法完成的。

```
void MyFunction()
{
    BaseClass::MyFunction();
}
```

在重写的函数中,可以通过基类类型调用基类函数,这将在运行重写函数的逻辑之前运行在该函数定义的逻辑,更新示例,如下所示。

```
class MyDerivedClass : public MyBaseClass
{
    public:
        void PrintMessage() override
        {
            MyBaseClass::PrintMessage();
            std::cout << "World!";
        }
};
```

这里,我们已经更新了重写函数,以便首先调用 MyBaseClass 实现。

因为我们通过调用基本功能启动重写实现,所以首先要输出 Hello,然后返回到派生函数中处理逻辑,从而得到 Hello World!,再全部打印到控制台上。这非常有用,您可以在基本实现中定义任何公共功能,然后继续在派生实现中将其进行专门化设置。

我们再次以视频游戏为例,假设我们定义了一个名为 Item 的基类,它包含一些通用的成员,如一个从播放器获取能量的 Use 函数。程序可以继续继承以创建任意数量的派生 item 类型,在每个派生类中实现 Use 函数。也许对于一个 Health Potion(健康药水)item(项目/物品),我们给玩家生命值;或者对于一个 Torch(火炬)item(项目/物品),我们创造一束光。这两个派生类不仅可以存储在 Item * 类型的公共容器中,而且可以在它们自己的类之前调用 Use 的基本实现。

10.4　纯虚拟函数/抽象类

重写(重载)普通的虚拟函数是可选的,如果想强制用户实现一个虚函数,可以在基类中将其设为纯虚拟函数。纯虚拟函数在基类中没有实现,它只是被声明了而已,纯虚拟函数的语法如下。

```
virtual void MyFunction() = 0;
```

当一个类包含一个或多个纯虚拟函数时,它就变成了一个抽象类,一个不能直接实例化的类,如下所示。

```
class MyAbstractClass
{
    virtual void MyPureVirtualFunction() = 0;
};

class MyDerivedClass : public MyAbstractClass
{
    void MyPureVirtualFunction() override
    {
        std::cout << "Hello World!";
    }
};

int main()
{
    MyAbstractClass myAbstractClass;
}
```

在上面代码中,我们在基类中定义了一个纯虚拟函数,然后从 MyDerivedClass 中继承,并为函数提供一个定义,在 main 函数中,我们可尝试实例化抽象类。

因为没有函数的定义,所以编译器不满意我们尝试实例化这个类,如果改为实例化派生类就可以了,因为我们已经提供了一个定义。如果从派生类中省略该定义,它也将变成抽象的,无法直接实例化。

如果不想在基类中提供定义，但仍然想使重写函数成为可选的，可以给它一个空的程序体：

```cpp
virtual void MyPureVirtualFunction() {}
```

如果像前面那样更新代码以声明 MyPureVirtualFunction，那么代码应该被编译。既然我们给了它一个空的主体，类就不会变得抽象，只是有一个什么都不做的函数。

抽象类对于控制用户可以和不可以实例化可能是非常有用。一个很好的示例是在类似视频游戏引擎中的对象系统中有一个基类叫作 Object。这将定义所有对象具有共享功能，例如唯一的 GUID，以及将作为其他对象（例如 player 对象）的基类。由于基类纯粹是为了提供共享的功能和属性，而它本身并没有用，因此可以将其设为抽象类，以确保它不能直接实例化，而只能被继承用以创建派生类。

练习：虚拟函数

前面的 Shape 示例中，我们已经声明了一个基本 Shape 类，并从中继承，创建特殊的形状，如圆形和正方形。Shape 类本身并不是非常有用，它不包含任何特定的内容，它的主要目的是提供共享的功能和成员，是抽象类的一个"完美候选者"。

1. 定义基本 Shape 类，声明我们的共享成员，这里的成员是一个整数存储形状的面积，并用一个函数计算它。这里可以使用一些访问修饰符确保那些不需要公开的变量。

```cpp
#include <iostream>
#include <string>


class Shape
{
    public:
        virtual int CalculateArea() = 0;
        protected:
            int area = 0;
};
```

2. 声明第一个派生类 Square，用适当的计算重写 CalculateArea 函数，并为正方形的高度提供变量，这里以公有的方式继承 Shape。

```cpp
class Square : public Shape
{
    public:
        int height = 0;
        int CalculateArea() override
        {
            area = height * height;
            return area;
```

```
    }
};
```

3. 创建另一个派上类 Circle，类似于 Square 类，但是这里提供一个 radius 变量，而不是 height 变量，更新 CalculateArea 函数中的计算如下所示。

```
class Circle : public Shape
{
    public:
        int radius = 0;
        int CalculateArea() override
        {
            area = 3.14 * (radius * radius);
            return area;
        }
};
```

4. 在 main 函数中，现在要实例化这些派生类，为这些派生类设置声明了的成员变量，并调用 CalculateArea 函数，下面以 Square 为例。

```
int main()
{
    Square square;
    square.height = 10;
    std::cout << "Square Area：" << square.CalculateArea() << std::endl;
```

5. 为 Circle 类做同样的事情。

```
    Circle circle;
    circle.radius = 10;
    std::cout << "Circle Area：" << circle.CalculateArea() << std::endl;
}
```

6. 运行以上这个应用程序。

如上所述，我们重写的 CalculateArea 函数已经成功地为每个派生类所调用，由于基类 Shape 提供了基本信息，因此我们将 CalculateArea 函数设置为纯虚拟的，以确保它不能被直接实例化。这个平常的例子展示了如何使用强大的特性控制对象是否可以被实例化，以及创建共享一个相似接口的类的专门版本。

10.5 多态性

现在我们已经学习了如何使用继承创建对象的通用和基本版本，然后在派生类中专门化设置它们。这种做法有许多优点，包括减少代码重复，实现公共接口以及多态性。

多态性表明调用同一个函数的实现取决于我们正在调用函数的继承对象。因为我们可以将派生类型存储在其基类型的指针变量中，所以当这样做时，定义域只能访问在基类中声明的成员，但当它被调用时，我们将获得派生类的实现。

我们看下面这些代码，以了解其工作原理。

```cpp
// 多态性
# include <iostream>
# include <string>

class MyClassA
{
    public:
        virtual std::string GetString() = 0;
};

class MyClassB : public MyClassA
{
    public:
        std::string GetString() override
        {
            return "Hello ";
        }
};

class MyClassC : public MyClassA
{
    public:
        std::string GetString() override
        {
            return " world!";
        }
};

int main()
{
    MyClassA * myClass = new MyClassB();
    std::cout << myClass ->GetString();

    myClass = new MyClassC();
    std::cout << myClass ->GetString();
}
```

在这里,创建了两个派生对象 MyClassB 和 MyClassC,它们都继承自 MyClassA。由于这些对象共享公共基类 MyClassA,我们可以将它们存储在一个指向该类型的指针(MyClassA *)中,并可访问在该基类中声明的任何成员,然而,当调用它们时,我们会得到它们的派生实现。

尽管对同一个变量 myClass 调用了同一个函数,但我们得到了不同的结果,因为它存储了不同的派生类,这就是多态性的作用。需要注意的是:多态性只适用于非值类型,即引用和指针。关于多态性,引用为空是不合法的,这意味着 dynamic_cast 在转换失败时,将抛出一个异常而不是返回 nullptr。

转换很重要,我们将在本章的后续部分中介绍。这里,我们仍以多态的方式存储派生 Shape 类,并查看如何根据最初存储的派生类型获得不同的实现。

练习:多态性

在前面虚拟函数练习中,我们使用虚拟重写函数提供了 GetArea() 的多个实现。这次我们将以多态的方式存储这些类型,即使仍有两个相同类型的变量,但因为我们赋予了不同的派生类,所以函数调用的实现也将不同。

1. 将上一个练习的代码复制到编译器中。

2. 在 Square 和 Circle 中给出成员变量的默认值。

```cpp
class Square : public Shape
{
    public:
        int height = 10;
        int CalculateArea() override
        {
            area = height * height;
            return area;
        }
};


class Circle : public Shape
{
    public:
        int radius = 10;
        int CalculateArea() override
        {
            area = 3.14 * (radius * radius);
            return area;
        }
};
```

3. 现在,可以实现多态性了,目前正在实例化每个派生类的实例。Square 变量为

Square 类型,而 Circle 变量为 Circle 类型,这里我们将它们都更改为 Shape * 类型,即一个指向 Shape 对象的指针。

```
Shape * square = new Square();
Shape * circle = new Circle();
```

📖 **注释**:在这里使用的是原始指针,我们也可以使用智能指针。

4. 因为我们现在使用指向基类的指针,所以不能再访问 height 和 radius 变量,现在要做的,删除这些调用即可。

5. 使用 Square 和 Circle 变量目前的指针,需要更改访问 CalculateArea 方法的方式,使用"->"运算符而不是"."运算符,将该指针删除。

```
std::cout << "Square Area: " << square ->CalculateArea() << std::endl;
std::cout << "Circle Area: " << circle ->CalculateArea() << std::endl;

delete square;
square = nullptr;

delete circle;
circle = nullptr;
```

📖 **注释**:因为我们的应用程序无论如何都将终止,所以删除这里的指针不是必需的,但是将任何 new 的调用与 delete 的调用相匹配始终是一种好的处理方法,因为可挽救潜在的内存问题。

6. 运行以上这段程序。

在这个应用程序中,我们展示了如何以多态方式将继承的类型存储为指向其基类的指针。当在这个对象上调用函数时,可得到派生类提供的实现(的函数),如果未提供重写的实现,则返回到调用基类实现。

10.6 类型转换

既然可以用多态的方式存储和交互类型,就需要知道如何在它们之间进行转换。强制转换是将对象从一种类型转换为另一种类型的过程。如果我们要将派生类型存储在一个集合中,而这个集合的类型就是基类,所以强制转换这一点是很重要的。在这种情况下,我们需要从基类型转换为派生类型,称为 down-cast(向下转换),我们还可以将派生类型转换为基类,称为 up-cast(向上转换),这些都是允许的。

多态性很好用,因为它允许我们将各种派生对象类型存储在一个基类型的集合中。然而,由于只是字符串基类型,所以只能访问它声明的成员,而无法访问派生类型中声明的任何成员,因此,我们需要 down-cast(向下转换),看下面的示例。

```
// 强制转换
# include <iostream>
# include <string>

class MyClassA
{
    public:
        int myInt = 0;
};

class MyClassB : public MyClassA
{
    public:
        std::string myString = "";
};

int main()
{
    MyClassA * myClass = new MyClassB();
    std::cout << myClass ->myInt << std::endl;
    std::cout << myClass ->myString << std::endl;
}
```

在上述这个示例中，MyClassB 从 MyClassA 继承。我们实例化 MyClassB，并将其存储在指向 MyClassA 的指针中，然后尝试从两个类中访问成员。如果运行这个应用程序，我们将得到一个编译错误提示；因为我们使用的是 MyClassA 对象，所以只能访问该类的成员。如要访问派生成员，需要强制转换为派生类型。本章将讨论 3 种类型的强制转换：静态强制转换（static_cast）、动态强制转换（dynamic_cast）和 C 风格的强制转换（C - style cast）。

10.6.1　静态强制转换

我们从静态强制转换开始介绍。当确定正在使用某个特定类型的对象时，将使用静态强制转换，因此，可不做任何检查。例如，在我们的示例中，存储了一个 MyClassB 类型的对象后，就可以安全地静态强制转换为该类型。

静态强制转换的语法如下。

```
static_cast <type_to_cast_to *> (object_to_cast_from);
```

如果将上述代码应用于前面的示例中，就可以强制转换为我们的派生类型，然后访问成员。

```
int main()
{
```

```
    MyClassA * myClass = new MyClassB();
    std::cout << myClass->myInt << std::endl;
    MyClassB * myClassB = static_cast <MyClassB *> (myClass);
    std::cout << myClassB->myString << std::endl;
}
```

上面这段代码现在被编译得很好,可以访问对象的 myString 成员。

10.6.2　动态强制转换

下面介绍第 2 种强制转换:动态强制转换,这种转换在我们不确定工作的对象类型时使用。如果尝试强制动态转换失败,则返回 nullptr,然后检查我们的对象是否有效。

动态强制转换的语法如下。

```
dynamic_cast <type_to_cast_to *> (object_to_cast);
```

为了使动态强制转换在 downcasting(向下转换)时工作,基类必须至少包含一个虚拟函数。如果我们尝试按原样将 MyClassA 向下转换到 MyClassB,就会出现编译器错误,如图 10-4 所示。

```
MyClassB * myClassB = dynamic_cast <MyClassB *> (myClass);
if (myClassB != nullptr)
{
    std::cout << myClassB->myString << std::endl;
}
```

错误如下:

```
options  compilation  execution

In function 'int main()':
21:57: error: cannot dynamic_cast 'myClass' (of type 'class MyClassA*') to type 'class MyClassB*'
(source type is not polymorphic)
```

图 10-4　无法从 MyClassA 向下转换到 MyClassB

然而,如果 MyClassA 包含一个虚函数,就是一个多态类型,那么将正常地工作。使用动态强制转换比使用静态强制转换更安全,因为如果强制转换失败,它将返回空指针。

10.6.3　C 类型的强制转换

下面介绍 C 类型的强制转换或常规强制转换。尝试若干不同类型转换后,可使用第 1 个有效类型的转换。上述转换不包括动态强制转换,它与静态强制转换一样不安全。C 类型转换的语法如下。

```
(type_to_cast_to *) object_to_cast
```

例如,如果使用 C 类型的强制转换将 MyClassA 转换为 MyClassB,将执行以下的操作。

```
MyClassB * myClassB = (MyClassB *)myClass;
```

myClass 的类型是 MyClassB,这个转换是可以的,并将产生一个可用的对象。

使用哪种类型取决于我们所处的环境。在编写 C++ 程序时,使用各种风格的 C++ 转换的宗旨是:当您确定类型时选择静态强制转换,不确定时选择动态强制转换。除此之外,C++ 还有其他可用的强制转换,例如 const_cast 和 reinterpret_cast,但本章不做介绍了。

练习:强制转换

在前面的练习中,我们进一步改进了以多态方式存储各种 Shape 类型。我们不是将它们存储为各种类型,而是将它们存储为指向基类的指针,并通过多态性访问它们的 CalculateArea 函数。但我们必须做的一件事是给它们的半径和高度变量设置默认值,为避免无法设置,我们用强制转换弥补。为此,我们将使用静态强制转换。

1. 将前面练习中的多态性的代码复制到编译器窗口中。

2. 将 area 和 height 变量的值改回 0。

```
//[...]
  public:
    int height = 0;

//[...]
  public:
    int radius = 0;
//[...]
```

3. 将 Shape * 类型转换为它们的派生类型。因为我们命名了 Square 和 Circle 类型,所以我们可以确定它们的类型。我们将使用静态强制转换,在它被定义之后,先将 Square 变量转换为 Square * 类型。

```
Square * square2 = static_cast <Square *> (square);
```

4. 这时我们的对象是 Square 类型,可以访问 height 变量,并将其设置为 10,就像之前一样。

```
square2 ->height = 10;
```

5. 为我们的 Circle 类做同样的事情。

```
Circle * circle2 = static_cast <Circle *> (circle);
circle2 ->radius = 10;
```

6. 运行这个程序。

在本练习中,我们学习了如何从基类型转换为派生类型以访问派生成员。这与从派生类到基类的转换方法相同,尽管我们只能访问基类中声明的成员。

10.7 测试：编写百科全书应用程序

我们要做一个测试，在这个测试中，我们会创建一个小的百科全书应用程序，它将显示选择动物的各种信息。我们将创建一个基类定义一个底层结构，然后我们将使用单个动物记录扩展它，利用多态性获取它们的数据，其输出如图 10 - 5 所示。

图 10 - 5　用户可以查看各种动物的信息

以下是帮助您完成这个测试的步骤。

（1）准备好包括应用程序所需的所有文件。

（2）创建一个结构 AnimalInfo，它可以存储 name（名称）、Origin（原产地）、Life Expectancy（预期寿命）、Weight（体重）。

（3）创建一个函数，以整洁的格式打印数据，并将其命名为 PrintAnimalInfo。

（4）为动物创建基类 Animal，它应该提供一个 AnimalInfo 类型的成员变量，以及一个返回它的函数。请确保使用适当的访问修饰符。

（5）接下来，创建第一个派生类 Lion（狮子），这个类将继承自 Animal，是 final，并在其构造函数中填写 AnimalInfo 成员。

（6）创建第 2 个派生类 Tiger（老虎），并填写相同的数据。

（7）创建最后一个派生类 Bear（熊），同样填写 AnimalInfo 成员。

（8）定义 main 函数，声明一个指向基本 Animal（动物）类型的指针向量，并添加动物派生类型（每种动物有一个向量元素）。

（9）输出这个应用程序的标题。

（10）为应用程序创建主外循环，并向用户输出一条消息，以提示他们选择下标。

（11）向用户输出可能的选择。为此使用 for 循环，每个选项都应该包含一个下标和动物的名称。另外，还包括一个选项，用户可以通过输入 -1 退出应用程序。

（12）获取用户输入，并将其转换为一个整数。

（13）检查用户是否输入了 -1，如果是，那么将退出应用程序。

（14）接着，检查用户输入的下标是否无效。无效下标是小于 -1，且大于"动物向量大小 -1"的下标（因为下标从 0 开始，而不是从 1 开始）。如果是，则输出错误消息，并让他们再次选择。

（15）如果用户输入了一个有效的下标，则调用前面创建的 PrintAnimalInfo，传入从向量中获取的动物信息。

（16）在主循环之外，清理指针，包括删除它们的内存，将它们设置为 0，然后清除向量。

10.8　小　结

在本章中，我们从继承开始介绍，讨论了关于 OOP 的更多主题。学习了如何使用它定义基类中的行为，然后从中继承，并创建派生类。程序的派生类可以使这些更通用的基类专门化，可继承任意公有和受保护的成员，同时也能够定义它们自己的成员，我们可以继续创建继承链，或者一次从多个类继承，并创建复杂对象。

然后，我们又探讨了虚拟成员函数。当我们在基类中声明函数时，可以将它们标记为虚拟函数，这意味着它们的实现可以被重写。通常，派生类可以根据自己的意愿为虚拟函数提供自己的实现。然而，如果一个函数被标记为纯虚拟函数，那么基类是抽象的，派生类必须提供一个定义，或者也必须成为一个定义。

本章最后我们研究了多态性和类型强制转换。对于共享类似接口的对象，即在共享基类中声明的成员，我们可以将它们存储为指向其基类型的指针。当这样做时，只能访问基类中声明的成员，但是当调用它们时，将获得派生类的实现。如果想访问特定的成员，需要转换回派生类型，我们介绍了这样做的不同方法：静态强制转换（static_cast）、动态强制转换（dynamic_cast）和 C 类型强制转换（C-style casts）。

这里我们通过介绍为一个动物园创建一个百科全书应用程序完成了本章内容。通过使用 OOP 主题，为动物定义了一个基类，并创建了若干派生类。然后，允许用户通过下标选择动物，并打印各种信息。

在本书的最后部分，我们将学习 C++更多的高级概念，包括模板、容器和迭代器，以及异常处理。模板允许我们为可重用代码创建高度通用的模板，并打开了无限的可能性。将探讨一些基本的容器、数组和向量，因此将通过研究更多的标准库容器和迭代器扩展对它们的学习。最后，异常处理将在第 13 章"C++中的异常处理"中介绍。

第11章 模 板

教学目的:

在学习完这一章时,您将能够:

- 明白如何使用类模板和函数模板支持代码重用。
- 设计模板类型,并避免常见的陷阱。
- 创建专门的模板处理特定的数据类型。
- 能够扩展和构建模板类型。

本章将介绍模板,并举出一些示例以说明如何,以及在什么地方使用模板。学习完本章内容,您将有足够的信心实现模板类型和功能(函数),同时还将掌握一些构建它们的基础知识。

11.1 简 介

在前面几章中,我们以示例和案例介绍了 OOP 相关情况。详细介绍了创建它们的类和最佳实践。在本章中,我们将介绍 OOP 的另一个强大特性:模板(Templates)。

模板(Templates)允许程序对不同的数据类型重用代码。应用模板的一个例子就是 C++标准模板库(STL,Standard Templates Library),这个库是一组提供通用容器和算法的模板类,该库可以与任何数据类型一起使用,是使用模板函数和类实现的。我们将在本章介绍模板类和模板函数的创建,以允许创建可重用代码。具体来说,我们将在本章中描述以下主题:模板类、模板函数和模板专门化。

模板的核心是通用程序设计(编程)形式,它允许我们重用一组功能。例如,一个类可以保存数据,并为一个 int 类型的变量提供一些功能。如果我们需要对 float 类型的变量执行相同的功能,那么我们需要复制该代码,用 float 替换 int。然而,利用模板,我们可以重用该代码,并允许编译器为每种类型生成所需的代码。本章首先讲解如何声明模板,然后通过示例和练习进行更详细的说明。

11.2 创建模板的语法

创建模板会使用一个新的 C++关键字:template。这个关键字使编译器默认该类或函数将用作模板,并且模板参数的任何实例都应替换为 typename 或 class 的数据类

型,如下所示:

```
template <typename T>
template <class T>
```

在上面的示例中,T 是模板参数。在一个模板类或函数中使用类型 T 的地方,它都将被实际类型所替换。T 是模板参数的十分常见的名字,也可以是其他名字。

11.2.1　模板类

下面我们看一个非常简单的模板类(template class)示例。

```
template <typename T>
class Position
{
  public:
    Position(T x, T y)
    {
        m_x = x;
        m_y = y;
    }

    T const getX() { return m_x; }
    T const getY() { return m_y; }

  private:
    T m_x;
    T m_y;
};
```

在本示例中,我们声明在创建这个类实例时,T 出现的地方都可以替换为我们选择的类型,且这个类只是一个二维位置值的简单持有者。这些位置值依据所需的精度可以存储为 int、float 或 long 类型。通过使用模板,这些类可以在创建类实例时通过传递预期的类型应用所有类型,下面我们以一个小练习说明一下。

练习:为 Position 对象创建不同的类型

使用前面已经学习的模板类,我们现在编写一个 main 函数,创建几个不同的 Position 对象,每个对象使用不同的模板参数(T 的替换),然后打印出成员变量的类型,该类型现在就是模板参数的类型。如要获取变量的类型,可以使用在 <typeinfo> 头文件中包含的 typeid 运算符。

(1) 声明用 int 替换 T 的 Position 对象。

```
int main()
{
    Position <int> intPosition(1, 3);
```

（2）声明用 float 替换 T 的 Position 对象。

```
Position <float> floatPosition(1.0f, 3.0f);
```

（3）声明用 long 替换 T 的 Position 对象。

```
Position <long> longPosition(1.0, 3.0);
```

（4）在我们的文件顶部包含 <typeinfo> 头文件。

```
# include <typeinfo>
```

（5）在每个 Position（位置）实例中输出 m_x 变量的类型。

```
cout << "type:" << typeid(intPosition.getX()).name() << " X:" << intPosition.getX() << "
Y:" << intPosition.getY() << endl;

cout << "type:" << typeid(floatPosition.getX()).name() << " X:" << floatPosition.getX()
<< " Y:" << floatPosition.getY() << endl;

cout << "type:" << typeid(longPosition.getX()).name() << " X:" << longPosition.getX() <
< " Y:" << longPosition.getY() << endl;
```

以下是完整的 main 函数程序代码：

```
int main()
{
    Position <int> intPosition(1, 3);
    Position <float> floatPosition(1.0f, 3.0f);
    Position <long> longPosition(1.0, 3.0);

    cout << "type:" << typeid(intPosition.getX()).name() << " X:" << intPosition.getX()
<< " Y:" << intPosition.getY() << endl;
    cout << "type:" << typeid(floatPosition.getX()).name() << " X:" << floatPosition.
getX() << " Y:" << floatPosition.getY() << endl;
    cout << "type:" << typeid(longPosition.getX()).name() << " X:" << longPosition.getX
() << " Y:" << longPosition.getY() << endl;

    return 0;
}
```

在上面的练习中，创建了 3 种 Position 类型，每个模板参数的类型都不同，分别是 int、float 和 long。# include <typeinfo> 允许通过 name() 函数访问传入类型的名字（请注意，不能使这些名字在不同的编译器之间是相同的）。通过从 Position 类传递 x 值打印此函数的值，表明 T 的类型确实已被传递给 template（模板）类的传入类型所替换。输出显示，对于这个编译器，i、f 和 l 分别表示 int、float 和 long 的名字。

11.2.2　多个模板参数

在前一节中,我们在示例中使用了一个模板参数。实际上也可以使用多个模板参数。在下面的示例中,有一个附加的模板参数 U,它用作 Position 类中 z 旋转的数据类型。

```cpp
# include <iostream>
# include <typeinfo>

using namespace std;

template <typename T, typename U>
class Position
{
  public:
    Position(T x, T y, U zRot)
    {
        m_x = x;
        m_y = y;
        m_zRotation = zRot;
    }

    T const getX() { return m_x; }
    T const getY() { return m_y; }
    U const getZRotation() { return m_zRotation; }

  private:
    T m_x;
    T m_y;

    U m_zRotation;
};
```

就像 T 一样,当我们创建类的实例时,使用 U 的任何地方都将被另一个类型替换。前面的类与之前几乎相同,现在有一个 getZRotation 函数,它不返回 T 将引用的类型。相反,它返回 U 将引用的类型,我们可以用一个 main 函数测试它,该函数在创建实例后可再次打印我们的类中的值类型。

```cpp
int main()
{
    Position <int, float> intPosition(1, 3, 80.0f);
    Position <float, int> floatPosition(1.0f, 3.0f, 80);
    Position <long, float> longPosition(1.0, 3.0, 80.0f);
```

```
    cout ≪ "type: " ≪ typeid(intPosition.getX()).name() ≪ " X: " ≪ intPosition.getX()
≪ " Y: " ≪ intPosition.getY() ≪ endl;
    cout ≪ "type: " ≪ typeid(floatPosition.getX()).name() ≪ " X: " ≪ floatPosition.
getX() ≪ " Y: " ≪ floatPosition.getY() ≪ endl;
    cout ≪ "type: " ≪ typeid(longPosition.getX()).name() ≪ " X: " ≪ longPosition.getX
() ≪ " Y: " ≪ longPosition.getY() ≪ endl;
    cout ≪ "type: " ≪ typeid(intPosition.getZRotation()).name() ≪ " ZRot: " ≪ in-
tPosition.getZRotation() ≪ endl;
    cout ≪ "type: " ≪ typeid(floatPosition.getZRotation()).name() ≪ " ZRot: " ≪
floatPosition.getZRotation() ≪ endl;
    cout ≪ "type: " ≪ typeid(longPosition.getZRotation()).name() ≪ " ZRot: " ≪ long-
Position.getZRotation() ≪ endl;

    return 0;
}
```

类模板的功能非常强大,可以帮助大家在 C++应用程序中重用代码。当我们知道一个类在一个类型上执行的某些功能对不仅一个类型有用时,我们就有了一个候选者——那就是一个模板类。不过,模板类并不是实现这种重用的唯一方法,还有一种方法是通过使用模板函数实现。

11.2.3 模板函数

拥有一个可以利用许多不同数据类型的类是非常重要的,但有时它只是一小段需要以"模板化"的方式重用的代码,这就是模板函数的来源。模板函数允许特定函数是通用的,而不是整个类。下面是一个模板函数的示例,该函数返回了同一类型的两个数字之间的最大值。

```
template <typename T>
T getLargest(T t1, T t2)
{
    if(t1 > t2)
    {
        return t1;
    }
    else
    {
        return t2;
    }
}
```

这里使用的语法与声明模板类时使用的语法相同,但需放在函数签名之上,而不是放在类声明之上。此外,与模板类一样,在 T 出现的任何地方,它都将被模板参数的类型所替换。

练习:使用模板函数比较 Position 的值

在以上的示例中,getLargest 函数可用于比较 Position 类的 x 和 y 变量。与创建类的实例不同,我们在使用该类型时不必将其传递到函数中。编译程序时,编译器将为每种类型的函数创建一个版本,下面通过一个示例说明这一点。

1. 从 Position 类开始操作。

```cpp
# include <iostream>
# include <typeinfo>

using namespace std;

template <typename T, typename U>
class Position
{
  public:
    Position(T x, T y, U zRot)
    {
        m_x = x;
        m_y = y;
        m_zRotation = zRot;
    }

    T const getX() { return m_x; }
    T const getY() { return m_y; }
    U const getZRotation() { return m_zRotation; }

  private:
    T m_x;
    T m_y;

    U m_zRotation;
};
```

2. 添加 getLargest 函数。

```cpp
template <typename T>
T getLargest(T t1, T t2)
{
    if(t1 > t2)
    {
        return t1;
    }
    else
```

```
        {
            return t2;
        }
}
```

3. 创建 Position 对象，并将 x 值传递给 getLargest，同时比较 int 和 long Position
实例的 m_zRotation 值。

```
int main()
{
    Position <int, float> intPosition(1, 3, 80.0f);
    Position <float, int> floatPosition(2.0f, 3.0f, 80);
    Position <long, float> longPosition(5.0, 3.0, 200.0);

    cout << "largest is: " << getLargest(intPosition.getX(), intPosition.getY()) << endl;
    cout << "largest is: " << getLargest(floatPosition.getX(), floatPosition.getY()) <<
endl;
    cout << "largest is: " << getLargest(longPosition.getX(), longPosition.getY()) <<
endl;
    cout << "largest ZRot is:" << getLargest(intPosition.getZRotation(), longPosition.
getZRotation()) << endl;

    return 0;
}
```

以下是这个练习的完整源代码和预期输出。

```
#include <iostream>
#include <typeinfo>

using namespace std;

template <typename T, typename U>
class Position
{
    public:
        Position(T x, T y, U zRot)
        {
            m_x = x;
            m_y = y;
            m_zRotation = zRot;
        }

        T const getX() { return m_x; }
        T const getY() { return m_y; }
```

```cpp
        U const getZRotation() { return m_zRotation; }

    private:
        T m_x;
        T m_y;

        U m_zRotation;
};

template <typename T>
T getLargest(T t1, T t2)
{
    if(t1 > t2)
    {
        return t1;
    }
    else
    {
        return t2;
    }
}

int main()
{
    Position <int, float> intPosition(1, 3, 80.0f);
    Position <float, int> floatPosition(2.0f, 3.0f, 80);
    Position <long, float> longPosition(5.0, 3.0, 200.0);

    cout << "largest is: " << getLargest(intPosition.getX(), intPosition.getY()) << endl;
    cout << "largest is: " << getLargest(floatPosition.getX(), floatPosition.getY()) <<
endl;
    cout << "largest is: " << getLargest(longPosition.getX(), longPosition.getY()) <<
endl;
    cout << "largest ZRot is:" << getLargest(intPosition.getZRotation(), longPosition.
getZRotation()) << endl;

    return 0;
}
```

　　当运行以上这段完整的代码时，不需要指定传递给模板函数的类型，编译器为我们完成了这项工作。请注意，该函数的类型不是基于我们使用的实例的 T 值，而是基于我们传入的成员变量的实际类型，因为在与 x 值不同类型的比较中使用了 z 旋转，编译器仍然为我们创建了正确的函数。

11.2.4　模板的专门化

虽然模板在很大程度上是为了使类更通用而设计的,尽管模板专门化允许我们创建通用方式工作的模板,但在某些情况下,一个特定的数据类型需要有自己的实现。为了说明这一点,我们列举一个简单的比较函数,在 C 语言字符串的情况下使用 strcmp,并使用相等运算符对其他类型进行比较。

1. 模板函数(Template function)。

```
template <typename T>
bool compare(T t1, T t2)
{
    return t1 == t2;
}
```

这是一个示例,因为我们需要特殊的环境,因此需要专门化,因为 const char * 是一个指针,所以相等运算符只比较指针地址,而不比较字符串的内容。

2. 专门化模板函数(Speciaized Template function)。

```
template <>
bool compare <const char *> (const char * c1, const char * c2)
{
    return strcmp(c1, c2) == 0;
}
```

请注意,在使用专用模板函数时,应在函数名之后,使用具体的数据类型代替通用的 T,而不是作为模板参数传递给 template <>,我们看以下示例。

```
# include <iostream>
# include <string.h>

using namespace std;

template <typename T>
bool compare(T t1, T t2)
{
    return t1 == t2;
}

template <>
bool compare <const char *> (const char * c1, const char * c2)
{
    return strcmp(c1, c2) == 0;
}
```

```cpp
const char * TRUE_STR = "TRUE";
const char * FALSE_STR = "FALSE";

int main()
{
    cout << (compare(1, 1) ? TRUE_STR : FALSE_STR) << endl;
    cout << (compare("hello","hello") ? TRUE_STR : FALSE_STR) << endl;
    cout << (compare(1, 2) ? TRUE_STR : FALSE_STR) << endl;
    cout << (compare("hello","goodbye") ? TRUE_STR : FALSE_STR) << endl;

    return 0;
}
```

如下例所示，使用类而不是函数实现相同的功能。

```cpp
# include <iostream>
using namespace std;

template <class T>
class MyClass
{
  public：
    MyClass() { cout << "My class generic" << endl; }
};

template <>
class MyClass <int>
{
  public：
    MyClass() { cout << "My class int specialization" << endl; }
};

int main()
{
    MyClass <float> floatClass;
    MyClass <int> intClass;

    return 0;
}
```

11.2.5　创建模板的注意事项

在创建和使用模板类时，需要考虑以下几点。

1. 强制接受类型

在创建模板类时,有一个重要的假设,那就是传入参数的类型可以在我们需要的上下文中使用。但情况并非总是如此,例如,如果我们有一个模板函数,它可以将值相加,而我们传递给它一个字符串或自定义类型,但我们无法在模板声明中设置要接受的类型。有很多方法可以解决这个问题,但是很多选项都是非常针对具体用途的。

2. 模板与默认构造函数

任何模板参数类型都有一个默认构造函数,这是因为模板类和其他类一样,仍然有责任调用其成员变量的默认构造函数,如果给定一个没有默认构造函数的类型,它将无法编译。以 Position 类为例(因为它没有默认构造函数),我们可以看一下如果将该类型作为模板参数传递到另一个模板类中可能发生的情况。

```
# include <iostream>
using namespace std;

template <typename T>
class Position
{
  public:
    Position(T x, T y)
    {
        m_x = x;
        m_y = y;
    }

    T const getX() { return m_x; }
    T const getY() { return m_y; }

  private:
    T m_x;
    T m_y;
};
```

可以看到,这个类又简化成原来的形式了,下面是一个模板类的示例,该类可以将 position 作为其模板参数类型。

```
template <class T>
class PositionHolder
{
  public:
    PositionHolder()
    {
    }
```

```
    T getPosition() { return m_position; }

  private:
    T m_position;
};

int main()
{
    PositionHolder <Position <float>> positionHolder;

    return 0;
}
```

PositionHolder 是一个新的模板类，将用于包装 Position <T> 类型。运行这段代码将出现如下所示编译器错误。

```
error: no matching function for call to 'Position <float> ::Position()
```

由此可以推断，程序已尝试调用了 Position 的默认构造函数，而由于 Position 没有构造函数，因此这导致了编译器错误。修复此错误的方法之一是使 PositionHolder 构造函数成为一个模板函数，可以将正确类型的值传递给初始化列表中 Position <T> 的构造函数。

```
template <typename U>
PositionHolder(U x, U y) : m_position(x,y)
{
}
```

现在，创建的 PositionHolder 需要传入 T 参数在其构造函数中所需的变量值。实际上，我们现在是让 PositionHolder 将适当值传递给 T 的构造函数。

```
int main()
{
    PositionHolder <Position <float >> positionHolder(20.0f, 30.0f);
    return 0;
}
```

这是可行的，但是对于 Position 构造函数的任何更新都意味着对 PositionHolder 构造函数的更新，PositionHolder 可以包含的任何类型都需要这两个参数构造函数。更好的方法是在 Position 中定义一个复制构造函数，并调用它，以下是 Position 类的复制构造函数。

```
Position(const T& t)
{
    m_x = t.m_x;
```

```
    m_y = t.m_y;
}
```

现在,PositionHolder 可以在自己的构造函数中使用这个复制构造函数了,如下
所示:

```
PositionHolder(const T& t) : m_position(t)
{
}
```

当我们想向 PositionHolder 中添加一个 Position 对象时,可以创建一个新的 Posi-
tion 复制或者只是添加一个现有的 Position 对象。

```
int main()
{
    PositionHolder <Position <float>>
positionHolder(Position <float>(20.0f,30.0f));

    return 0;
}
```

此时,可以从另一个 Position 中创建存储 Position,并由模板参数类型定义自己的
复制构造函数。请注意,在前面的情况下,不需要定义复制构造函数,因为一个浅复制
就足够了。但有时需要复制。

11.3　队　列

11.3.1　队列简介

我们将队列定义为一个具有先进先出(FIFO,fist in,first out)数据结构的容器。
队列中元素从队列的后面插入,从前面删除。队列很重要,比如用它调度可以执行然后
删除的任务。

在我们的示例中,将基于 STL 队列,并尝试实现它已经提供的所有功能。也就是
说,STL 队列可提供以下功能。

(1) empt():该队列是否为空。

(2) size():队列目前的大小。

(3) swap():交换两个队列的内容(此处将不实现此队列功能,但可以尝试将其作
为扩展任务)。

(4) emplace():在队列的末尾添加一个元素。

(5) front()和 back():分别返回指向队列中第一个元素和最后一个元素的指针。

(6) push(element)和 pop():分别将一个元素压入队列的末尾,删除队列中的第一

个元素。

这是初始类定义,这个示例的其余部分将基于该类的定义。

```
template <class T>
class Queue
{
    public：

    private：
};
```

从上述需要实现的函数中,可以看到我们需要存储队列中的第一个元素和最后一个元素,以便它们可以从 front() 和 back() 中返回。

后面,我们将介绍如何使用动态内存存储我们的队列元素。当使用动态内存时,我们将分配内存保存我们的数据,然后返回指向这个内存块中第一个元素的指针,front()将仅仅是指向我们队列数据的指针,而 back() 将指向我们数据中最后一个构造元素,图 11-1 是元素在队列中的布局示意图。

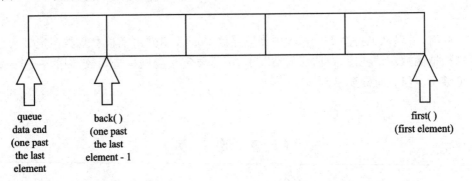

图 11-1 在队列中排列的元素

下面是反映上述问题的更新类。

```
template <class T>
class Queue
{
  public:
    T * front() { return queueData; }
    const T * front() const { return queueData; }

    T * back() { return queueDataEnd - 1; }
    const T * back() const { return queueDataEnd - 1; }

  private:
    T * queueData;
    T * queueDataEnd;
```

）；

注意，有 front()和 back()成员函数的 const(常量)和 non-const(非常量)版本允许我们同时使用 const(常量)和 non-const(非常量)量队列。现在需要定义 size()函数，但实际上我们并不需要存储它，因为我们可以从指向第一个元素和最后一个元素（queueData 和 queueDataEnd)的指针进行计算。从另一个指针中减去一个指针可以得到这两个指针位置之间的元素个数；该值是 ptrdiff_t 类型的。

size 函数需要返回一个可以在队列中存储任意数量元素的类型值。在下面的这段程序代码中，size_t 可以存储任何类型(包括数组)理论上可能的对象的最大尺寸。带有已实现了 siz()函数的队列类，如下所示。

```
template <class T>
class Queue
{
  public:
    T * front() { return queueData; }
    const T * front() const { return queueData; }

    T * back() { return queueDataEnd - 1; }
    const T * back() const { return queueDataEnd - 1; }

    size_t size() const { return queueDataEnd - queueData; }

  private:
    T * queueData;
    T * queueDataEnd;
};
```

现在，利用返回的 size()可以轻松地创建 empty()函数。

```
bool empty() const { return size() == 0; }
```

11.3.2 在队列中实现构造函数和析构函数

在队列中，我们将编写两个构造函数，一个是创建空队列的默认构造函数(第一个元素和最后一个元素都是 0)；另一个是获取一个大小值，并分配足够内存以存储 T 的许多元素的构造函数。初始化过程将使用一个函数，我们将调用 init()，该函数负责为元素分配内存。下面是使用这些构造函数更新的类。

```
template <class T>
class Queue
{
  public:
    Queue() { init(); }
```

```
        explicit Queue(size_t numElements, const T& initialValue = T())
        {
            init(numElements, initialValue);
        }

        T * front() { return queueData; }
        const T * front() const { return queueData; }

        T * back() { return queueDataEnd - 1; }
        const T * back() const { return queueDataEnd - 1; }

        size_t size() const { return queueDataEnd - queueData; }
        bool empty() const { return size() == 0; }

    private:
        void init() {}
        void init(size_t numElements, const T& initialValue) {}

        T * queueData;
        T * queueDataEnd;
};
```

请注意,接受大小的队列构造函数有一个默认参数 initialValue,该参数使用的是 T 的默认构造函数。当没有初始值传递给构造函数时它会被使用,而关键字 explicit 还用于确保编译器不能隐式构造此类型,如果将其作为参数传递,则能从一种类型转换为另一种类型。

```
explicit Queue(size_t numElements, const T& initialValue = T())
{
    init(numElements, initialValue);
}
```

还要注意,有两个 init() 函数:其中一个被重载以接受两个参数,并且将被同时接受两个参数的构造函数使用,如下所示。

```
void init() {}
void init(size_t numElements, const T& initialValue) {}
```

现在有了构造函数,还需要一个析构函数和它的 init() 等价的 destroy()。下面是带有析构函数和 destroy() 函数框架的更新类。

```
template <class T>
class Queue
{
  public:
```

```
    Queue() { init(); }
    explicit Queue(size_t numElements, const T& initialValue = T())
    {
        init(numElements, initialValue);
    }
    ~Queue() { destroy(); }

    T * front() { return queueData; }
    const T * front() const { return queueData; }

    T * back() { return queueDataEnd - 1; }
    const T * back() const { return queueDataEnd - 1; }

    size_t size() const { return queueDataEnd - queueData; }
    bool empty() const { return size() == 0; }
private:
    void init() {}
    void init(size_t numElements, const T& initialValue) {}

    void destroy() {}

    T * queueData;
    T * queueDataEnd;
};
```

函数 destroy 将负责释放内存，并销毁队列中的任何元素，函数 init 将使用 <memory> 头文件中包含的两个函数 uninitialized_fill 和 uninitialized_copy。现在，uninitialized_fill 将一个值复制到一个范围[first,last]定义的未初始化的内存区域，并且 uninitialized_copy 将一个范围值[first,last]复制到一个未初始化的内存区域。在我们将类更新为具有 init 函数之前，应使用 uninitialized_fill 函数覆盖分配给我们的内存中的内容。

11.3.3　动态内存

就像 STL 版本一样，我们希望队列能够在新元素被推到队列上时增长。这里可以使用新的 T[]数组初始化程序分配内存。然而，新的 T[]数组将调用 T 的默认构造函数；因此，T 将被限制为具有默认构造函数的类型。如要避免此问题，必须找到另一个为容器分配内存的选项。

使用 <memory> 头文件可以访问 allocator <T> 类型。这种类型允许分配一个内存块存储 T 的对象，且不初始化对象。使用 allocator <T> 类型还可以分配比当前需要的更多的内存，这样就可以消除初始化内存的过程，并且只有当队列已经增长得太大时才这样做；只要队列需要增长，就可以创建两倍于我们需要的存储量，这是一个好的方

法。如果队列永远不会超过这个值,那么分配更多内存的过程将被移除;请注意,新的
T[]数组将不允许我们进行这种优化。

　　对于 allocator <T>,需要注意的是,需要追踪初始化内存和未初始化内存之间的
分区,因此我们的类变得稍微复杂一些,但也有好处。

　　我们可以更新类,使其有一个 allocator <T> 变量作为成员,以便我们可以使用它
和一个新指针,该指针将指向已分配内存末尾之后的一个构造元素。

```cpp
# include <iostream>
// need the memory header
# include <memory>

using namespace std;

template <class T>
class Queue
{
    public：
        Queue() { init(); }
        explicit Queue(size_t numElements, const T& initialValue = T())
        {
            init(numElements, initialValue);
        }
        ~Queue() { destroy(); }
        T * front() { return queueData; }
        const T * front() const { return queueData; }

        T * back() { return queueDataEnd - 1; }
        const T * back() const { return queueDataEnd - 1; }

        size_t size() const { return queueDataEnd - queueData; }
        bool empty() const { return size() == 0; }

    private：
        void init() {}
        void init(size_t numElements, const T& initialValue) {}

        void destroy() {}

        // the allocator object
        allocator <T> alloc;

        T * queueData;
        T * queueDataEnd;
```

```
        T * memLimit; // one past the end of allocated memory
};
```

在前面的示例中,我们添加了内存头文件、allocator <T> 成员变量和指向已分配内存末尾的指针。使用 allocator <T> 成员变量可以实现 init()函数分配内存,并使用 uninitialized_fill 将初始值复制到内存。

```
void init()
{
    queueData = queueDataEnd = memLimit = 0;
}


void init(size_t numElements, const T& initialValue)
{
    queueData = alloc.allocate(numElements);
    queueDataEnd = memLimit = queueData + numElements;
    uninitialized_fill(queueData, queueDataEnd, initialValue);
}
```

不接受任何参数的 init 函数只将所有指针设置为 0,然后创建一个没有分配内存的空队列。第二个 init 函数分配足够的内存保存 T 对象的 numElement(元素个数)。从 allocate 函数中可返回指向数据的第一个元素的指针。如要获取其他指针,需要一个超过最后一个构造元素末尾和内存限制末尾的指针,我们只需增加 queueData 指针(第一个元素)的 numElements,并将其赋予给 queueDataEnd 和 memLimit 指针,这两个指针现在都指向最后一个构造元素后面的一个元素(此时,是超过分配内存的一个元素)。然后,我们分别使用 queueData 和 queueDataEnd 作为范围中的第一个和最后一个元素,使用 uninitialized_fill 将初始元素复制到内存块中。下面是 destroy 函数示例,它使用 destroy 的 allocator 和 deallocates 函数清理类。

```
void destroy()
{
    if (queueData != 0)
    {
    T * it = queueDataEnd;
    while (it != queueData)
    {
        alloc.destroy( -- it);
    }

        alloc.deallocate(queueData, memLimit - queueData);
    }

    queueData = queueDataEnd = memLimit = 0;
```

```
}
```

上面这个函数通过我们的 queueData 向后循环,调用任何构造元素的析构函数,然后使用 deallocate 函数释放分配的内存。deallocate 的第二个参数是我们希望释放的内存大小。我们追踪第一个元素和超过分配内存的一个元素,这样我们就可以得到指针差,并将其用作 deallocate 函数的第 2 个参数。

11.3.4　调整内存大小

现在,我们有了一个分配程序,可以使用它创建函数,在需要时调整内存块的大小,并在可用内存中构造对象。如前所述,调用 resize() 和 append() 这两个函数,每当调整队列大小时,将使分配的内存量加倍,以下是它们的全部功能。

```
void resize()
{
    size_t newSize = max(2 * (queueDataEnd - queueData), ptrdiff_t(1));

    T * newData = alloc.allocate(newSize);
    T * newDataEnd = uninitialized_copy(queueData, queueDataEnd, newData);

    destroy();

    queueData = newData;
    queueDataEnd = newDataEnd;
    memLimit = queueData + newSize;
}


void append(const T& newValue)
{
    alloc.construct(queueDataEnd ++ , newValue);
}
```

由上可知,函数 resize() 会先计算需要分配多少内存,由于队列可能是空的,它使用 max 函数确保我们至少为一个元素分配足够的空间(2 乘以 0 仍然是 0),然后分程序分配 newSize 大小的内存,接着 uninitialized_copy 会将现有的 queueData 复制到新的内存区域中。随后,在将新指针重新赋予成员指针之前,可调用 destroy 函数删除现有数据,成员指针就会正确地指向新分配的内存空间。函数 append() 使用分配程序的构造函数在构造元素之后的已分配内存中的第一个可用空间中构造一个元素。

11.3.5　压入和弹出

我们看队列的接口端,这些是任意使用队列都将使用的函数,它们允许我们从队列中添加和删除元素。当我们正在创建一个 FIFO 容器,调用 pop 时,被推入容器的第一个元素将是第一个被移除的元素。这意味着我们需要销毁队列中的第一个元素,然后移动所有剩余的元素,同时减少指向最后一个元素(queueDataEnd)的指针。看下面的pop()函数,它以非常简单的方式实现了这一功能。

```
void pop()
{
    if (queueData != 0)
    {
        alloc.destroy(queueData);

        for (int i = 0; i < size(); i++)
        {
            queueData[i] = queueData[i + 1];
        }

        queueDataEnd -= 1;
    }
}
```

随着上述循环的进行,它将i+1处的元素赋予到i处的元素,因此元素1将移动到元素0,而元素2将移动到元素1,依此类推。之后,它递减指向queueDataEnd的指针,因为队列此时变小了一个元素。

压入(推送)元素,并用下方式使用我们现有的resize(调整)大小和append(追加)函数。

```
void push(const T& element)
{
    if (queueDataEnd == memLimit)
        resize();

    append(element);
}
```

如果分配的内存中有足够的空间,则不会调整队列的大小,但不管是哪种方式,都会向队列追加一个元素。在调用resize(如果需要)之后调用append可以确保我们有足够的空间执行追加操作,而无须先行检查。

11.3.6 测 试

最后,我们的队列实现了我们为它设置的所有功能。在介绍构造函数时,我们提到,如果一个类需要实现析构函数,那么它几乎总需要实现一个复制构造函数和重载赋值运算符。因为已经介绍过它们了,这里不再详细介绍复制构造函数和赋值运算符,我们继续创建一个新的init()函数,在实现复制构造函数和赋值运算符时可以使用它。

```
void init(T * front, T * back)
{
    queueData = alloc.allocate(back - front);
    memLimit = queueDataEnd = uninitialized_copy(front, back, queueData);
}
```

如果给定指向内存块开始和结束的指针,这个重载的 init() 函数会分配空间,然后将元素复制到内存块上。这在复制构造函数和重载赋值运算符中很有用,它极大地简化了这些函数,使我们在复制时不必重写任何 init 代码。

```
Queue(const Queue& q) { init(q.front(), q.back()); }
Queue& operator = (const Queue& rhs)
{
    if (&rhs ! = this)
    {
        destroy();
        init(rhs.front(), rhs.back());
    }

    return * this;
}
```

现在,一切就绪,可以测试这个队列的功能了。以下是对一个 int 值队列的一个非常简单的测试。

```
int main()
{
    Queue <int> testQueue;

    testQueue.push(1);
    testQueue.push(2);

    cout << "queue contains values: ";
    for (auto it = testQueue.front(); it ! = testQueue.back() + 1; ++ it)
    {
        cout << * it << " ";
    }

    cout << endl;
    cout << "queue contains " << testQueue.size() << " elements" << endl;

    testQueue.pop();

    cout << "queue contains values: ";
```

```
for (auto it = testQueue.front(); it != testQueue.back() + 1; ++ it)
{
    cout << * it << " ";
}

cout << endl;
cout << "queue contains " << testQueue.size() << " elements" << endl;

testQueue.push(9);
testQueue.push(50);

cout << "queue contains values: ";
for (auto it = testQueue.front(); it != testQueue.back() + 1; ++ it)
{
    cout << * it << " ";
}

cout << endl;
cout << "queue contains " << testQueue.size() << " elements" << endl;

testQueue.pop();

cout << "queue contains values: ";
for (auto it = testQueue.front(); it != testQueue.back() + 1; ++ it)
{
    cout << * it << " ";
}

cout << endl;
cout << "Is the Queue empty: " << (testQueue.empty() == 1 ? "YES" : "NO") << endl;

cout << "value of first element is: " << * testQueue.front() << endl;
cout << "value of last element is: " << * testQueue.back() << endl;

return 0;
}
```

11.4 测试：创建一个通用的堆栈

我们知道，队列是一个 FIFO（先进先出）数据结构，而堆栈是一个 LIFO（后进先出）的数据结构，我们可以把堆栈数据结构想象成一堆杂志，在这个堆栈中，可以从顶部移除杂志,顶部是添加到堆栈中的最后杂志(我们不会从堆栈底部获取杂志)。本章的创建通用队列(Creating a Generic Queue)部分介绍了实现堆栈数据结构的所有要素,其中队列与堆栈最重要的是在 pop()函数中,front()和 back()函数将分别重命名为 top()和 bottom(),并将指向堆栈中的正确位置。

以下是完成这个测试的步骤。

(1) 使用前述的那个通用队列示例作为基础编写一个通用的堆栈。

(2) 更改 pop()函数,以处理后进先出的(LIFO)数据结构。

(3) 在 main 函数中测试这个堆栈,输出数据,以测试该堆栈是否正常工作。

成功地完成这个测试(实践活动)之后,我们可获得类似于图 11-2 中所示的输出。

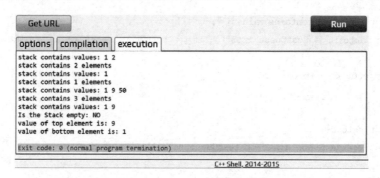

图 11-2　该测试的最终输出

11.5　小　结

模板是复杂的,通过本章学习,我们发现模板的复杂性可以产生惊人的可重用代码。我们创建的 Queue(队列)类可以保存任何元素的队列,而不需要对其内部进行任何更改,这在编写许多领域重用的代码时很实用。虽然它不像 STL(标准模板库)队列那样功能全面、稳健或性能出色,但它仍然可以让我们深入进行学习。如果 STL 对我们不可用或者由于某种原因不适合我们的需要,则可以重新创建 STL 容器的基本版本,以适合需要。在本章中我们研究了模板函数和类,并发现它们的强大功能,以及需要注意的方面。

在下一章中,将深入研究 STL,并仔细观察它所提供的容器,STL 将成为我们未来进行 C++程序设计的重要的工具。也就是说,我们将不必继续执行低级内存操作。

第 12 章　容器和迭代器

教学目的：

在学习完这一章时，您将能够：

- 理解 C++中容器的基本原理，并列出各种容器类型。
- 解释什么是迭代器以及如何使用。
- 正确使用 C++标准库。
- 为给定的程序设计任务，并使用适当的容器。

本章将介绍如何使用 C++标准库提供的容器和迭代器。这个标准库为我们提供了很多存储数据的算法，方便我们编写实用的代码。

12.1　简　介

在前几章中，我们给出了示例，并提供了不使用 C++标准库的操作练习。本书一直坚持使用原始数组帮助大家理解语言的基本原理，在本章中，我们将介绍一些强大的特性，这些特性可使我们用很少的代码编写复杂的行为和功能。一旦把标准库引入到项目中，使用 C++将会成为一种乐趣。我们可以使用原始数组编写自己的队列和堆栈，而使用预先存在的实现。注意：这些实现都有一个公共接口。下面首先解释容器是什么，并介绍它们的不同类型，以及它们如何使这些容器变得非常自然和高效。

C++标准库上下文中的容器（Containers）是一组公共数据结构，这些结构采用列表、堆栈、数组等形式。容器可以存储数据和对象，并且可以分为几个不同的类型，这些类型以及与它们相关联的容器类是一些顺序容器——字符串、向量、链表、双端队列和数组。

12.2　字符串

在 C++中，字符串是一种类类型，这意味着它们是具有成员变量和函数的对象，是标准库中的容器，同其他容器一样。在 string（字符串）类接口下面是字符数组，string 类提供了访问该序列中单个字节的功能。与标准 char 数组相比，使用字符串的好处在于，许多可用于其他容器的算法（如排序和搜索）也可以应用于字符串。如果我们使用标准的 C 风格字符数组保存字符串，那么我们将无法利用这些预先编写的算法，不得

不编写自己的算法。

每个由标准库提供的容器都有一组构造函数,它们为我们初始化容器提供了便利。本章将在介绍新容器时介绍这些内容。

12.2.1 字符串构造函数

string 类包括以下几种可以使用的不同构造函数。

(1) string();:一个没有字符的空字符串。

(2) string(const string& str);:一个复制构造函数,我们可以用它从另一个字符串的副本中构造一个字符串。

(3) string(const string& str, size_t pos, size-t len=npos);:我们可以使用它从现有字符串的子串中构建字符串。

(4) string(const char * s);:我们可以利用由 s 指向 char 数组的副本构造一个字符串。

(5) string(const char * s,size_t pos, size-t n);:我们可以利用一个由 s 指向 char 数组(该数组具有要复制的特定数量的元素(n))的副本构造一个字符串。

(6) string(size-t n, char c);:我们可以使用它构造一个大小为 n 个字符的字符串,该字符串初始化为 c 的副本。

(7) template < class InputIterator > string (InputIterator first, InputIterator last);:我们可以使用它构造一个字符串,其范围介于第一个和最后一个迭代器之间。

在下面的练习中,我们将实现一些字符串。

练习:创建字符串

正如在字符串构造函数部分所示的那样,有很多方法可以构造字符串。可以试一试,并打印出它们的值。首先,在 cpp. sh 上打开一个新文件,并创建一个基本的 main 函数,该函数要包括<iostream>和<string>。我们要声明使用 std 名称空间,因为 string 位于这个名称空间中,这样可以避免键入 scope(范围)运算符和名称空间。

以下就是完成这一练习的具体步骤。

1. main 函数。

```
# include <iostream>
# include <string>

using namespace std;

int main()
{
    return 0;
}
```

2. 使用 string()构造函数创建一个空字符串。

```
string str;
```

3. 以 string(const char * s)为构造函数,使用字符数组创建一个字符串。

```
string str1("Hello, I'm a string!");
```

4. 以 string(const string& str)为构造函数,从另一个字符串的副本中创建一个字符串。

```
string str2(str1);
```

5. 以 string(const string& str, size_t pos, size_t len=npos)为构造函数,从现有字符串的子字符串中创建一个字符串。

```
string str3(str1, 0, 5);
```

6. 以 string(const char * s, size_t pos, size_t n)为构造函数,从字符数组的子字符串中创建一个字符串。

```
string str4("Hello, I'm a string!", 0, 5);
```

7. 以 string(size_t n, char c)为构造函数,使用一个字符和字符串所需的长度为依据创建一个字符串。

```
string str5(10, 'x');
```

8. 利用<class InputIterator> string (InputIterator first, InputIterator last)模板,从现有字符串的子字符串中创建一个字符串,但是要使用迭代器,忽略第一个和最后一个字符,如下所示。

```
string str6(str4.begin() + 1, str4.end() - 1);
```

9. 编写以下输出命令。

```
cout << str << endl;
cout << str1 << endl;
cout << str2 << endl;
cout << str3 << endl;
cout << str4 << endl;
cout << str5 << endl;
cout << str6 << endl;
```

10. 运行以上完整的程序。

12.2.2　为字符串赋值

通常,字符串既可以使用赋值运算符进行初始化,也可以通过构造函数初始化。如下所述,有几种不同的可用重载。

(1) string& operator＝（const string& str）;:从现有字符串的副本中初始化。

(2) string& operator＝（const char＊ s）;:从 C 风格字符数组的副本中初始化。

(3) string& operator＝（char c）;:用一个 char(字符)初始化。

以下这段代码显示了为字符串赋值的示例。当我们想把一个字符串赋予另一个字符串或者从现有的字符串中初始化字符串时,标准库已经提供了所有的功能,如下所示:

```cpp
# include <iostream>
# include <string>

using namespace std;

int main()
{
    string str = "Hello, I'm a string!";
    string str1 = str;

    string str2;
    str2 = 'x';

    cout << str << endl;
    cout << str1 << endl;
    cout << str2 << endl;

    return 0;
}
```

12.2.3　字符串相关操作

string 类提供了许多不同的方法处理底层字节序列。对字符串的操作,我们可能需要在字符串中附加一个字符,以便于识别它们,或者我们可能需删除程序中不需要的无关字符。但应注意从中读取字符串的位置会以改后方式存储它们。字符串操作如下所示。

(1) push_back(char c):将一个字符(c)压入一个字符串的末尾。

(2) pop_back():删除字符串的最后一个字符。

(3) capacity():提供字符串的当前容量。这不一定对应于字符串的当前大小,因为它可能预先分配了额外的内存。

(4) resize(size_t n) & resize(size_t n, char c):调整字符串的大小。如果该值小于当前字符串大小,则将删除 char(字符)序列中之后的任何内容,而且重载函数接受一个 char c,并将任何新元素初始化为 c 的副本。

(5) shrink_to_fit():将字符串的容量设置为其当前大小。

（6）reserve(size_t n)：更改字符串的容量，使其有 n 个字符。

下面是在程序中使用这些函数的一个示例。

```cpp
# include <iostream>
# include <string>

using namespace std;

int main()
{
    string str("Hello, I'm a string");

    str.push_back('!');
    str.push_back('!');
    cout << str << endl;

    str.pop_back();
    cout << str << endl;

    // notice this will keep existing contents and append x for the rest
    str.resize(25, 'x');

    // reserve space for 50 chars - capacity()
    str.reserve(50);

    // notice that ! is pushed after the last char not the end of allocated space
    str.push_back('!');
    cout << str << endl;
    cout << str.capacity() << endl;
    cout << str.size() << endl;

    str.shrink_to_fit();

    // note: shrink_to_fit is not guaranteed to be exactly size()
    // depending on compiler implementation
    cout << str.capacity() << endl;

    return 0;
}
```

12.3　迭代器

就像我们将要讨论的其他容器一样,字符串有迭代器,可以在循环中允许遍历一个字符串。我们可以通过以下函数访问字符串和大多数标准库容器中的迭代器。

(1) begin():返回字符串开头的迭代器。

(2) end():返回字符串结尾的迭代器。

(3) rbegin():返回字符串开头的反向迭代器。

(4) rend():返回字符串结尾的反向迭代器。

访问哪种迭代器具体取决于所需的类型,使用类的名称加上作用域(定义域)运算符和迭代器或反向迭代器,我们可以获取标准库中容器的迭代器。对于字符串,这意味着可以使用 string::iterator 或 string::reverse_iterator 获取迭代器,这些迭代器可以存储为变量,用于重用或在 for 循环中使用,它们存在于 for 循环的范围内。

下面是使用这些迭代器循环和显示字符串内容的简单示例。

```cpp
#include <iostream>
#include <string>

using namespace std;

int main()
{
    string str("Hello, I'm a string");

    for(string::iterator it = str.begin(); it != str.end(); it++)
    {
        cout << *it;
    }

    cout << endl;

    for(string::reverse_iterator rit = str.rbegin(); rit != str.rend(); rit++)
    {
        cout << *rit;
    }

    cout << endl;

    return 0;
}
```

请注意,对于反向迭代器可以使用递增 for 循环,在容器中反向移动,这意味着我们可以在两个迭代器的任意一个方向上进行迭代,因此如果需要,我们可以通过这些迭代器在两个方向上循环。

与字符数组相比,string 类有许多有用的操作,且这些操作非常强大。有一些函数可以查找字符串中的某些字符,删除或替换字符串中的字符,将字符串复制到字符数组中,并将字符串附加到另一个字符串中。此外,string 类还提供了一些重载运算符,例如,＋＝用于附加到字符串,＋用于连接字符串。

练习:正、反读都一样的词语

由于字符串的行为与标准库中的其他容器一样,因此我们可以使用<algorithm>头文件中的常见算法,这使得复杂的操作只需要很少的代码。

下面的练习展示了如何使用选择的算法编写函数检查字符串是否是正、反读都一样。

1. 输入要检查的文本(正文),这里我们使用 std::getline 函数读取 std::cin,并将其存储在一个字符串中。以下是具有这一功能的 main 函数。

```cpp
#include <iostream>
#include <string>
#include <algorithm>

using namespace std;

int main()
{
    string str;
    getline(cin, str);

    return 0;
}
```

2. 创建 isPalindrome 函数的框架结构,并将其放在 main 函数的上方,此函数将获取一个对字符串的常量引用,并返回一个 bool 值。

```cpp
bool isPalindrome(const string& str)
{
    return false;
}
int main()
{
    string str;
    getline(cin, str);
    cout << "'" << str << "'" << " is a palindrome? " <<
    (isPalindrome(str) ? "YES" : "NO") << endl;
```

```
    return 0;
}
```

此时,输入一个字符串进行检查,一切都正常。

3. 在回文检查中忽略一些字符,例如空格和标点符号,如下所示。

```
bool isPalindrome(const string& str)
{
    // make a copy of the string
    string s(str.begin(), str.end());

    // remove any spaces or punctuation
    s.erase(remove_if(s.begin (), s.end (), [](const char& c) { return ispunct(c) ||
isspace(c);}), s.end());
```

我们可以只检查字母。我们使用 range 构造函数,复制传入的字符串,然后使用 remove_if 算法给出一个只包含非空格或标点符号的元素的范围。

remove_if 算法会将不满足条件的元素移动到容器的末尾,并将满足条件的元素保留在容器开头的一个范围内,然后它返回一个迭代器,我们可以使用它指向想要的范围内的最后一个元素,也可以使用这个迭代器作为字符串的 erase 函数的第一个参数,删除所有超出范围的元素。

现在,我们已经删除了元素,希望剩下的内容是小写的。至于回文检查,我们希望它不区分大小写,使用 transform(转换)算法进行处理,这个算法允许我们对范围内的每个元素调用函数。这里,可以使用一个提供的函数 tolower 处理范围内的每个元素。

4. 编写以下代码以将 transform(转换)算法合并到 isPalindrome 函数中。

```
// lower case what's left
transform(s.begin(), s.end(), s.begin(), ::tolower);
```

5. 此时,我们有了一个小写字符范围,并且不包含任何标点符号或空格,可以再次使用范围构造函数,创建字符串的反向版本,但这次将传入反向迭代器。然后,可以比较这两个字符串,看看它们是否匹配,如果是,那么我们有一个回文,如下所示。

```
    // create a reversed version of the string
    string sr(s.rbegin(), s.rend());

    // compare them
    return (s == sr);
}
```

6. 在一个新的 main 函数中测试回文检查程序时,可以将字符串初始化为一个经典的回文,"从不标新立异或平庸圆滑(Never odd or even)",然后将其传递到函数中,并显示它是否是回文。

```
int main()
{
    string str = "Never odd or even";

    cout << "'" << str << "'" << " is a palindrome? " <<
    (isPalindrome(str) ? "YES" : "NO") << endl;

    return 0;
}
```

7. 运行以上完整的程序代码。

通常,相比字符数组,字符串更好用,因为字符串有很多功能,而且使用起来也很方便,但标准库可以升级我们经常使用的数组,下面我们继续讨论数组的替代品——向量(vectors)。

12.4   向   量

向量可实现多用途的动态数组,但请记住,C++数组大小必须是固定的,添加另一个元素时,不能调整数组大小,必须创建新的数组,并复制内容,我们在创建自定义类时经常这样做。

向量允许我们创建一个容器,并可以随时调整大小。向量中的元素是连续存储的,即以相邻(一个挨一个)的方式存放,因此可以通过位移指向元素和迭代器的指针访问,我们可以通过包含<vector>头文件使用向量。

12.4.1   向量构造函数

当创建一个新的向量时,向量会给我们若干不同的构造函数,这些构造函数如下所列。

(1) Vector();构造空向量。

(2) vector(size_t n, const T& value=T());构造带有许多元素(n)的向量,可将使用类型的默认构造函数初始化;否则,将使用 T 的默认构造函数。

(3) template < class InputIterator > vector(InputIterator first, InputIterator last);从第一个和最后一个迭代器之间的范围构造向量。

(4) vector(const vector& other);通过复制另一个向量构造一个向量(复制构造函数)。

(5) vector (initializer_list <value_type> il);使用初始值设定项列表构造向量。

以下这段程序代码展示了正在使用中的这些构造函数:

```
# include <iostream>
# include <vector>
```

```
using namespace std;

int main()
{
    // default constructed empty vector
    vector <int> intVector;
    vector <int> initializerListIntVector = {1,2,3};

    // default constructed vector of 5 floats
    vector <float> floatVector(5);

    // vector of 5 floats initialized to 1.0f
    vector <float> floatVectorAllOne(5, 1.0f);

    // vector constructed from an existing vector
    vector <float> anotherFloatVector(floatVector);

    // range constructed vector
    vector <float> rangeConstructedFloatVector( anotherFloatVector.begin(), another-
FloatVector.end());

    return 0;
}
```

以上这段代码中使用的每个构造函数仅供您参考,这些构造函数在某些情况下是有用的,因此请花时间学习它们,以确保在自己的程序中正确使用构造函数。

12.4.2　向量的赋值

向量也可以使用向量重载赋值运算符 vector& operator＝(const vector& other) 为它们赋值,如下所示。

```
# include <iostream>
# include <vector>

using namespace std;

int main()
{
    // default constructed vector of 5 floats
    vector <float> floatVector(5);
    vector <float> floatVectorAssigned = floatVector;
```

```
        return 0;
    }
```

为向量指定新值时,它必须具有有效的转换,否则,将引发编译器错误。例如,不能将 vector <int> 赋予 vector <float>。如果使用的是范围构造函数,则应使用 <class InputIterator> vector(InputIterator first, InputIterator last)模板,并且在两种类型之间转换,此操作可以按照下面的代码段构造并完成。

```
# include <iostream>
# include <vector>

using namespace std;

int main()
{
    // default constructed vector of 5 floats
    vector <float> floatVector(5);
    vector <int> intVector(floatVector.begin(), floatVector.end());

    return 0;
}
```

这里,我们使用一系列浮点数构造了一个 int(整数)向量,因为这些类型可以进行转换,所以构造函数可以正确地处理。

练习:访问向量中的元素

从本章的介绍中,我们明白了向量是一个顺序容器,我们的元素可以按顺序迭代,并且可以通过下标访问。向量的行为确实非常像原始数组,并且在需要顺序容器时比数组更好用。为了介绍向量,我们将创建一个小程序填充向量,随后通过下标访问一个元素,然后在向量和元素的所有值上迭代:

1. 在 cpp. sh 上打开一个新文件,并添加一个 main 函数。如要访问向量,要有包含 vector(向量)头的文件和 iostream,以便可以打印值。

```
# include <iostream>
# include <vector>

using namespace std;

int main()
{
    return 0;
}
```

2. 创建向量,并使用初始值设定项列表构造函数(initializer_list <value_type> il),并预先填充一些值。

```
int main()
{
    vector <int> vec = {1,2,3,4,5,6,7,8,9,10};

    return 0;
}
```

3. 使用 range for 循环遍历容器中的元素。

```
for(auto v : vec)
{
    cout << v << " ";
}
```

关键字 auto 允许编译器计算出向量中包含的内容,然后循环遍历所有元素,并按顺序将它们作为这里称为 v 的元素返回。

4. 通过下标访问向量中的元素。在从零开始的下标向量中,抓取数字 4,它的下标是 3。

```
cout << vec[3];
```

5. 当运行该程序时,会看到所有的 vec 值都与数字 4 一起打印,下面是代码和预期输出。

```
#include <iostream>
#include <vector>

using namespace std;

int main()
{
    vector <int> vec = {1,2,3,4,5,6,7,8,9,10};
    for(auto v : vec)
    {
        cout << v << " ";
    }

    cout << vec[3];

    return 0;
}
```

6. 运行以上完整的程序代码。

可以看出,访问向量的元素非常重要,向量允许我们执行许多其他操作。

12.4.3　向量相关操作

在向量中可以添加和移除元素,这是其优于标准数组的一个方面。以下是一些可应用于向量的有用函数。

(1) push_back():将一个元素压入向量的末端。

(2) pop_back():移除,并销毁向量中的最后一个元素。

(3) insert(const_iterator pos, const T& val):在 pos 迭代器指定的位置插入 val 元素。

(4) erase(const_iterator pos) & erase(const_iterator first, const_iterator last):删除 pos 迭代器处的元素或第一个和最后一个迭代器之间的范围。

(5) clear():移除,并销毁向量的所有元素。

(6) emplace():与 insert 类似,不同的是 insert 引用已经构造的元素,而 emplace 构造新元素,并增大向量以容纳这个新元素。

向量与字符串类似,还公开函数以获取其容量、调整其大小以及保留内存。

12.4.4　搜索向量

许多编程都要基于特定逻辑找到特定元素或元素范围,如找到 vector <int> 中小于 10 的所有元素,搜索一个向量,寻找一个符合我们标准的特定元素。我们可以将标准库 <algorithm> 头中包含的算法应用到向量中,轻松地搜索特定元素。最重要的向量搜索算法是 std::find 和 std::find_if。这些算法采用迭代器搜索向量中的一系列元素,并将迭代器返回到与条件匹配的第一个元素。如果没有元素与条件匹配,则返回到向量末尾的迭代器。我们看下面的示例,这个示例即检查特定的 int(整数)是否包含在 vector <int>(整型向量)中。

```
# include <iostream>
# include <algorithm> // std::find
# include <vector>

using namespace std;

bool contains(const int value, const vector <int> & vec)
{
    return (find(vec.begin(), vec.end(), value) != vec.end());
}
```

在上面的函数中,find 算法将迭代器带到要搜索的范围的开头。由于要搜索整个向量,我们传入 begin(),这样构成了整个数组。最后一个参数 value 是我们希望找到的整数,我们将此函数返回的值与 end() 进行比较,如果它是相等的,那么我们知道它不包含在向量中,因为 end() 指向最后一个元素之后的一个元素,而不是元素本身,以下这段代码使用上面函数检查整数向量中的数字 9。

```
int main()
{
    vector <int> vec = {1,2,3,4,5,6,7,8,9,10};

    const int numToCheck = 9;

    cout << "Vector contains " << numToCheck << " " << (contains(numToCheck, vec)? "YES":
"NO");

    cout << endl;

    return 0;
}
```

此检查的输出如图 12-1 所示。

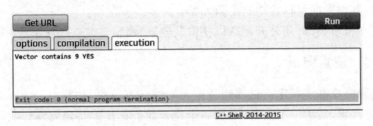

图 12-1　查找算法的输出

另外,我们可以使用 std::distance 函数通过获取从向量开始到找到元素的偏移量返回向量中元素的下标。下面的即代码检查元素是否包含在向量中,如果包含,则返回其下标,如果找不到元素,则返回 -1,如下所示。

```
# include <iostream>
# include <algorithm>  // std::find
# include <vector>

using namespace std;

long contains(const int value, const vector <int> & vec)
{
    vector <int> ::const_iterator it = find(vec.begin(), vec.end(), value);

    if(it != vec.end()) // we found the element
        return distance(vec.begin(), it);

    return -1;
}
```

　　在上述的函数中，find 算法的使用方式与以前类似，但这次找到元素的迭代器存储在 it 中。在执行与 end 相同的检查（未找到）时，如果找到元素，则 distance 函数返回其下标，该下标是数组中第一个元素与找到的元素之间的元素个数。

　　以下的代码使用上述函数检查向量中是否包含数字 9，如果包含，则可以获取其下标。

```
int main()
{
    vector <int> vec = {1,2,3,4,5,6,7,8,9,10};

    const int numToCheck = 9;
    long index = contains(numToCheck, vec);

    cout << "Vector contains " << numToCheck << " " << (index != -1 ? "YES" : "NO");

    if(index != -1)
        cout << " and its index is " << index;

    cout << endl;

    return 0;
}
```

　　接着，我们可以更进一步创建一个模板函数，从该类型的向量中找到所需类型的元素，下面的示例显示了标准库在编写最小的通用代码时的强大功能。

```
template <typename T>
long contains(const T& value, const vector <T> & vec)
{
    auto it = find(vec.begin(), vec.end(), value);

    if(it != vec.end()) // we found the element
        return distance(vec.begin(), it);

    return -1;
}
```

　　在这里，我们使用 auto 关键字替换了 int 迭代器，这意味着我们将得到正确类型的迭代器。此外，该函数现在是模板函数，所有类型都已替换为 T。如果使用新的 contains() 函数运行与之前相同的代码段，也得到相同的结果，但是我们不需要显式地使用 int vector-only contains() 函数。

练习：使用自定义比较对向量进行排序

　　另一种常见的操作是向量排序，例如按整数向量的升序和降序排序，但有时我们也会希望基于更详细的内容对向量进行排序,例如基于自定义类型中的特定变量进行升序或降序。

我们使用一个 Track 对象,并根据 Track 的长度对对象进行排序。

1. 编写一个简单的类 Track,其中包含名字、长度和流行度评级。

```cpp
# include <iostream>
# include <algorithm>

using namespace std;

class Track
{
  public:
    Track(float length, string name, int popularity) : m_
    trackLength(length), m_trackName(name), m_popularityRating(popularity) {}

    float getLength() const { return m_trackLength; }
    string getName() const { return m_trackName; }
    int getPopularity() const { return m_popularityRating; }

  private:
    float m_trackLength;
    string m_trackName;
    int m_popularityRating;
};
```

2. 创建一个 Track 向量,并使用自定义比较对其排序。

```cpp
int main()
{
    vector <Track> tracks;

    tracks.push_back(Track(199.0f, "God's Plan", 100));
    tracks.push_back(Track(227.0f, "Hold On, We're Going Home", 95));
    tracks.push_back(Track(182.0f, "The Motto", 80));

    return 0;
}
```

3. 自定义比较本质上是一个接受同一类型的两个参数,并返回一个 bool(布尔)值的函数。如何定义此函数取决于操作者,对于当前程序,我们只想按升序对曲目的长度进行排序,进而比较曲目的长度值。

```cpp
bool trackLengthCompare(const Track& t1, const Track& t2)
{
```

```
        return (t1.getLength() < t2.getLength());
}
```

4. 此时,我们可以在排序算法中按升序排序我们的曲目,然后将它们打印出来。我们可以将自定义排序函数作为参数传递给排序函数,并将迭代器传递到向量的开头和结尾。

```
sort(tracks.begin(), tracks.end(), trackLengthCompare);
```

5. 在 main 函数中测试此代码,并在排序后打印出值。

```
int main()
{
    vector <Track> tracks;

    tracks.push_back(Track(199.0f, "God's Plan", 100));
    tracks.push_back(Track(227.0f, "Hold On, We're Going Home", 95));
    tracks.push_back(Track(182.0f, "The Motto", 80));

    sort(tracks.begin(), tracks.end(), trackLengthCompare);

    for (auto t : tracks)
    {
        cout << t.getName() << endl;
    }

    return 0;
}
```

6. 运行以上程序。

此时,我们已经了解了如何使用 sort(排序)函数,请尝试使用以下附加功能扩展本练习的知识点。

1. 根据曲目的流行度评级写一个比较。

```
bool trackPopularityCompare(const Track& t1, const Track& t2)
{
    return (t1.getPopularity () < t2.getPopularity());
}
```

2. 按曲目长度以降序排序。

```
bool trackLengthCompare(const Track& t1, const Track& t2)
{
    return (t1.getLength() > t2.getLength());
}
```

3. 按名字的长度排序。

```
bool trackNameLengthCompare(const Track& t1, const Track& t2)
{
    return (t1.getName().size() < t2.getName().size());
}
```

12.5　映射/无序映射

映射和无序映射是关联容器,映射/无序映射中的元素与键关联,并通过该键完成访问,映射/无序映射中的任何元素都不具有相同的键。在映射内部,使用内部比较对象通过键对映射进行排序。相反,无序映射中的元素不用键排序,而是通过元素的键快速检索进行存储。一般来说,映射更适于遍历和查找键,而无序映射更适于通过元素的关联键直接访问元素。

12.5.1　构造映射和无序映射

以下是构造映射时要使用的构造函数。

(1) map():默认构造函数、一个空映射。

(2) map(const map& x):从其他映射的副本中构造映射。

(3) template < class InputIterator > ; map (InputIterator first, InputIterator last):从一个范围中构造一个映射。

(4) map (initializer_list <value_type> il):使用初始值设定项列表构造一个映射。

下面是程序代码示例,这段代码显示了如何使用上述构造函数。

```
# include <iostream>
# include <map>

using namespace std;

int main()
{
    map <int, int> myMap;

    map <int, int> copiedMap(myMap);

    map <int, int> rangeMap(copiedMap.begin(), copiedMap.end());

    map <int, int> initList = { {1,2}, {2,3}, {3,4} };
}
```

如以上代码所示,当声明一个映射时,需要传入两个模板参数。我们希望映射的键的类型是我们将与第二个参数（值）类型关联的标识符，键和值的组合是映射的关联部分。

无序映射也有一组类似的构造函数，其中一些构造函数添加了指定用于内部哈希表（用于通过键检索元素）的最小 bucket（存储桶）数的选项，bucket 在无序映射内部将序列划分为更小的子序列。无序映射的构造函数如下所示。

(1) unordered_map(size_type n)：具有可选最小 bucket 大小的默认构造函数。

(2) unordered_map(const unordered_map& x)：从其他无序映射的副本中构造无序映射。

(3) template <class InputIterator> unordered_map (InputIterator first, InputIterator last)：从一个范围中构造一个无序映射。

(4) unordered_map (initializer_list <value_type> il, size_type n)：从具有可选最小 bucket 大小的初始值设定项列表中构造一个无序映射。

下面这段程序代码就是实现上述映射的示例。

```cpp
# include <iostream>
# include <unordered_map>

using namespace std;

int main()
{
    unordered_map <int, int> myUnorderedMap;

    unordered_map <int, int> copiedUnorderedMap(myUnorderedMap);

    unordered_map <int, int>
rangeUnorderedMap(copiedUnorderedMap.begin(),
copiedUnorderedMap.end());

    unordered_map <int, int> initList = { {1,2}, {2,3}, {3,4} };
}
```

12.5.2 映射和无序映射的操作

映射和无序映射与其他容器（如字符串和向量）的操作类似。当向 map/unordered_map 添加元素时，可以使用 std::pair（称为键值对）完成操作，如使用 std::make_pair 创建键值对（key-value pairs）。下面的示例演示了将元素插入到映射和无序映射中的情况，这里插入元素时使用的 std::pair 是键和值的关联。

```cpp
# include <iostream>
# include <unordered_map>
# include <map>
```

```
using namespace std;

int main()
{
    unordered_map <int, int> myUnorderedMap;
    map <int, int> myMap;

    myUnorderedMap.insert(make_pair(1, 2));
    myMap.insert(make_pair(1, 2));
}
```

当遍历一个映射时,迭代器将指向映射中的一个键值对。映射或无序映射中的每个元素都是一个键值对,该对的键值类型是我们声明的键模板参数类型,而值是值模板参数类型(在前面的例子中,键是 int,而值也是 int)。我们可以使用 first 作为访问键,而使用 second 作为访问值。以下示例显示了一个映射的简单遍历和打印(同样适用于无序映射)。

```
# include <iostream>
# include <map>
# include <string>

using namespace std;

int main()
{
    map <string, string> myStringMap =
    {
        {"Hello", "Hola"},
        {"Goodbye", "Adi s"},
        {"Programmer", "Programaci n"}
    };

    for (const auto& loc : myStringMap)
    {
        cout << loc.first << " In Spanish is " << loc.second << endl;
    }
}
```

在上述示例中,使用初始值设定项列表构造函数预先填充映射。当使用初始值设定项列表时,值用逗号和大括号分隔组成键值对。

```
{"Hello", "Hola"},
```

然后,该示例使用 ranged for 循环遍历每个元素,并分别打印它的第一个和第二个键和值。

练习：映射

除了内置类型(如 floats 和 integers)之外，我们还可以使用自定义类型作为键。键自定义类型的要求是：通过重载＜运算符或创建自定义对象实现比较，该对象可以在声明映射时作为模板参数传入，这样才能对映射的键进行排序。

在下面这个例子是一个有多项选择的小测验，在最后显示了分数。

1. 创建名为 Question(问题)的自定义键类型，包含问题本身的成员变量、问题编号(在比较对象中使用此项)和正确答案的下标。

```
# include <iostream>
# include <map>
# include <string>
# include <vector>

using namespace std;

class Question
{
    public：
        Question(int questionNumber, string question, int answerIndex)
        : m_questionNumber(questionNumber), m_question(question), m_answerIndex(answerIndex) {}

        int getQuestionNumber() const { return m_questionNumber; }
        string getQuestion() const { return m_question; }
        int getAnswerIndex() const { return m_answerIndex; }

    private：
        int m_questionNumber;
        string m_question;
        int m_answerIndex;
};
```

2. 创建自定义比较对象，映射该对象的键进行排序。

```
struct QuestionCompare
{
    bool operator() (const Question& lhs, const Question& rhs) const
    {
        return lhs.getQuestionNumber() < rhs.getQuestionNumber();
    }
};
```

创建测验必须声明映射,而映射的键就是我们自定义的 Question(问题)类型。容器中的键值对的值部分也可以是一个容器,这意味着可以有一个 <int, vector <int>> 或 <float, map <int, int>> 类型的键值对。如果使用字符串向量作为值类型,那么使用键值对的值部分就可作为多个选择的容器。最后,使用自定义比较对象作为最终模板参数:

```
int main()
{
    map <Question, vector <string> , QuestionCompare> quiz;
```

3. 创建包含答案的 Question(问题)对象和字符串向量,然后再将它们插入测验映射中。

```
Question question1(1, "Which two actors directed themselves in movies and won Oscars for
Best Actor?", 2);
    vector <string> question1Answers =
    {
        "Al Pacino and Timothy Hutton",
        "Jack Nicholson and Kevin Spacey",
        "Laurence Olivier and Roberto Benigni",
        "Tom Hanks and Paul Newman"
    };

Question question2(2, "\"After all, tomorrow is another day!\" was the last line in which
Oscar - winning Best Picture?", 0);
    vector <string> question2Answers =
    {
        "Gone With the Wind",
        "Great Expectations",
        "Harold and Maude",
        "The Matrix"
    };

    quiz.insert(make_pair(question1, question1Answers));
    quiz.insert(make_pair(question2, question2Answers));
```

4. 创建主循环,它将询问问题,然后等待输入。首先获取一个迭代器,然后继续提问、获取答案,并增加迭代器,直到它与 quiz.end() 匹配为止。

```
cout << "Welcome to the movie quiz" << endl;
cout << "Type your answer between 1 - 4 and press enter:" << endl;

map <Question, vector <string>> ::iterator quizIterator = quiz.begin();
```

```
vector <bool> correctAnswers;

while (quizIterator != quiz.end())
{
    cout << quizIterator ->first.getQuestion() << endl;

    int answerIndex = 1;
    for(auto answer : quizIterator ->second)
    {
        cout << answerIndex << " : " << answer << endl;
        answerIndex + + ;
    }

    int answer;
    cin >> answer;
```

5. 将所有正确答案都压入一个布尔值向量中,然后输出分数。

```
    int correctAnswer =
quizIterator ->first.getAnswerIndex();
    bool wasCorrect = answer - 1 == correctAnswer;

    cout << (wasCorrect ? "CORRECT!" : "INCORRECT!") << " Correct
    answer is: " << quizIterator ->second[correctAnswer] << endl;

    if(wasCorrect)
        correctAnswers.push_back(answer);
        quizIterator + + ;
}

cout << "Your score was " << correctAnswers.size() << " out of " << quiz.size() <<
endl;
    cout << "done";
}
```

由上述代码可以看出,关联容器对于依赖于可以通过键查找的值的程序非常有用。

12.6 集合/多集合

集合是一种关联容器,每个键都是唯一的(不能有多个相同的键)。集合与映射的区别在于它不是键值对的容器,它本质上是包含唯一键的容器,当一个元素添加到集合中,就不能对它进行修改,但可以将其从集合中删除;非集合除了允许多个非唯一元素外,其他行为与集合类似。

12.6.1　构造函数

当在构造集合时,可以传入用于对集合排序的比较器。比较器是决定元素在集合中如何排序的函数,以下是用于集合和多集合的构造函数(为简洁起见,仅显示集合)。

(1) set():默认空集合。

(2) set(const key_compare& comp):使用所选比较对象的空集合。

(3) set(const set& x):复制构造函数。

(4) template <class InputIterator> set (InputIterator first, InputIterator last, const key_compare& comp = key_compare()):具有可设置选择比较范围的构造函数。

(5) set (initializer_list <value_type> il, const key_compare& comp=key_ compare()):具有可选、可比较的初始值设定项列表的构造函数。

练习:集合的自定义比较器

在默认情况下,一个集合会按升序对元素排序,因此我们创建的整数集合,会按升序排序。这点对于内置类型(如 int)来说很好,但如果我们有自己的自定义类型,那么就必须定义元素如何排序。这时,我们可以定义该类型按属性排序,甚至可以将升序更改为降序。在本练习中,我们将创建一个名为 Person 的类,该类包含名字和年龄。

1. 编写 Person 类。

```cpp
class Person
{
  public:
    Person(string name, int age)
    {
        m_name = name;
        m_age = age;
    }

    string getName() const { return m_name; }
    int getAge() const { return m_age; }

  private:
    string m_name;
    int m_age;
};
```

2. 创建一个自定义的比较器。我们使用仿函数,当一个元素被添加到集合中时,这个仿函数会比较集合中的每个元素。比较器接受两个元素,并返回布尔值。

```
struct customComparator
{
    bool operator() (const Person& a, const Person& b) const
    {
        return (a.getAge() > b.getAge());
    }
};
```

3. 创建 Person 对象,并将它们添加到集合中,然后打印。完整的源代码和输出如下所示。

```
#include <iostream>
#include <string>
#include <set>

using namespace std;

class Person
{
  public:
    Person(string name, int age)
    {
        m_name = name;
        m_age = age;
    }

    string getName() const { return m_name; }
    int getAge() const { return m_age; }

  private:
    string m_name;
    int m_age;
};

struct customComparator
{
    bool operator() (const Person& a, const Person& b) const
    {
        return (a.getAge() > b.getAge());
    }
};

int main()
{
```

```
set <Person, customComparator> personSet;

Person a("bob", 35);
Person b("bob", 25);

personSet.insert(a);
personSet.insert(b);

for(auto person : personSet)
{
    cout << person.getAge() << endl;
}
}
```

4. 运行以上完整的程序代码。

12.6.2 集合的操作

集合的操作包括用于获取大小、插入以及获取与其他容器一起公开的迭代器等效操作。

（1）count(const T& val)：返回集合中与 val 匹配的元素的个数，集合的元素都是唯一的，所以这个函数最多只能返回 1，这对于查找键是否存在于集合中是有用的。

（2）lower_bound(const T& val)：如果它存在，将返回一个迭代器到 val；返回一个值，该值肯定不会在基于比较对象的集合中的 val 之前。

（3）upper_bound(const T& val)：如果它存在，将返回一个迭代器到 val；返回一个值，该值肯定会在基于比较对象的集合中的 val 之后。

（4）equal_range(const T& val)：返回具有包含 val 的上下限的成对迭代器。同样，因为集合中的元素是唯一的，所以如果它存在，将返回一个迭代器到 val。

练习:使用集合获取多集合中唯一元素的数目

集合只允许唯一元素，多集合允许非唯一元素，但我们可以使用集合在多集合中获取多集合中唯一元素的数量，这时，如果试图添加一个已经存在于集合中的元素，那么将无法添加。在尝试添加所有元素之后，集合中包含的元素，都是唯一元素。

1. 在一个新的 main 函数中，声明集合和多集合。

```
# include <iostream>
# include <string>
# include <set>
# include <stdlib.h>

using namespace std;

int main()
```

```
{
    set <int> intSet;
    multiset <int> intMultiset;
```

2. 通过循环将一组随机数添加到我们的 multiset（多集合）中，并插入到 multiset 中。

```
for(unsigned int i = 0; i < 100; i++)
{
    intMultiset.insert(1 + rand() % 100);
}
```

📖 **注释**：上面的这段代码是随机数生成集合的示例。

3. 此时可以遍历这个 multiset（多集合），并尝试将每个元素添加到该集合中。

```
for(auto i : intMultiset)
{
    intSet.insert(i);
}
```

4. 最后，使用 size 函数打印集合中的元素个数。

```
    cout << "there are " << intSet.size() << " unique elements in the multiset";
}
```

12.7　队列/堆栈

　　队列是具有先进先出行为的容器，堆栈是具有后进先出行为的容器。当向队列中添加元素时，元素会被添加到队列的末尾，并且从前面弹出。当向堆栈中添加元素时，元素会被添加到了堆栈的顶部，也从顶部弹出，这就是先进先出和后进先出之间的区别。当需要以一种特定顺序检索和移除元素时，这两个容器的作用差不多。在本章测试环节将介绍如何使用队列以一种定义的顺序处理遍历元素。

　　在构造队列时，我们可以决定该队列的基本容器是什么，这点同样适用于堆栈。如果我们不为自己选择容器类型，那么默认情况下，将使用 std::deque。

　　使用队列和堆栈的模板声明语法如下所示：

```
template <class T, class Container = deque <T>> class queue;
template <class T, class Container = deque <T>> class stack;
```

　　我们可以看到两种类型的容器都默认为 deque。

　　通常，堆栈和队列的构造函数都比较小，我们对这些类型和（可选）自定义容器对象使用的默认构造函数，如下所列：

　　（1）queue()：构造一个空队列。

（2）stack()：构造一个空堆栈。

Operations（队列或堆栈上的操作）队列或堆栈都支持以下的操作：

（1）empty()：返回容器是否为空。

（2）size()：返回容器中元素的个数。

（3）push()：插入一个元素。

（4）pop()：移除一个元素。

队列特别公开了以下函数：

（1）front()：队列中的第一个元素。

（2）back()：队列中的最后一个元素。

堆栈公开的 top()函数等价于后进先出队列的 front()函数。

大家已经在上章中学习了队列和堆栈的一种实现，在这里我们可以进一步尝试对它们实现。

12.8　测试：将 RPG 战斗转换为使用标准库容器

在学习了标准库提供的不同容器基础上，我们可以通过使用容器而不是原始数组；改进之前的测试 RPG 战斗，例如，使用队列创建怪物的 gauntlet（金属手套）。此测试说明我们使用容器可以用相对较少的代码，使用原始数组的函数也会减少；因为标准库容器会处理复制问题，所以我们基本上不需要复制构造函数和赋值运算符。完成改进测试，即可获得如图 12－2 所示的输出。

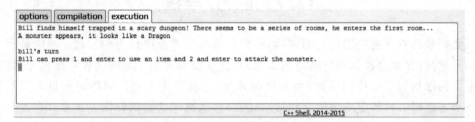

图 12－2　该测试的最终输出

以下是完成改进测试（实践活动）的具体步骤。

（1）更改 Attack（攻击）、Item（项）和 Character（角色）类的字符串而不是字符数组。

（2）删除不需要的复制构造函数、析构函数和赋值实现。

（3）获取 Character，获取 Attack（攻击）和 Item（项）向量，而不是原始数组。

（4）实现 attack（攻击）和 defend（防御）函数，使用向量代替数组，利用向量更新display（显示）函数。

（5）在 main 函数中，实现一个队列，其中包含不同的 Character（角色）类型。

（6）与队列中的每个怪物战斗，直到队列为空，并显示一个 win（赢）字符串为止。另外，允许使用项目和默认攻击。

12.9 小　结

在 C++中，我们可以使用很多容器，每个容器都有其特定的用途，另外，了解这些容器中的接口的相似性也很重要，以此可以帮助我们使用相对较少的代码完成任务，这是编写坚实的 C++代码的基础。在下一章也是最后一章中，我们将研究对异常的处理问题。

第 13 章　C++中的异常处理

教学目的：

在学习完这一章时，您将能够：

- 识别异常处理的事件类型。
- 知道何时抛出异常，以及何时返回错误代码。
- 使用异常处理编写稳健的代码。
- 在发生意外事件后，使用带有异常处理的 RAII 自动回收资源。
- 处理如何恢复意外事件，并在意外事件后继续执行任务。

这一章介绍异常处理问题，C++中处理程序中的意外事件报告和恢复的机制。

13.1　简　介

前几章介绍了 C++的流程控制语句和变量声明相关知识。在本章中，我们将学习如何帮助开发人员处理程序中意外出错时的情况。

用户输入的无效数字、等待响应的意外超时和逻辑错误都是程序中事件的示例。例如输入错误，发生得太频繁或太容易预测，如不对其进行预期和处理，程序将无法使用。其他事件，如超时，则较少发生，且不会发生在程序及其运行系统工作正常的情况下。另外，还有逻辑错误，有时也会发生。

用户输入错误事件是预期事件，要用特定的代码处理，该代码在语法上接近检测错误的代码，它依赖于发生的特定事件。对于预期事件，普通的流程控制语句就能处理，处理预期事件之后，代码即可以在正常执行，就好像事件没有发生一样。

逻辑错误属于意外事件，但无法用特定代码处理意外事件，因为这些事件是意外的，即本不应该发生。

通常，任何语句都有可能发生意外事件，每个函数调用都可能有逻辑错误、参数错误和运行时错误。如果在可能发生意外事件的地方都编写特定的代码处理，那么程序将成为事件处理程序，实际上也没有这样的程序。

另外，意外事件阻止了程序的前进（继续执行），使程序无法修复逻辑错误，也无法进行逻辑错误的测试。

当异常发生时，程序可能会停止，重试表示某个计算的代码块，查看意外事件是否消失，或者放弃包含意外事件的计算，尝试执行其他操作。

C++异常处理机制是针对意外事件设计的，也就是说，它与事件相对应：

(1) 不经常、不可预测地发生。

(2) 阻止程序向前推进。

当然,可以使用异常处理预期的事件,也可以使用异常处理从函数返回,但这样比较慢,所以异常处理不适用于这些工作。

13.2　应对突发(或意外)事件

通常,程序可以在库函数与操作系统,以及外部世界交互的低级函数中探测到意外事件。

当遇到意外事件时,程序可能突然停止,如果想保存工作和打印消息,则必须放弃当前的计算,并返回到启动新计算的更高级别的代码。更高级的代码决定执行是可以继续还是必须停止。

检测到意外事件的函数,可手动清理正在使用的资源,并将错误代码返回给它的调用者(程序),调用者应依次清理,并将错误代码返回给调用者。错误代码会像水桶传递队一样,一步一步地向调用链上方传递,直到它到达能够响应它的代码为止。

错误代码的逐步返回风险,如果函数没有捕获被调用的返回代码,它可能会继续,而不是将错误代码传递给调用方。

通常,如果在意外事件后继续执行会导致越来越严重的意外事件,直到操作系统强制停止程序为止。如果函数不删除动态变量,关闭打开的文件句柄,并释放其他资源,这些资源就会泄露,从而导致程序或操作系统不稳定而崩溃。

C++异常处理是将执行返回到高级代码,有 3 个部分:① throw 语句“抛出”一个异常,表示意外事件的发生;② C++运行时系统“展开”函数调用堆栈,即调用每个局部变量的析构函数,而不将控制返回到包含局部变量的函数;③ try - catch 块“捕获”这个异常,结束展开过程,并允许继续执行。

注意,抛出的异常不能像返回的错误代码一样被忽略,异常或是由 try - catch 程序块捕获,或者在 C++运行时系统终止该程序。

当 C++运行时系统处理抛出异常释放堆栈时,它会调用所有局部变量的析构函数,这时在智能指针或 C++类中封装的资源被删除,因此不会泄露,因此开发人员不必编写复杂的流程控制代码处理正常执行情况和意外错误情况,因为当错误代码逐步返回时,这些特性使异常处理成为处理意外事件的更好方法。

13.3　抛出异常

抛出语句抛出一个异常,是 C++运行时系统发出意外事件已经发生的信号。throw 语句由 throw 关键字及其后跟的类型表达式组成,与表达式的类型相同。C++

提供的一个异常类型库是 std::exception 派生的类实例。一个程序可以抛出一个 int 或一个 char * 或任何其他所需类型，下面就是一些 throw 语句的示例。

(1) 抛出一个 std::exception 类型的异常。

```
throw std::exception;
```

(2) 抛出一个 std::logic_error 类型的异常，该异常是从 std::exception 派生的类，该异常具有描述特定异常的可选文本字符串。

```
throw std::logic_error("This should not be executed");
```

(3) 抛出一个 std::runtime_error 类型的异常，该异常是从 std::exception 派生的类，该异常有一个整数错误代码和一个可选文本字符串，可进一步描述这个特定异常，这个整数代码是特定于操作系统的错误。

```
throw std::runtime_error(LastError(), "in OpenFile()");
```

(4) 将 Linux 的 errno 伪变量作为 int 类型的异常抛出，这个整数的值是操作系统特定的错误代码。

```
throw errno;
```

(5) 抛出一个 char const * 类型的异常，字符串的内容描述了这个异常。

```
throw "i before e except after c";
```

通常，开发人员将使用的大多数标准异常，要么是 std::logic_error 及其派生，要么是 std::runtime_error 及其派生，或 std::system_error。标准异常的其余部分由 C++ 标准库函数抛出。对于异常是 logic_error（逻辑错误）和 runtim_error（运行时错误），C++ 中设计得很好。

在内存不足的情况下，使用标准异常是不合适的，因为大多数标准异常在构造时可能会分配动态变量。标准异常的 what 参数没有定义，它只是插入 std::exception 的 what()成员函数返回的字符串中的文本。

13.4 未捕获的异常

通常，异常由 throw 语句抛出，并由 try-catch 程序块中的 catch 子句捕获。我们下面将研究如何捕获异常。

如果一个抛出的异常没有被 try-catch 程序块捕获，C++运行时系统将终止该程序，抛出一个异常比调用 exit()或 abort()终止程序执行效果要好，因为它记录了一个意外事件的发生。另外，抛出一个异常还可以让程序在以后得以完善，其方法是捕获异常，并决定程序是终止还是继续。

练习:抛出未捕获的异常

在本练习中,我们将看到当抛出未被 try - catch 块的 catch 子句捕获的异常时会发生的情况。

1. 键入 main()函数的框架,如下所示。

```
# include <iostream>

using namespace std;

int main()
{
    return 0;
}
```

2. 在 main()的内部,插入一条 throw 语句,包括 throw 关键字,后跟一个任意类型的表达式。异常通常是从 C++标准库异常类派生的实例,也可以抛出一个整数,例如错误号,甚至可以抛出一个以空结尾的文本字符串描述的异常。

```
throw "An exception of some type";
```

3. 运行这段程序,tutorialspoint 联机编译器的输出如图 13 - 1 所示:

```
$g++ -o main *.cpp
$main
terminate called after throwing an instance of 'int'
timeout: the monitored command dumped core
sh: line 1: 143250 Aborted                    timeout 10s main
```

图 13 - 1 当抛出未捕获的异常时调用 terminate()函数

这里发生了什么? 当一个异常被抛出而未被捕获时,C++运行时系统会调用标准库 terminate()函数。如果 terminate()没有返回,它导致程序退出,向操作系统发出异常终止信号。在 Linux 上,这种异常终止会转而存储到一个为了调试而准备的核心文件中。

4. 在 using namespace std;之后,添加一个名为 deeply_nested()的 int 函数,该函数框架如下所示。

```
int deeply_nested()
{
    return 0;
}
```

5. 添加代码,抛出 int 值 123,然后输出"in deeply_nested after throw"。

```
int deeply_nested()
{
```

```
    throw 123;
    cout << "in deeply_nested() after throw" << endl;
    return 0;
}
```

6. 在 deeply_nested() 之后,添加另一个名为 intermediate() 的 int 函数,它的框架如下所示。

```
int intermediate()
{
    return 0;
}
```

7. 添加一个 deeply_nested() 的调用,其是从名为 rc(代表返回代码)的一个 int 变量中的 deeply_nested() 捕获的返回值。接着,输出消息"in intermediate(),after deeply_nested()",然后,从 rc 中的 deeply_nested() 返回代码,完整的函数如下所示。

```
int intermediate()
{
    int rc = deeply_nested();
    cout << "in intermediate(), after deeply_nested()";
    return rc;
}
```

8. 在 main() 函数中,将 throw 语句替换为对 intermediate() 函数的调用,注意不要从 intermediate() 捕获返回代码。

```
intermediate();
```

9. 运行这段程序,tutorialspoint 联机编译器的输出如图 13 - 2 所示:

```
$g++ -o main *.cpp
$main
terminate called after throwing an instance of 'int'
timeout: the monitored command dumped core
sh: line 1: 143250 Aborted                    timeout 10s main
```

图 13 - 2　编译器输出抛出未捕获异常

这里发生了什么事? main() 函数调用了 intermediate() 和 deeply_nested(),这表示程序是正常行为,通常,当抛出一个异常时,程序会执行多层嵌套的函数,如执行 throw 语句时,将停止在 deeply_nested() 中代码的执行,C++运行时系统开始寻找一个 try - catch 块捕获异常。此时,输出由操作系统生成,并且可能因操作系统或编译器版本的不同而变化。注意,throw 后面的输出语句都没有执行,这表示函数的执行在 throw 语句之后停止了。

提示:当 deep_nested() 返回一个代码,可能在提示出现错误,intermediate() 同 deep_nested 类似。main() 不会从 intermediate() 捕获返回代码,因此错误信息将丢失。如果未捕获异常,则异常会停止程序,并将错误信息从 throw 语句传输到 catch 子句所在的地方。

13.5　捕获异常

捕获异常的代码称为 try‐catch,它由两部分组成;try 由 try 关键字及后跟的大括号包围的语句列表组成,即由 try‐catch 控制的一个语句块,try 后面是一个或多个 catch 子句,每个 catch 子句又由 catch 关键字及后跟带括号的变量声明(声明 catch 子句要捕获的异常类型)组成,其中最后一个 catch 子句可以是 catch(...),它捕获以前未捕获的每个异常。

下面是一个 try‐catch 示例:

```
try
{
    auto p = make_unique <char[]> (100);
}
catch (std::exception& e)
{
    cout << e.what() << endl;
}
```

try 也可以包含单个语句,如下所示:

```
auto p = make_unique <char[]> (100);
```

如果内存不足,则无法创建动态变量,此语句可能引发一个 std::bad_alloc 类型的异常,而 try 中的语句被执行。如果没有发生异常,则继续执行最后一个 catch 子句后面的语句。上述示例 try‐catch 中有一个 catch 子句,该子句处理类型为从 std::exception 派生的任何异常,包括 std::bad_alloc。当发生异常,程序将异常的类型与第一个 catch 子句的类型进行比较,异常的类型可以在 catch 子句的变量中构造,使用实际函数参数构造形式参数的方式,即 catch 子句开始执行。示例 catch 子句中的可执行语句使用 std::exception::what()成员函数打印出异常的描述。

```
cout << e.what() << endl;
```

在执行 catch 子句中的语句之后,异常被视为已处理,即在最后一个 catch 子句之后的位置继续执行。

如果第一个 catch 子句与抛出异常的类型不匹配,则会比较后续 catch 子句,所以 catch 子句的顺序很重要。当 C++运行时系统从顶部到底部匹配抛出的异常与 catch 子句时,异常被第一个 catch 子句捕获,在该子句中即可以构造异常。这里注意 catch 子句的顺序逻辑是从最具体到最一般进行排列,catch(...)是最一般的,在列表的末尾。

当没有 catch 子句与抛出异常类型匹配,对 try – catch 的搜索将继续在 try – catch 的范围中进行。

练习:try – catch

本练习展示 try – catch 程序的基本形式,try – catch 程序的目的是处理部分或所有抛出的异常,其决定程序的执行是否可以继续。

1. 输入 main()函数的框架,其代码如下所示。

```cpp
#include <iostream>

using namespace std;

int main()
{
    return 0;
}
```

2. 输入上一个练习中的 deeply_nested()函数,其代码如下所示。

```cpp
int deeply_nested()
{
    throw 123;
    return 0;
}
```

3. 在 main()内部,创建一个 try – catch 程序块。在 try 中,调用 deeply_nested(),添加 catch 块以便使用 catch 子句 catch(...)捕获所有异常。在 catch 中,输出"in catch..." 字符串,其代码如下所示。

```cpp
try
{
    deeply_nested();
}
catch (...)
{
    cout << "in catch ..." << endl;
}
```

4. 在 try – catch 之后,输出"in main(),after try – catch"字符串,其代码如下所示:

```cpp
cout << "in main(), after try - catch" << endl;
```

5. 运行以上这段程序代码。

请注意,我们的程序没有调用 terminate(),也没有用操作系统发出的异常终止消息。main()调用了 deeply_nested(),在 deeply_nested()中抛出的异常被 catch(...)子句捕获,接着该子句打印第一条消息,因此在 catch 子句之后程序继续正常执行,并打印第二条消息。

　　某些 C++语句和 C++标准库的某些函数也会抛出异常,由 C++语句和函数抛出的所有异常都是由 std::exception 异常派生的类实例,它们可以在 <exception> 头中找到。从 std::exception 派生的异常的特点是:它们提供可以调用的成员函数,以获取有关异常的更多信息,要访问这些成员函数,catch 子句必须为捕获的异常赋予一个变量。catch 子句捕获一个 std::exception 类型的异常,并将对该异常的引用放入名为 e 的变量(对于 exception 是)中,如下所示:

```
catch (std::exception& e)
```

　　也可以使用 catch 语句按值捕获异常,如下所示:

```
catch (std::exception e)
```

　　但这样做需要复制这个异常,因为抛出的异常存在于为此目的保留的内存中,所以不需要动态变量保存异常。C++抛出的一个异常是 bad_alloc 异常,这是在内存无法分配时发生的,但复制一个异常可能需要创建一个动态变量,如果程序内存不足,该变量将导致程序崩溃。

练习:C++抛出的异常

　　不是每个异常都是由开发人员自己的代码中的 throw 语句抛出的,有些异常是由 C++语句和标准库函数抛出。在本练习中,我们将捕获由 C++标准库函数抛出的异常。

1. 根据上一个练习的完整程序开始练习,如果需要重新输入,可参照下面代码。

```cpp
#include <iostream>

using namespace std;

int deeply_nested()
{
    throw 123;
    return 0;
}

int main()
{
    try
    {
        deeply_nested();
    }
    catch (...)
    {
        cout << "in catch ..." << endl;
```

```
    }
    cout << "in main(), after try-catch" << endl;
    return 0;
}
```

2. 在 include(包含)头文件 <iostream> 的指令下面,添加包含 <exception> 和包含 <string> 的 include 指令,如下所示。

```
# include <exception>
# include <string>
```

3. 在 deeply_nested()中,用以下语句替换 throw 语句。

```
string("xyzzy").at(100);
```

我们总结一下这个语句的神奇之处,这里我们创建了一个标准的库字符串,并将其初始化为一个 5 个字母的单词,然后输入字符串的第 100 个字符,但这是不可行的,因此 at()成员函数会抛出异常。至此,这个程序如下所示。

```
# include <iostream>
# include <exception>
# include <string>

using namespace std;

int deeply_nested()
{
    string("xyzzy").at(100);
    return 0;
}

int main()
{
    try
    {
        deeply_nested();
    }
    catch (...)
    {
        cout << "in catch ..." << endl;
    }
    cout << "in main(), after try-catch" << endl;
    return 0;
}
```

4. 在 main()中的 catch(...)子句之前,添加一个新的 catch 子句,捕获引用变量 e

中的异常类型(记住:由于 using namespace std 语句的原因,所以是 std::exception)。在 catch 子句中,输出 e.what()返回的值,该值打印描述这个异常的文本字符串,这个新的 catch 子句如下所示。

```
catch (exception& e)
{
    cout << "caught " << e.what() << endl;
}
```

这里,main()函数调用 deeply_nested()函数,在 deeply_nested()内部,语句"string ("xyzzy").at(100);"抛出了一个来自 std::exception 派生类的异常。这个异常是什么类型呢? 它是 out_of_range 类,是从 logic_error 派生的,而后者又是从 exception 类派生的。由于此异常首先与 std::exception& 匹配,对于派生类的引用可以初始化为对基类的引用,因此该 catch 子句被执行,产生第一行输出。当捕捉到这个异常后,程序继续执行 try - catch 块后面的行,该行按预期打印了第二个输出行,但 catch(...)子句没有执行,因为 C++已经将抛出的异常匹配到前一个 catch 子句,并执行了那个 catch 子句的语句。

如果程序在 catch(exception& e)子句之前已经包含了一个 logic_error 或 out_of_range 的 catch 子句,则该 catch 子句将被执行,但是如果 catch(exception& e)子句是第一个出现,它就会被执行。切记,catch 子句是按顺序检查的,执行与异常匹配的是第一个 catch 子句,而不是最佳匹配的子句。

13.6 展开堆栈

展开堆栈是销毁堆栈上每个作用域的局部变量,并查找 try - catch 的过程。

下面介绍 C++运行时系统在处理抛出异常时所做的操作。展开堆栈从最内部的动态嵌套范围开始,这是包围 throw 语句的范围(由大括号分隔的),它也被称为动态嵌套作用域,因为当一个函数调用另一个函数时,函数堆栈上的函数作用域堆栈在程序执行期间会动态改变。

对于函数激活堆栈的每个作用域,C++运行时系统均将执行以下步骤,如有更多的范围(作用域/定义域),就会重复操作。

(1) 当前作用域中的局部变量将被销毁,C++会准确地追踪在每个范围内需要销毁的变量。如果一个正在构造的类抛出一个异常,则销毁已构造的基类和成员变量,即如果是构造块中的某些变量,则会销毁这些变量。

(2) 如果当前作用域是函数作用域,则函数的激活记录会从堆栈弹出,并且 C++运行时系统会处理下一个包围的范围。

(3) 如果当前的范围是除尝试程序块之外的其他内容,则 C++也将处理下一个包围的范围。

（4）如果作用域是一个 try 程序块，C++运行时系统会将每个 catch 子句依次与抛出异常的类型进行比较。当抛出的异常类型可以构造到 catch 子句中，以与函数形式参数相同的方式构造 catch 子句变量，并执行 catch 子句。然后继续执行紧跟在 catch 块后面的语句，并完成此过程。

（5）如果抛出的异常无法构造到 catch 子句中，C++将处理下一个包围的范围。

（6）当没有（更多）作用域，则这个异常不被捕获到，此时 C++运行时系统会调用 teminate()，然后将控制返回给操作系统，指示一个异常终止状态。

13.7　资源获取初始化（RAII）和异常处理

毫无疑问，C++异常的堆栈展开作用是非常强大的。C++标准库定义了许多类，它们获取资源，拥有这些资源，并在类被销毁时释放这些资源，这种习惯用法称为 RAII（Resource Acquisition Is Initialization，资源获取初始化），其中智能指针是删除它们所拥有的动态变量的 RAII 类。在某一范围内拥有资源的智能指针或其他 RAII 类实例在退出该范围之前会释放这些资源，因此资源不会泄露。

异常处理和 RAII 的结合使开发人员避免编写两种不同的程序路径删除拥有的资源：一种是在执行成功时遵循的路径；另一种是在发生意外事件时遵循的路径。开发人员只需要使用智能指针和 C++标准库的其他 RAII 类即可完成资源删除。这里请注意 C++在离开一个范围时销毁对象，以及 RAII 类管理资源没有明确的编码。

练习：展开堆栈

在本练习中，我们将创建一个调用函数生成动态嵌套变量作用域的程序，用这个程序抛出的异常说明堆栈展开过程是如何发生的。

1. 输入 main()函数的框架，其代码如下所示：

```
# include <iostream>

using namespace std;

int main()
{
    return 0;
}
```

2. 为头文件 <exception> 和 <memory> 库添加 include 伪指令，这个程序抛出一个从 std::exception 派生的异常，它需要在 <memory> 中定义的智能指针：

```
# include <exception>
# include <memory>
```

3. 输入 noisy 类的定义,其代码如下所示。

```
class noisy
{
    char const * s_;
  public:
    noisy(char const * s) { cout << "constructing " << (s_ = s) << endl; }
    ~noisy() { cout << "destroying " << s_ << endl; }
};
```

4. 输入 int 函数 deeply_nested(),其框架如下所示。

```
int deeply_nested()
{
    return 0;
}
```

5. 在 deeply_nested()中使用 make_unique()创建一个指向动态 noisy 变量的智能指针,其代码如下:

```
auto n = make_unique <noisy> ("deeply_nested");
```

6. 抛出一个 logic error(逻辑错误),logic_error 采用空结尾的字符串构造函数参数,尝试"totally illogical(完全不合逻辑)":

```
throw logic_error("totally illogical");
```

7. 输入 int 函数 intermediate(),其框架如下所示。

```
int intermediate()
{
    return 0;
}
```

8. 创建一个本地的(局部的)noisy 类实例,它的参数可以是"intermediate",此时 noisy 类的析构函数会打印一条消息,它是在其析构函数中显式释放资源的类的替代。

```
noisy n("intermediate");
```

9. 添加一个 deeply_nested()的调用,从 int 变量 rc 中的 deeply_nested()捕获返回值,输出消息"after calling deeply_nested",返回 rc。

```
int rc = deeply_nested();
cout << "after calling deeply_nested()" << endl;
return rc;
```

10. 在函数 main()中添加 try - catch,对于类异常,它应该有一个 catch 子句,这个 try - catch 的框架如下所示。

```
try
{
}
catch (exception& e)
{
}
```

11. 在 try 块中使用构造函数参数"try In main"构造一个指向动态 noisy 实例的智能指针。

```
auto n = make_unique <noisy> ("try in main");
```

12. 调用 intermediate(),并打印出返回代码。

```
int rc = intermediate();
cout << "intermediate() returned " << rc << endl;
```

13. 在 catch 子句中,输出 e. what(),以便我们知道捕获了什么异常。

```
cout << "in catch: exception: " << e.what() << endl;
```

14. 在 try - catch 块之后,输出字符串"ending main()"。

```
cout << "ending main" << endl;
```

15. 编译,并运行以上这个程序,main()中的 try 块构造了一个 noisy(输出的第一行)的动态实例,其中 main()调用了 intermediate(),表示函数调用多层。intermediate()构造了一个 noisy(第二行)的实例,intermediate()调用 deeply_nested(),它构造了一个动态 noisy 实例(第三行)。此时,函数调用堆栈框架如图 13 - 3 所示:

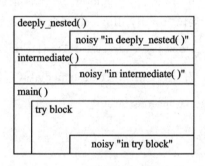

图 13 - 3　函数调用堆栈

这里,deeply_nested()抛出一个异常,这是因为 deeply_nested()中有 noisy 的实例被销毁了(第 4 行),但是 intermediate()中的输出语句没有执行。由于 intermediate()中没有 try - catch 块,因此 intermediate()中的 noisy 实例被销毁(第 5 行)。在 main()中有一个 try - catch 块,在 try - catch 块中 noisy 的动态实例被销毁(第 6 行),而异常的类型是 std::logic_error,它是从 std::exception 派生的。由于有一个用于异常的 catch 子句,因此执行了该 catch 子句(第 7 行),而在 try - catch 块(第 8 行)之后,继续执行输出语句。

注意,deeply_nested()和 intermediate()返回值,并抛出一个异常,由于抛出了一个异常,所以返回值的代码未执行。

16. 在这个看似非常理想的堆栈自动展开的过程中有一个异常问题,即当将 main()中的 try - catch 替换为 try 的内容后,main()中会出现以下情况。

```
int main()
{
    auto n = make_unique <noisy> ("try in main");
    int rc = intermediate();
    cout << "intermediate() returned " << rc << endl;
    cout << "ending main" << endl;
    return 0;
}
```

17. 再次编译，并运行这个程序，我们会看到类似于如图 13 - 4 所示内容的输出：

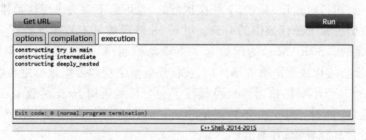

图 13 - 4　如果未捕获异常，则不会展开堆栈

没有一个 noisy 的实例被销毁！到底发生了什么？当未捕获异常时，C++标准有选择地不展开堆栈，所以每个使用异常处理的程序都应该在 main()的内容周围放置至少一个 try - catch，以便意外地异常释放堆栈。

13.8　测试：处理异常

当我们编写的程序反复执行一些无序操作，出现一些无法控制的情况时，可以调用 do_something()的 bool 函数执行这个程序的操作，do_something()会返回 true，并在 do_something()最终返回 false 时结束该程序，如下所示。

```
# include <iostream>

using namespace std;

int main()
{
    bool continue_flag;
    do
    {
        continue_flag = do_something();
    }
    while (continue_flag == true);
```

```
        return 0;
    }
```

设想一下,假设我们的程序监视一个 200 兆瓦的核反应堆的安全运行,我们的 do_something()函数被称为 reactor_safety_check()的函数调用。这是一个非常重要的程序,只有在检测到控制棒被推入且堆芯温度低于 100 ℃(此时 reactor_safety_check()返回 false)时才停止运行。

实现反应堆安全检查代码在运行时错误(如读取传感器故障)抛出 std::runtime_error 异常,实际上这些错误是暂时性的小故障,因为即使程序的一次迭代报告一个 runtime_error(运行时错误)异常,下一次执行时,也可能不会再出现这类错误。

这时,我们搜索了源代码中的 throw 语句,并发现如果不被捕捉到它们,带来的风险显然是严重的。SCRAM()的函数会一直推动控制棒,排出蒸汽,并启动应急给水泵。为防止堆心熔化或更严重的事件(它被核反应堆工程师委婉地称之为"临界快速拆卸",这意味着一个小型热核爆炸),可编写了一个反复调用 bool 函数 reactor_safety_check()的程序,通过 main 循环处理 runtime_error(运行时错误)异常并通过调用 SCRAM()处理其他异常,并退出。

以下就是完成这个测试(实践活动)的一些步骤。

(1) 编写一个 reactor_safety_check()的测试版本,它偶尔会抛出异常测试代码。这里有一个编写 reactor_safety_check()的提示:如果您创建了一个名为 count 的静态 int 变量,并在每次调用 reactor_safety_check()时递增 count,则可以使用 count 决定在 reactor_safety_check()中执行相应的操作。

(2) 我们会希望捕获所有可能的异常,不仅仅是 std::runtime_error,不希望在 reactor 仍在运行时终止这个循环。

(3) 可以假设在调用 SCRAM()之后,不必再监视反应堆。

13.9 小 结

通知程序意外事件的传统方法是使用错误返回代码。这种方式存在风险,因为开发人员并不总是记得检查返回代码。C++异常处理机制克服了这种风险,因为异常要么被捕获,要么终止程序。

C++异常处理的特点是能在程序执行过程中处理意外事件。

一个抛出的异常展开堆栈,可以在展开堆栈时调用每个作用域中每个变量的析构函数。使用 RAII 习惯用法,拥有动态变量、打开文件句柄、互斥锁等资源的类都可以释放这些资源。由于资源是在堆栈被展开时释放的,因此捕获一个异常后继续程序执行是安全的。

try - catch 程序块可以捕获异常,catch 子句既可以选择继续,也可以选择停止程序执行。

在前几章中,我们介绍了 C++的控制流程语句,如果想使用这些语句,需要练习编写程序,并在线 C++编译器上或者 C++ IDE 上执行。本书为大家提供了一些相关的练习,只有通过反复练习,才能充分掌握和运用所学到的技能。

我们探讨了 C++中变量的基本类型,它们存在一些变体。例如,int(整数)类型有 short int、long int 和 long long int 变体,外加所有这些类型的无符号变体,学习了两种浮点数类型:float(浮点数)和 double(双精度数)。尝试了的数组和结构以及带有成员函数的类。

动态变量允许在内存中构建任意数据结构,只要避免动态变量的致命错误即可。智能指针和 RAII 将为我们提供了帮助,如果我们以前的程序设计经验不包括对象,那么可能需要数年才能熟悉面向对象的程序设计。

C++有一个标准的库,它包含了一些作为模板函数和类打包的算法和数据结构。在本书中,我们没有时间介绍模板编程,不过它是一个非常值得学习的题目。

本书中还介绍了 C++的输出语句,它具有独特的功能和灵活性,值得更多地学习。

C++异常处理是一个强大的工具,是值得掌握的知识点。

事实上,几乎每个 C++语句、声明、表达式和指令都还有我们没有介绍的知识,标准 C++本身的内容就很多。建议你在练习时查阅资料,看看哪些知识可以帮助我们,即使是非常有经验的 C++开发人员也要继续学习更多的知识。

多长时间才能熟练地掌握 C++的知识? 如果只是自学,大多数人需要花上两年的时间练习,才能达到自如应用的程度,学习这本书,你就拥有了一个好的开端,以便继续学习和练习。

附录　测试参考答案

第 1 章　您的第一个 C++ 程序

测试：编写个人信息登记应用程序——参考答案

1. 使用♯ defines 定义您的年龄段的门槛值。
2. 使用♯ defines 为每个年龄段定义一个名字。

以下为第 1 步和第 2 步的代码：

```
// Activity 1.
# include <iostream>
# include <string>

# define GROUP_1_THRESHOLD 12
# define GROUP_2_THRESHOLD 28

# define GROUP_1_NAME "Group A"
# define GROUP_2_NAME "Group B"
# define GROUP_3_NAME "Group C"
```

3. 输出询问用户名的文本，并捕获响应放在一个变量中。
4. 输出询问用户年龄的文本，并捕获响应放在一个变量中。
5. 写一个函数，该函数将接受年龄作为一个参数，并返回适当的组名（年龄段名）。
6. 输出用户名和赋予他们的年龄段名。

以下就是第 3～6 步的代码：

```
std::string GetGroup(int age);

int main()
{
    std::string name = "";
    int age = 0;
    std::string group = "";
```

```
    std::cout ≪ "Please enter your name: ";
    getline(std::cin, name);

    std::cout ≪ "And please enter your age: ";
    std::cin ≫ age;

    group = GetGroup(age);

    std::cout ≪ "Welcome " ≪ name ≪ ". You are in " ≪ group ≪ ".\n";
}


std::string GetGroup(int age)
{
    if (age <= GROUP_1_THRESHOLD)
    {
        return GROUP_1_NAME;
    }
    else if (age <= GROUP_2_THRESHOLD)
    {
        return GROUP_2_NAME;
    }
    else
    {
        return GROUP_3_NAME;
    }
}
```

7. 运行以上完整的代码。我们将获得如附图 1 所示的输出。

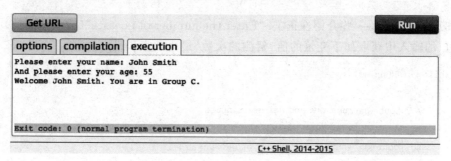

附图1　程序要求用户的姓名和年龄,并将其赋予适当的组(年龄段)

第 2 章　控制流程

测试：使用循环和条件语句创建数字猜谜游戏——参考答案

1. 声明所有变量，包括 guessCount、minNumber、maxNumber 和 randomNumber。

```
// Activity 2: Number guessing game.
# include <iostream>
# include <string>

int main()
{
    // Declare variables.
    int guessCount = 0;
    int minNumber = 0;
    int maxNumber = 0;
    int randomNumber = 0;
    std::string input = "";
    bool bIsRunning = true;
```

2. 创建将运行该应用程序的主要外循环。

```
while (bIsRunning)
{
}
```

3. 为用户显示一些介绍性正文[“Enter the number of guesses”（输入猜测数）]，并从用户的输入中获取如下变量的值：猜测的次数、最小数字和最大数字。

```
while (bIsRunning)
{
    // Output instructions and get user inputs.
    std::cout << "***Number guessing game***\n";
    std::cout << "\nEnter the number of guesses: ";
    getline(std::cin, input);
    guessCount = std::stoi(input);

    std::cout << "Enter the minimum number: ";
    getline(std::cin, input);
    minNumber = std::stoi(input);
```

```
std::cout << "Enter the maximum number: ";
getline(std::cin, input);
maxNumber = std::stoi(input);
}
```

📖 **注释:** 在这里,没有检查以确保获取的为最大数字大或最小数字。这是为了代码的简洁性,但是在编写生产代码时,需要检查用户输入是否正确。

4. 在用户指定的范围内生成一个随机数。

```
while (bIsRunning)
{
    // Output instructions and get user inputs.
    //[…]
    // Generate random number within range.
    srand((unsigned)time(0));
    randomNumber = rand() % (maxNumber - minNumber + 1) + minNumber;
}
```

5. 创建一个计数循环,该循环将迭代用户所指定的次数(并利用计数器记录用户猜测的次数)。

6. 在计数循环中,获取用户的猜测。

7. 在计数循环中,检查用户的猜测是否正确,是太高还是太低。当正确的值被猜到时,可以使用 break 语句退出。

8. 当找到了数字,或者用户完成猜测时,系统将呈现退出应用程序或继续玩游戏的选项:

```
while (bIsRunning)
{
    // Output instructions and get user inputs.
    //[ ]
    // Generate random number within range.
    //[ ]
    // Process user guesses.
    for (int i = 0; i < guessCount; ++i)
    {
        int guess = 0;

        std::cout << "\nEnter your guess: ";
        getline(std::cin, input);
        guess = std::stoi(input);

        if (guess == randomNumber)
        {
            std::cout << "Well done, you guessed the number!\n";
```

```
        break;
    }

    int guessesRemaining = guessCount - (i + 1);
    std::cout << "Your guess was too " << (guess <
    randomNumber ? "low. " : "high. ");
    std::cout << "You have " << guessesRemaining <<
(guessesRemaining > 1 ? " guesses" : " guess") << "remaining";
    }

    std::cout << "\nEnter 0 to exit, or any number to play again: ";
    getline(std::cin, input);

    if (std::stoi(input) == 0)
    {
        bIsRunning = false;
    }
    }
}
```

9. 运行以上完整的代码,输出如附图 2 所示。

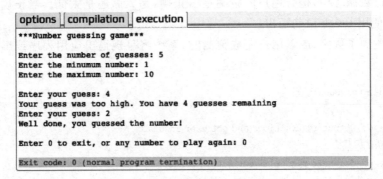

附图 2　数字猜谜游戏输出

第 3 章　内置数据类型

测试:编写注册应用程序——参考答案

1. 这个应用程序将需要的各种头文件,如下所示。

```
// Activity 3: SignUp Application.
# include <iostream>
```

```
# include <string>
# include <vector>
# include <stdexcept>
```

2. 定义将表示系统中记录的类。该记录包含姓名和年龄,声明这种类型的向量存储这些记录。在不必预先声明数组大小的情况下,向量被用于提供所需的灵活性。

```
struct Person
{
    int age = 0;
    std::string name = "";
};


std::vector <Person> records;
```

3. 添加函数以获取记录。首先,添加记录的函数,通常,一个记录由名字和年龄组成,可编写一个函数接受这两个参数。创建一个记录对象,并将其添加到记录向量中,将此函数命名为 AddRecord。

```
void AddRecord(std::string newName, int newAge)
{
    Person newRecord;
    newRecord.name = newName;
    newRecord.age = newAge;
    records.push_back(newRecord);
    std::cout << "\nUser record added successfully.\n\n";
};
```

4. 添加一个提取一条记录的函数。这个函数应该接受一个参数、一个用户 ID,并返回该用户的记录,我们将此函数命名为 FetchRecord。

```
Person FetchRecord(int userID)
{
    return records.at(userID);
};
```

5. 输入 main 函数,并应用程序的主体。从外部主循环开始,向用户输出一些选项,这里将提供 3 个选项:添加记录(Add Record)、提取记录(Fetch Record)和退出(Quit)。

```
int main()
{
    std::cout << "User SignUp Application\n" << std::endl;

    bool bIsRunning = true;
    while (bIsRunning)
```

```
{
    std::cout << "Please select an option:\n";
    std::cout << "1: Add Record\n";
    std::cout << "2: Fetch Record\n";
    std::cout << "3: Quit\n\n";
```

6. 向用户展示这些选项,然后捕获他们的输入。

```
std::cout << "Enter option: ";

std::string inputString;
std::getline(std::cin, inputString);
```

7. 这里有 3 个可能的分支,这取决于用户输入,我们使用 switch 语句处理这些分支。Case 1 添加了一个记录,为此,将从用户那里获得用户的姓名和年龄,然后调用我们的 AddRecord 函数。

```
// Determine user selection.
switch (std::stoi(inputString))
{
    case 1:
    {
        std::string name = "";
        int age = 0;
        std::cout << "\nAdd User. Please enter user name and age:\n";
        std::cout << "Name: ";
        std::getline(std::cin, name);
        std::cout << "Age: ";
        std::getline(std::cin, inputString);
        age = std::stoi(inputString);

        AddRecord(name, age);
    }
    break;
```

8. 另一种情况是用户想要提取记录,为此,需要从用户那获取用户 ID,然后调用函数 FetchRecord,输出其结果如下。

```
case 2:
{
    int userID = 0;

    std::cout << "\nPlease enter user ID:\n";
    std::cout << "User ID: ";
    std::getline(std::cin, inputString);
```

```
    userID = std::stoi(inputString);

    Person person;
    try
    {
        person = FetchRecord(userID);
    }
    catch (const std::out_of_range& oor)
    {
        std::cout << "\nError: Invalid UserID.\n\n";
        break;
    }

    std::cout << "User Name: " << person.name << "\n";
    std::cout << "User Age: " << person.age << "\n\n";
}
break;
```

9. 还有一种情况(case),当用户想要退出应用程序时,您只需要退出主循环即可。

```
case 3:
    bIsRunning = false;
    break;
```

10. 最后,添加一个默认 case。这将处理用户输入的无效选项,我们要做的就是输出一条错误消息,并将它们发送回应用程序的开头。

```
        default:
            std::cout << "\n\nError: Invalid option selection.\n\n";
            break;
        }
    }
}
```

所有这些都完成之后,这个应用程序就准备就绪了。

11. 运行以上完整的代码,输出如附图 3 所示。

至此,这个应用程序是复杂的,它汇集了我们所学到的内容:从函数到控制流、类、作用域、IO 等。可以看到不同的元素的组合,以及我们能够构建复杂的系统。

附图 3　应用程序允许用户添加记录,然后通过 ID 调用它们

第 4 章　C++的运算符

测试:Fizz Buzz——参考答案

1. 添加程序所需的那些头文件,开启主循环。

```
// Activity 4: Fizz Buzz.
# include <iostream>

int main()
{
```

2. 定义循环,打印 100 个数字,迭代 100 次,然后从 1 开始。

```
for (int i = 1; i <= 100; ++i)
{
```

3. 对于 3 的倍数,打印 Fizz,而对于 5 的倍数,打印 Buzz,这两个条件也可以同时出现。例如,15 是两者的倍数,因此我们可定义一个布尔值 multiple,并将它的初始值设为 false。

```
bool multiple = false;
```

4. 检查当前循环值 i 是否是 3 的倍数。如果是,打印 Fizz,并将变量 multiple 的布尔值设置为 true:

```
if (i % 3 == 0)
{
    std::cout << "Fizz";
    multiple = true;
}
```

5. 对 Buzz 做同样的操作,检查 i 是否是 5 的倍数。如果是,把变量 multiple 的布尔值设置为 true:

```
if (i % 5 == 0)
{
    std::cout << "Buzz";
    multiple = true;
}
```

6. 现在,已经检查了数字是 3 还是 5 的倍数,并且有一个布尔值,如果是,这个布尔值是真的(true),我们可以用它确定是否打印正常的数字。如果满足这点,multiple 的布尔值仍然为假(false),那么我们就知道需要打印正常的数字为 i:

```
if (!multiple)
{
    std::cout << i;
}
```

7. 进行格式化,如果不在循环的最后一次迭代中,将打印一个逗号,后跟一个空格,这会使我们的应用程序在打印时略微整洁些:

```
        if (i < 100)
        {
            std::cout << ", ";
        }
    }
}
```

8. 运行这个应用程序,并查看一下它的运行情况。我们会看到,数字达到 100,其中 3 的倍数将替换为 Fizz,5 的倍数将替换为 Buzz,这两者的倍数将替换为 FizzBuzz,如附图 4 所示。

```
options | compilation | execution
1, 2, Fizz, 4, Buzz, Fizz, 7, 8, Fizz, Buzz, 11, Fizz, 13, 14, FizzBuzz, 16, 17, Fizz, 19, Buzz,
Fizz, 22, 23, Fizz, Buzz, 26, Fizz, 28, 29, FizzBuzz, 31, 32, Fizz, 34, Buzz, Fizz, 37, 38, Fiz
z, Buzz, 41, Fizz, 43, 44, FizzBuzz, 46, 47, Fizz, 49, Buzz, Fizz, 52, 53, Fizz, Buzz, 56, Fizz,
58, 59, FizzBuzz, 61, 62, Fizz, 64, Buzz, Fizz, 67, 68, Fizz, Buzz, 71, Fizz, 73, 74, FizzBuzz,
76, 77, Fizz, 79, Buzz, Fizz, 82, 83, Fizz, Buzz, 86, Fizz, 88, 89, FizzBuzz, 91, 92, Fizz, 94,
Buzz, Fizz, 97, 98, Fizz, Buzz

Exit code: 0 (normal program termination)
```

附图 4　Fizz Buzz 应用程序

第 5 章　指针和引用

测试:使用指针和引用进行字符串数组的操作——参考答案

1. 输入 main()函数的结构框架。

```
#include <iostream>
using namespace std;

int main()
{
    return 0;
}
```

2. 在以上的 main()函数中创建一个字符串数组。

```
char const * array[26]
{ "alpha", "bravo", "charlie", "delta", "echo" };
```

数组的长度必须为 26 个元素,否则程序可能会因某些有效参数而崩溃。

3. 输入 printarray()函数的结构框架,并定义它的参数。因为程序正在打印一个文本字符串数组,所以指针是 char const**类型的,而 count 参数是一个 int&(整数引用)。定义返回类型,该类型在赋值中指定为 int(整数)。

```
int printarray(char const * * begin, char const * * end, int& count)
{
    return 1;
}
```

4. 清除计数器。

```
count = 0;
```

5. 输入代码以检测 printarray() 的参数中的错误。

```
if (begin == nullptr || end == nullptr ||
    begin > end || end - begin > 26)
{
    return 0;
}
```

6. 输入一个控制打印的循环。

```
for (count = 0; begin < end; ++begin)
{
    if (*begin != nullptr)
    {
        ++count;
        cout << *begin << endl;
    }
}
```

这里用一个 for 循环可以帮助我们记住像上述任务所需的所有部分,因为 for 循环最初没有任何其他事情要做,所以在 for 语句的初始化部分将 count 设置为零。

7. 在 main() 的内部编写测试代码。

```
int count;
if (printarray(nullptr, nullptr, count) == 0 || count != 0)
{
    cout << "error in printarray() call 1" << endl;
}
else
{
    cout << "count = " << count << endl;
}
if (printarray(array, &array[4], count) == 0 || count != 4)
{
    cout << "error in printarray() call 2" << endl;
}
else
{
    cout << "count = " << count << endl;
}

if (printarray(&array[4], &array[3], count) == 0 || count != 0)
{
    cout << "error in printarray() call 3" << endl;
```

```
}
else
{
    cout << "count = " << count << endl;
}

if (printarray(&array[4], &array[10], count) == 0 || count != 1)
{
    cout << "error in printarray() call 4" << endl;
}
else
{
    cout << "count = " << count << endl;
}

if (printarray(&array[0], &array[100], count) == 0 || count != 0)
{
    cout << "error in printarray() call 5" << endl;
}
else
{
    cout << "count = " << count << endl;
}
```

8. 运行这个程序,其输出如附图 5 所示。

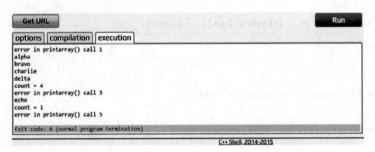

附图 5   使用指针和引用操作一个字符串数组

第 6 章　动态变量

测试:创建类实例的二叉搜索树——参考答案

1. 以输入 main() 函数的结构框架开始。

```
#include <iostream>
using namespace std;

int main()
{
    return 0;
}
```

此时,添加一个 numeric_tree 结构的定义,它需要一个 int 值成员,以及指向左子树和右子树的指针,它们本身就是 numeric_tree 的实例:

```
struct numeric_tree
{
    int value_;
    numeric_tree * left_;
    numeric_tree * right_;
};
```

2. 添加一个名为 root 的变量作为这棵树的根,它是一个指向 numeric_tree 的指针。

```
numeric_tree * root = nullptr;
```

3. add()以要添加的 int 值和指向该树指针地址的指针(即指向指针的指针)作为参数。

```
void add(int v, numeric_tree * * pp)
{
}
```

4. 对于 add() 函数,将要添加的项添加到等于 nullptr 的子树中。

```
* pp = new numeric_tree;
( * pp) ->value_ = v;
( * pp) ->left_ = ( * pp) ->right_ = nullptr;
```

5. 用递归函数实现函数 delete_tree()。

```
void delete_tree(numeric_tree * item)
```

```
{
    if (item == nullptr)
    {
        return;
    }
    else
    {
        delete_tree(item->left_);
        delete_tree(item->right_);
        cout << "deleting " << item->value_ << endl;
        delete item;
    }
}
```

6. find()取了一个要添加的 int 值和一个指向 numeric_tree 的地址指针,即一个指向指针的指针作为参数。又返回一个指向指针的指针,find()既可以用递归实现,也可以使用迭代来实现。

```
numeric_tree * * find(int v, numeric_tree * * pp)
{
}
```

7. 当 find()使用二叉搜索树的递归描述时,如果 pp 指向的变量为 nullptr,则 find()已找到了(定位了)插入点,并返回。

```
if ( * pp == nullptr)
{
    return pp;
}
```

8. 如果参数 v 小于当前项的 value_成员,则 find()在左子树中递归,否则,它将在右子树中递归。

```
else if (v < ( * pp)->value_)
{
    return find(v, &(( * pp)->left_));
}
else
{
    return find(v, &(( * pp)->right_));
}
```

9. 完整的 find()函数如下所示:

```
numeric_tree * * find(int v, numeric_tree * * pp)
{
```

```
    if ( * pp == nullptr)
    {
        return pp;
    }
    else if (v < ( * pp) ->value_)
    {
        return find(v, &(( * pp) ->left_));
    }
    else
    {
        return find(v, &(( * pp) ->right_));
    }
}
```

10. print()函数在本书前面已经描述过,这个函数最好以递归实现,print()函数如下所示:

```
void print(numeric_tree * item)
{
    if (item == nullptr)
    {
        return;
    }
    else
    {
        print(item ->left_);
        cout << item ->value_ << " ";
        print(item ->right_);
    }
}
```

当使用二叉搜索树的递归定义,如果指针为 nullptr,则无须打印。否则,打印左子树(其中值较低),随后打印当前项的值,然后打印右子树(其中值较大)。

11. 在 main()中,可以一次添加一个项,但我们选择了自动化该过程,使用 for 循环从 int 值数组中插入每个项,这个 for 循环为每个值调用了 add()。

```
int insert_order[] { 4, 2, 1, 3, 6, 5 };
for (int i = 0; i < 6; ++i)
{
    int v = insert_order[i];
    add(v, find(v, &root));
}
```

12. 这时候打印新构建的树,如下所示。

```
    print(root);
    cout << endl;
```

注意,print()不会输出 endl,所以必须在之后单独输出。如果要隐藏此详细信息,可以将 print()包装在另一个名为 print_tree()的函数中。

13. 这棵树是一种动态数据结构。当您完成上述操作,必须将其删除掉,delete_tree()函数可以完成这一操作:

```
    delete_tree(root);
```

14. 该程序的输出如附图 6 所示。

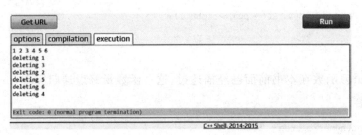

附图 6　用于创建类实例的二叉搜索树的输出

第 7 章　动态变量所有权和生命周期

测试:使用动态变量存储一本书的单词——参考答案

1. 以 main()程序的框架开始如下所示:

```
# include <iostream>
# include <memory>

using namespace std;

int main()
{
    return 0;
}
```

2. 定义 word 类。

```
class word
{
    friend class line;
    unique_ptr <char[]> ptr_;
```

```
        int letters_;
        int spaces_;
        word * next_;
    public：
        word(char const * srcp, int l, int spaces);

        void to_string(char * dstp);

        int size();
};// end word
```

这里有一个指向 char 数组的 unique_ptr<> 的智能指针,它保存单词的字母以及字母和空格的计数,由于一行中的单词将是一个链表,所以有一个 next(下一个)指针。

通常,构造函数复制单词字符串以及字母和空格的计数,而 word 的析构函数由编译器生成,to_string()将单词复制到一个 char 缓冲区中。

在程序的其他地方,char 缓冲区的大小会被调整,但测试时,可以只使用 char buf[100],size()会返回单词中的字符数加上空格数,如要确定行的大小,需要遍历行中单词链表,并将所有单词的大小相加。

定义 line(行)类,如下所示。

```
class line
{
    friend class page;
    word * head_;
    line * next_;

    public：
    line(char const * str);

    ~line();

    void append(word * w);

    void to_string(char * dstp);

    int size();
};// end line
```

上述这段代码包含单词链表的头节点和 next(下一个)指针,所以 line 类与 word 类具有相同的结构。构造函数将一个字符串转换为一个单词链表,而析构函数删除单词链表,因为 line 拥有指向该链表的指针。这里的 to_ string()是将单词链表转换为以空结尾的字符串,然后 size()生成行中的字符个数。

注意,line 有一个附加的函数 append(),它会在 line 的单词链表的末尾添加一个新单词。

3. 因为类 page(页)包含 line(行)链表的头节点,其析构函数就像行的析构函数一样,所以这里 append()就像 line 的 append()函数一样,其构造函数是空的,print()在 cout 上输出一本书,如下所示。

```cpp
class page
{
    line * head_;

public:
    page();

    ~page();

    void append(line * lp);

    void print();
};// end page
```

4. 我们看 main()的内容,它是基于范围的 for 循环获取构成的字符串,一次一个。

为什么要在行周围打印单引号(字符 '\'')? 这样做是为了让大家看到前导空格和尾随空格已正确打印,其下一行将为 line 对象创建 unique_ptr <>实例,字符串指针被传递给构造函数,构造函数生成组成该行的单词,然后,再下一行将 line 实例追加到 page(页)上。循环之后,程序会在输出端放一个空行分隔这本书的两个复制,这时最后一行调用 page::print(),打印出书中的所有行。

```cpp
page pg;
for (auto * p : book)
{
    cout << '\'' << p << '\'' << endl;
    auto l = make_unique <line> (p);
    pg.append(l.release());
}
cout << endl;
pg.print();
```

5. word 类的实现,如下所示:

```cpp
word::word(char const * srcp, int l, int spaces)
    : ptr_(make_unique <char[]> (l+1)),letters_(l),
    spaces_(spaces)
{
    char * dstp;
    for(dstp = ptr_.get(); l > 0; --l)
```

```
    {
        * dstp ++  =  * srcp ++ ;
    }
    * dstp = '\0';
}
```

上述的构造函数初始值设定项列表包括指向字符数组的 unique_ptr <>（智能指针），该数组比较大，可以容纳单词的非空格字符。构造函数体是一个简单的循环，用于将 srcp 中的字符复制到 ptr_指向的缓冲区中。请注意，数组中有 l＋1 个字符的空间，其中必须包含一个空终止符，而在 for 循环中，dstp 在循环外部声明，因为它必须处于活动状态才能设置结尾的空终止，如果在 for 语句中声明了 dstp，它将超出 for 循环的右括号的范围。

6. word∷to_string()将单词的字符（后跟尾随空格）复制到 dstp 指向的缓冲区中，并在结尾处添加空终止符。

```
void word∷to_string(char * dstp)
{
    char * srcp = ptr_.get();

    for (int letters = letters_; letters > 0; -- letters)
    {
        * dstp ++  =  * srcp ++ ;
    }

    for (int spaces = spaces_; spaces > 0; -- spaces)
    {
        * dstp ++  =  ' ';
    }

    * dstp = '\0';
}
```

7. size()返回构造单词时会保存的字母个数和空格数目。

```
int word∷size()
{
    return letters_  + spaces_ ;
}
```

8. line 类的构造函数通过 str 输入字符串 3 个指针执行操作，其中 bp 是指向单词开头的指针；ewp(词尾指针)从 bp 向前推进，直到第一个非单词字符为止；esp(空格结束指针)从 ewp 步入到第一个非空格字符。这里，创建一个新词，并将其附加到当前行，最后，bp 前进到 esp，并重复循环。

```
line::line(char const * str)
    : head_(nullptr),
    next_(nullptr)
{
    char const * bp;  // pointer to beginning
    char const * ewp; // pointer to end of word
    char const * esp; // pointer to end of spaces

    for (bp = str; * bp != '\0'; bp = esp)
    {
        for (ewp = bp; * ewp != '\0' && * ewp != ' '; ++ewp)
        {
            // empty
        }
        for (esp = ewp; * esp != '\0' && * esp == ' '; ++esp)
        {
            // empty
        }
        append(new word(bp, ewp - bp, esp - ewp));
    }
}
```

9. 行的析构函数很简单,如 head_ 拥有单词链表的实例,从这个链表中删除单词,然后删除链表。

```
line::~line()
{
    while (head_ != nullptr)
    {
        auto wp = head_;
        head_ = head_ ->next_;
        delete wp;
    }
}
```

10. append()类似于我们之前看到的链表的 append()函数,它指向需要更新的指针。

```
void line::append(word * w)
{
    word * * wpp = &head_;
    while(( * wpp) != nullptr)
    {
        wpp = &(( * wpp) ->next_);
```

```
    }
    * wpp = w;
}
```

11. line::to_string()使用 word::to_string()将每个单词的文本放入由 dstp 指向的缓冲区中。

```
void line::to_string(char * dstp)
{
    for (word * wp = head_; wp != nullptr; wp = wp->next_)
    {
        wp->to_string(dstp);
        dstp = dstp + wp->size();
    }
    * dstp = '\0';
}
```

12. line::size()遍历单词链表,并将每个单词的大小相加,另外它还为空终止符添加了 1。

```
int line::size()
{
    int size = 1;// for null terminator
    for (word * wp = head_; wp != nullptr; wp = wp->next_)
    {
        size = size + wp->size();
    }
    return size;
}
```

13. page(页)的构造函数为空,它有一个初始值设定项列表,将行链表的头节点设置为 nullptr。

```
page::page()
    : head_(nullptr)
{
    // empty
}
```

14. page(页)的析构函数与行的析构函数具有完全相同的形式。

```
page::~page()
{
    while (head_ != nullptr)
    {
        auto lp = head_;
```

```
        head_ = head_ ->next_;
        delete lp;
    }
}
```

15. page::append() 与 line::append() 相同。

```
void page::append(line * lp)
{
    line * * lpp = &head_;
    while(( * lpp) ! = nullptr)
    {
        lpp = &(( * lpp) ->next_);
    }
    * lpp = lp;
}
```

16. print() 遍历 line 链表,对于每一行,print() 创建一个动态缓冲区,其大小可容纳该行上所有单词的文本,然后用 line::to_string() 填充缓冲区,最后,在控制台上打印缓冲区的内容。

```
void page::print()
{
    for (line * lp = head_; lp ! = nullptr; lp = lp ->next_)
    {
        auto buffer = make_unique <char[]> (lp ->size());
        lp ->to_string(buffer.get());
        cout << '\"' << buffer.get() << '\"' << endl;
    }
}
```

```
char const * book[] {
    "What a piece of work is man,",
    "How noble in reason, how infinite in faculty,",
    "In form and moving how express and admirable,",
    "In action how like an Angel, In apprehension how like a god.",
    "The beauty of the world. The paragon of animals.",
};
```

17. 编译并运行这个程序,其输出如附图 7 所示。

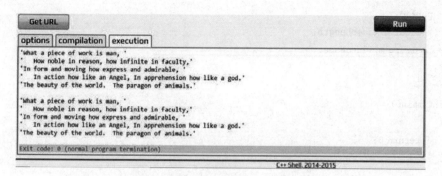

附图 7   使用动态变量存储书中的单词

第 8 章   类与结构

测试：创建一个视频剪辑（VideoClip）类——参考答案

1. 创建 VideoClip 类的轮廓。

```
# include <iostream>
# include <string>

using namespace std;

class VideoClip
{
    public:
};

int main()
{
    return 0;
}
```

2. 为视频长度和视频名字创建成员变量。

```
# include <iostream>
# include <string>

using namespace std;

class VideoClip
{
```

```
  public：
    float m_videoLength；
    string m_videoName；
};

int main()
{
    return 0；
}
```

3. 编写一个将视频长度和名字初始化为默认值的默认构造函数。

```
# include <iostream>
# include <string>

using namespace std；

class VideoClip
{
  public：
    VideoClip()
    {
        m_videoLength = 0；
        m_videoName = "NOT SET"；
    }

    float m_videoLength；
    string m_videoName；
};

int main()
{
    return 0；
}
```

4. 编写一个参数化构造函数,该构造函数将视频长度和名字设置为传递的参数。

```
# include <iostream>
# include <string>

using namespace std；

class VideoClip
{
  public：
```

```
    VideoClip()
    {
        m_videoLength = 0;
        m_videoName = "NOT SET";
    }

    VideoClip(float videoLength, string videoName)
    {
        m_videoLength = videoLength;
        m_videoName = videoName;
    }


    float m_videoLength;
    string m_videoName;
};

int main()
{
    return 0;
}
```

5. 创建一个 data（数据）、char 数组和 data（数据）大小的成员变量,并在两个构造函数中初始化它们。

```
# include <iostream>
# include <string>
# include <cstring>

using namespace std;

class VideoClip
{
  public:
    VideoClip()
    {
        m_videoLength = 0;
        m_videoName = "NOT SET";
        m_dataLength = 0;
        m_data = 0;
    }

    VideoClip(float videoLength, string videoName, const char * data)
    {
        m_videoLength = videoLength;
```

```
            m_videoName = videoName;
            m_dataLength = strlen(data);
            m_data = new char[m_dataLength + 1];
            strcpy(m_data, data);
        }


    float m_videoLength;
    string m_videoName;
    int m_dataLength;
    char * m_data;
};

int main()
{
    return 0;
}
```

6. 创建一个正确处理 data 数组复制的构造函数。

```
# include <iostream>
# include <string>
# include <cstring>

using namespace std;

class VideoClip
{
  public：
    VideoClip()
    {
        m_videoLength = 0;
        m_videoName = "NOT SET";
        m_dataLength = 0;
        m_data = 0;
    }

    VideoClip(float videoLength, string videoName, const char * data)
    {
        m_videoLength = videoLength;
        m_videoName = videoName;

        m_dataLength = strlen(data);
        m_data = new char[m_dataLength + 1];
        strcpy(m_data, data);
```

```
    }

    VideoClip(const VideoClip& vc)
    {
        m_videoLength = vc.m_videoLength;
        m_videoName = vc.m_videoName;
        m_dataLength = vc.m_dataLength;

        m_data = new char[m_dataLength + 1];
        strcpy(m_data, vc.m_data);
    }

    float m_videoLength;
    string m_videoName;

    int m_dataLength;
    char * m_data;
};

int main()
{
    return 0;
}
```

7. 创建一个正确处理 data 数组复制的重载复制赋值运算符。

```
#include <iostream>
#include <string>
#include <cstring>

using namespace std;

class VideoClip
{
  public:
    VideoClip()
    {
        m_videoLength = 0;
        m_videoName = "NOT SET";
        m_dataLength = 0;
        m_data = 0;
    }
```

```cpp
VideoClip(float videoLength, string videoName, const char * , data)
{
    m_videoLength = videoLength;
    m_videoName = videoName;

    m_dataLength = strlen(data);
    m_data = new char[m_dataLength + 1];
    strcpy(m_data, data);
}

VideoClip(const VideoClip& vc)
{
    m_videoLength = vc.m_videoLength;
    m_videoName = vc.m_videoName;
    m_dataLength = vc.m_dataLength;

    m_data = new char[m_dataLength + 1];
    strcpy(m_data, vc.m_data);
}

VideoClip& operator = (const VideoClip& rhs)
{
    if(this != &rhs)
    {
        m_videoLength = rhs.m_videoLength;
        m_videoName = rhs.m_videoName;
        m_dataLength = rhs.m_dataLength;

        char * newData = new char[m_dataLength];
        strcpy(newData, rhs.m_data);

        delete[] m_data;
        m_data = newData;
    }

    return * this;
}

float m_videoLength;
string m_videoName;
```

```
        int m_dataLength;
        char * m_data;
};


int main()
{
        return 0;
}
```

8. 编写一个析构函数,删除分配的 data 数组。

```
# include <iostream>
# include <string>
# include <cstring>

using namespace std;

class VideoClip
{
  public:
        VideoClip()
        {
            m_videoLength = 0;
            m_videoName = "NOT SET";
            m_dataLength = 0;
            m_data = 0;
        }

        VideoClip(float videoLength, string videoName, const char * , data)
        {
            m_videoLength = videoLength;
            m_videoName = videoName;

            m_dataLength = strlen(data);
            m_data = new char[m_dataLength + 1];
            strcpy(m_data, data);
        }

        VideoClip(const VideoClip& vc)
        {
            m_videoLength = vc.m_videoLength;
```

```cpp
        m_videoName = vc.m_videoName;
        m_dataLength = vc.m_dataLength;

        m_data = new char[m_dataLength + 1];
        strcpy(m_data, vc.m_data);
    }

    VideoClip& operator = (const VideoClip& rhs)
    {
        if(this != &rhs)
        {
            m_videoLength = rhs.m_videoLength;
            m_videoName = rhs.m_videoName;
            m_dataLength = rhs.m_dataLength;

            char * newData = new char[m_dataLength];
            strcpy(newData, rhs.m_data);

            delete[] m_data;
            m_data = newData;
        }

        return * this;
    }
    ~VideoClip()
    {
        delete[] m_data;
    }

    float m_videoLength;
    string m_videoName;

    int m_dataLength;
    char * m_data;
};

int main()
{
    return 0;
}
```

9. 更新 main 函数,创建 3 个不同的 videoClip 实例,并输出它们的值。

```
int main()
{
    VideoClip vc1(10.0f, "Halloween (2019)", "dfhdhfidghirhgkhrfkghfkg");
    VideoClip vc2(20.0f, "Halloween (1978)", "jkghdfjkhgjhgfjdfg");
    VideoClip vc3(50.0f, "The Shining", "kotriothgrngirgr");

    cout << vc1.m_videoLength << " " << vc1.m_videoName << " " << vc1.m_data << endl;
    cout << vc2.m_videoLength << " " << vc2.m_videoName << " " << vc2.m_data << endl;
    cout << vc3.m_videoLength << " " << vc3.m_videoName << " " << vc3.m_data << endl;

    return 0;
}
```

10. 通过使用现有实例初始化一个视频剪辑,使用其构造函数初始化一个视频剪辑的实例,将其赋予另一个现有实例,然后测试 main 函数内的复制构造函数和复制赋值运算符。

```
int main()
{
    VideoClip vc1(10.0f, "Halloween (2019)", "dfhdhfidghirhgkhrfkghfkg");
    VideoClip vc2(20.0f, "Halloween (1978)", "jkghdfjkhgjhgfjdfg");
    VideoClip vc3(50.0f, "The Shining", "kotriothgrngirgr");

    cout << vc1.m_videoLength << " " << vc1.m_videoName << " " << vc1.m_data << endl;
    cout << vc2.m_videoLength << " " << vc2.m_videoName << " " << vc2.m_data << endl;
    cout << vc3.m_videoLength << " " << vc3.m_videoName << " " << vc3.m_data << endl;

    VideoClip vc4 = vc1;

    vc2 = vc4;

    cout << vc1.m_videoLength << " " << vc1.m_videoName << " " << vc1.m_data << endl;
    cout << vc2.m_videoLength << " " << vc2.m_videoName << " " << vc2.m_data << endl;
    cout << vc3.m_videoLength << " " << vc3.m_videoName << " " << vc3.m_data << endl;
    cout << vc4.m_videoLength << " " << vc4.m_videoName << " " << vc4.m_data << endl;

    return 0;
}
```

11. 运行这个完整的程序代码,输出如附图 8 所示。

```
C++ shell
```

```
61
62          return *this;
63      }
64
65      ~VideoClip()
66      {
67          delete[] m_data;
68      }
69
70      float m_videoLength;
71      string m_videoName;
72
73      int m_dataLength;
74      char* m_data;
75
76  };
77
78  int main()
79  {
80      VideoClip vc1(10.0f, "Halloween (2019)", "dfhdhfidghirhgkhrfkghfkg");
81      VideoClip vc2(20.0f, "Halloween (1978)", "jkghdfjkhgjhgfjdfg");
82      VideoClip vc3(50.0f, "The Shining", "kotriothgrngirgr");
83
84      cout << vc1.m_videoLength << " " << vc1.m_videoName << " " << vc1.m_data << endl;
85      cout << vc2.m_videoLength << " " << vc2.m_videoName << " " << vc2.m_data << endl;
86      cout << vc3.m_videoLength << " " << vc3.m_videoName << " " << vc3.m_data << endl;
87
88      VideoClip vc4 = vc1;
89
90      vc2 = vc4;
91
92      cout << vc1.m_videoLength << " " << vc1.m_videoName << " " << vc1.m_data << endl;
93      cout << vc2.m_videoLength << " " << vc2.m_videoName << " " << vc2.m_data << endl;
94      cout << vc3.m_videoLength << " " << vc3.m_videoName << " " << vc3.m_data << endl;
95      cout << vc4.m_videoLength << " " << vc4.m_videoName << " " << vc4.m_data << endl;
96
97      return 0;
98  }
99
```

```
Get URL
```

```
options  compilation  execution
10 Halloween (2019) dfhdhfidghirhgkhrfkghfkg
20 Halloween (1978) jkghdfjkhgjhgfjdfg
50 The Shining kotriothgrngirgr
10 Halloween (2019) dfhdhfidghirhgkhrfkghfkg
10 Halloween (2019) dfhdhfidghirhgkhrfkghfkg
50 The Shining kotriothgrngirgr
10 Halloween (2019) dfhdhfidghirhgkhrfkghfkg
```

附图 8　一个来自视频剪辑(VideoClip)类的输出

第 9 章　面向对象的原理

测试：一个基本的 RPG 作战系统——参考答案

1. 为角色、攻击和物品创建类,每个类中都有一个可以在构造函数中设置的 name(名字)变量。

```
# include <iostream>
```

```
# include <cstring>

using namespace std;

class Attack
{
  public:
    Attack(const char * name)
    {
        m_name = new char[strlen(name) + 1];
        strcpy(m_name, name);
    }

    ~Attack()
    {
        delete[] m_name;
    }

  private:
    char * m_name;
};

class Item
{
  public:
    Item(const char * name)
    {
        m_name = new char[strlen(name) + 1];
        strcpy(m_name, name);
    }

    ~Item()
    {
        delete[] m_name;
    }

  private:
    char * m_name;
};

class Character
{
  public:
```

```
        Character(const char * name)
        {
            m_name = new char[strlen(name) + 1];
            strcpy(m_name, name);
        }

    ~Character()
    {
        delete[] m_name;
    }
      private:
        char * m_name;
};

int main()
{
    return 0;
}
```

2. 为攻击提供攻击统计（attackStat）的变量，并为物品提供治疗统计（healStat）变量，添加适当的 getters 和 setters 以及额外的构造函数。

```
# include <iostream>
# include <cstring>

using namespace std;

class Attack
{
  public:
    Attack(const char * name, int attackStat)
    {
        m_name = new char[strlen(name) + 1];
        strcpy(m_name, name);
        m_attackStat = attackStat;
    }

    ~Attack()
    {
        delete[] m_name;
    }

    int getAttackStat() const { return m_attackStat; }
    char * getName() const { return m_name; }
```

```
    private:
        char * m_name;
        int m_attackStat;
};


class Item
{
    public:
        Item(const char * name, int healStat)
        {
            m_name = new char[strlen(name) + 1];
            strcpy(m_name, name);
            m_healStat = healStat;
        }

        ~Item()
        {
            delete[] m_name;
        }

        int getHealStat() const { return m_healStat; }
        char * getName() const { return m_name; }

    private:
        char * m_name;
        int m_healStat;
};

class Character
{
    public:
        Character(const char * name)
        {
            m_name = new char[strlen(name) + 1];
            strcpy(m_name, name);
        }

        ~Character()
        {
            delete[] m_name;
        }
    private:
```

```
        char * m_name;
};


int main()
{
        return 0;
}
```

3. 允许"角色"在其构造函数中接受一个攻击和物品的数组，并存储它们，以便在需要使用时按名字查找。

```
class Character
{
  public：
    Character(const char * name, Attack * attacks, Item * items)
    {
        m_name = new char[strlen(name) + 1];
        strcpy(m_name, name);

        m_attacksLength = sizeof(attacks)/sizeof(&attacks[0]);
        m_itemsLength = sizeof(items)/sizeof(&items[0]);

        m_attacks = new Attack * [m_attacksLength];
        m_items = new Item * [m_itemsLength];

        int i = 0;
        for(i = 0; i < m_attacksLength; i++)
        {
            Attack * attack = new Attack(attacks[i]);
            m_attacks[0] = attack;
        }
        for(i = 0; i < m_itemsLength; i++)
        {

            Item * item = new Item(items[i]);
            m_items[0] = item;
        }
    }

    ～Character()
    {
        delete[] m_name;
    }
```

```
  private:
    char * m_name;
    Attack** m_attacks;
    Item** m_items;

    int m_attacksLength;
    int m_itemsLength;
};
```

4. 为 Character 类添加一个 health 变量,并创建一些攻击其他角色、使用物品和对攻击作出反应的函数。

```
class Character
{
  public:
    Character(const char * name, Attack * attacks, Item * items)
    {
        m_health = 100;
        m_name = new char[strlen(name) + 1];
        strcpy(m_name, name);

        m_attacksLength = sizeof(attacks)/sizeof(&attacks[0]);
        m_itemsLength = sizeof(items)/sizeof(&items[0]);

        m_attacks = new Attack * [m_attacksLength];
        m_items = new Item * [m_itemsLength];

        int i = 0;
        for(i = 0; i < m_attacksLength; i ++ )
        {
            Attack * attack = new Attack(attacks[i]);
            m_attacks[0] = attack;
        }

        for(i = 0; i < m_itemsLength; i ++ )
        {
            Item * item = new Item(items[i]);
            m_items[0] = item;
        }
    }

    ~Character()
    {
        delete[] m_name;
```

```
        }

        void DoAttack(string moveName, Character& other)
        {
            other.DoDefend(GetAttackAmount(moveName));
        }

        void UseItem(string itemName)
        {
            m_health += GetItemValue(itemName);
        }

    private:

        void DoDefend(int attackValue)
        {
            m_health - = attackValue;
        }

        int GetAttackAmount(string attackName)
        {
            for(int i = 0; i < m_attacksLength; i++)
            {
                if(m_attacks[i]->getName() == attackName)
                {
                    return m_attacks[i]->getAttackStat();
                }
            }
            return 0;
        }

        int GetItemValue(string itemName)
        {
            for(int i = 0; i < m_itemsLength; i++)
            {
                if(m_items[i]->getName() == itemName)
                {
                    eturn m_items[i]->getHealStat();
                }
            }
            return 0;
        }
```

```
        char * m_name;
        Attack** m_attacks;
        Item** m_items;
        int m_health;
        int m_attacksLength;
        int m_itemsLength;
};
```

5. 创建名为 strengthMultiplier 和 defenseMultiplier 的成员变量,这会影响一个角色的攻击和防御统计。

```
class Character
{
    public:
    Character(const char * name, int strengthMultiplier, int
    defenceMultiplier, Attack * attacks, Item * items)
    {
        m_health = 100;

        m_name = new char[strlen(name) + 1];
        strcpy(m_name, name);

        m_strengthMultiplier = strengthMultiplier;
        m_defenceMultiplier = defenceMultiplier;

        m_attacksLength = sizeof(attacks)/sizeof(&attacks[0]);
        m_itemsLength = sizeof(items)/sizeof(&items[0]);

        m_attacks = new Attack * [m_attacksLength];
        m_items = new Item * [m_itemsLength];

        int i = 0;
        for(i = 0; i < m_attacksLength; i++)
        {
            Attack * attack = new Attack(attacks[i]);
            m_attacks[0] = attack;
        }

        for(i = 0; i < m_itemsLength; i++)
        {
            Item * item = new Item(items[i]);
            m_items[0] = item;
        }
    }
```

```cpp
~Character()
{
    delete[] m_name;
    delete[] m_attacks;
    delete[] m_items;
}

const char * getName() { return m_name; }

void DoAttack(string moveName, Character& other)
{
    cout << m_name << " attacks " << other.getName() << "with " << moveName << endl;
    other.DoDefend(GetAttackAmount(moveName) * m_strengthMultiplier);
}

void UseItem(string itemName)
{
    m_health += GetItemValue(itemName);
}
private:
void DoDefend(int attackValue)
{
    int damage = attackValue / m_defenceMultiplier;
    m_health - = damage;
    cout << m_name << " takes " << damage << " damage" << endl;
}

int GetAttackAmount(string attackName)
{
    for(int i = 0; i < m_attacksLength; i++)
    {
        if(m_attacks[i]->getName() == attackName)
            {
                return m_attacks[i]->getAttackStat();
            }
    }
    return 0;
}

int GetItemValue(string itemName)
{
    for(int i = 0; i < m_itemsLength; i++)
```

```
        {
            if(m_items[i]->getName() == itemName)
            {
                return m_items[i]->getHealStat();
            }
        }
        return 0;
    }


    char * m_name;
    Attack** m_attacks;
    Item** m_items;
    int m_health;

    int m_strengthMultiplier;
    int m_defenceMultiplier;

    int m_attacksLength;
    int m_itemsLength;
};
```

6. 在 Character(角色)类中创建一个函数,该函数将一个角色的名字和其他统计信息打印到控制台。

```
void Display()
{
    cout << m_name << endl;
    cout << "Health = " << m_health << endl;
    cout << "Strength Multiplier = " << m_strengthMultiplier << endl;
    cout << "Defence Multiplier = " << m_defenceMultiplier << endl;
    cout << "Attacks:" << endl;

    for(int i = 0; i < m_attacksLength; i++)
        cout << m_attacks[i]->getName() << " : " << m_attacks[i]->getAttackStat() << endl;

    cout << "Items:" << endl;
    for(int i = 0; i < m_itemsLength; i++)
        cout << m_items[i]->getName() << " : " << m_items[i]-> getHealStat() << endl;
}


//Test everything in the main function with a few different characters:
```

```
int main()
{
    Attack billAttacks[] = { {"Sword To The Face", 20} };
    Item billItems[] = { {"Old Grog", 20} };

    Attack dragonAttacks[] = {{"Flame Breath", 50}};
    Item dragonItems[] = {{"Scale Oil", 20}};

    Character bill("Bill", 10, 5, billAttacks, billItems);
    bill.Display();

    Character dragon("Dragon", 10, 5, dragonAttacks, dragonItems);
    dragon.Display();

    bill.Display();

    bill.DoAttack("Sword To The Face", dragon);

    dragon.Display();

    dragon.DoAttack("Flame Breath", bill);

    bill.Display();
    return 0;
}
```

7. 运行这个程序。输出如附图 9 所示。

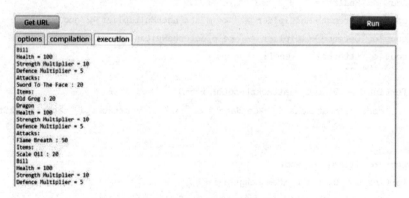

附图 9　RPG 作战系统

第 10 章　面向对象的高级原则

测试：编写百科全书应用程序——参考答案

1. 准备应用程序所需的所有文件。

```
// Activity 10: Encyclopedia Application.
# include <iostream>
# include <string>
# include <vector>
```

2. 创建一个结构 AnimalInfo，它可以存储 name（名称）、Origin（原产地）、Life Expectancy（预期寿命）、Weight（体重）。

```
struct AnimalInfo
{
    std::string name = "";
    std::string origin = "";
    int lifeExpectancy = 0;
    float weight = 0;
};
```

3. 创建一个函数，将其命名为 PrintAnimalInfo，并以整洁的格式打印数据。

```
void PrintAnimalInfo(AnimalInfo info)
{
    std::cout << "Name: " << info.name << std::endl;
    std::cout << "Origin: " << info.origin << std::endl;
    std::cout << "Life Expectancy: " << info.lifeExpectancy << std::endl;
    std::cout << "Weight: " << info.weight << std::endl;
}
```

4. 现在，为动物创建基类——Animal（动物），它还应该提供一个 AnimalInfo 类型的成员变量，以及一个返回它的函数。

```
class Animal
{
  public:
    AnimalInfo GetAnimalInfo() const { return animalInfo; };

  protected:
```

```
    AnimalInfo animalInfo;
};
```

5. 创建第一个派生类 Lion(狮子)，这个类将自 Animal 继承，是 final，并在其构造函数中填写 AnimalInfo 成员。

```
class Lion final : public Animal
{
  public:
    Lion()
    {
        animalInfo.name = "Lion";
        animalInfo.origin = "Africa";
        animalInfo.lifeExpectancy = 12;
        animalInfo.weight = 190;
    }
};
```

6. 创建第二个派生类 Tiger(老虎)，并填写相同的数据。

```
class Tiger final : public Animal
{
  public:
    Tiger()
    {
        animalInfo.name = "Tiger";
        animalInfo.origin = "Africa";
        animalInfo.lifeExpectancy = 17;
        animalInfo.weight = 220;
    }
};
```

7. 创建最后一个派生类 Bear(熊)，同样填写 AnimalInfo 成员。

```
class Bear final : public Animal
{
  public:
    Bear()
    {
        animalInfo.name = "Bear";
        animalInfo.origin = "Eurasia";
        animalInfo.lifeExpectancy = 22;
        animalInfo.weight = 270;
```

```
    }
};
```

8. 定义 main 函数,并声明一个指向基本 Animal(动物)类型的指针向量,同时添加动物派生类型(每种动物一个向量元素)。

```cpp
int main()
{
    std::vector <Animal*> animals;
    animals.push_back(new Lion());
    animals.push_back(new Tiger());
    animals.push_back(new Bear());
```

9. 输出这个应用程序的标题。

```cpp
std::cout << "**Animal Encyclopedia**\n";
```

10. 为应用程序创建主外循环,并向用户输出一条消息。

```cpp
bool bIsRunning = true;
while (bIsRunning)
{
    std::cout << "\nSelect animal for more information\n\n";
```

11. 向用户输出可能的选择,为此使用 for 循环。每个选项都应该包含一个下标和动物的名称,还包括一个选项,用户可以通过输入 -1 退出应用程序。

```cpp
for (size_t i = 0; i < animals.size(); ++i)
{
    std::cout << i << ")" << animals[i]->GetAnimalInfo().name
        << std::endl;
}
std::cout << "\n-1) Quit Application\n";
```

12. 获取用户输入,并将其转换为一个整数。

```cpp
// Get user input
std::string input;
int userChoice;
getline(std::cin, input);
userChoice = std::stoi(input);
```

13. 检查用户是否输入了 -1,如果是,那么将退出应用程序。

```cpp
// Sanity user input
if (userChoice == -1)
{
```

```
        bIsRunning = false;
    }
```

14. 检查用户输入的下标是否无效。无效下标是指小于 -1 且大于"动物向量大小 -1"的下标(因为下标从 0 开始,而不是从 1 开始)。如果是,则输出错误消息,并让他们再次选择。

```
else if (userChoice < -1 || userChoice > ((int)animals.size() - 1))
{
    std::cout << "\nInvalid Index. Please enter another.\n";
}
```

15. 如果用户输入了一个有效的下标,则调用前面创建的 PrintAnimalInfo,传入从向量中获取的动物信息。

```
else
{
    // Print animal info
    std::cout << std::endl;
    PrintAnimalInfo(animals[userChoice]->GetAnimalInfo(   ));
}
}
```

16. 在主循环之外,清理指针,包括删除它们的内存,将它们设置为 0,然后清除向量。

```
// Cleanup.
for (size_t i = 0; i < animals.size(); ++i)
{
    delete animals[i];
    animals[i] = nullptr;
}
animals.clear();
}
```

17. 运行上述完整的程序代码,输出如附图 10 所示。

上述这个应用程序使用继承和多态性简化了动物类型的存储。通过存储指向基类的指针,将它们存储在单个集合中,这意味着我们可以在单个循环中遍历它们,并以多态方式调用它们的共享成员。继承、多态和强制转换是都重要的机制,特别是当构建较大应用程序时,我们可以充分利用 C++ 的这些相关功能。

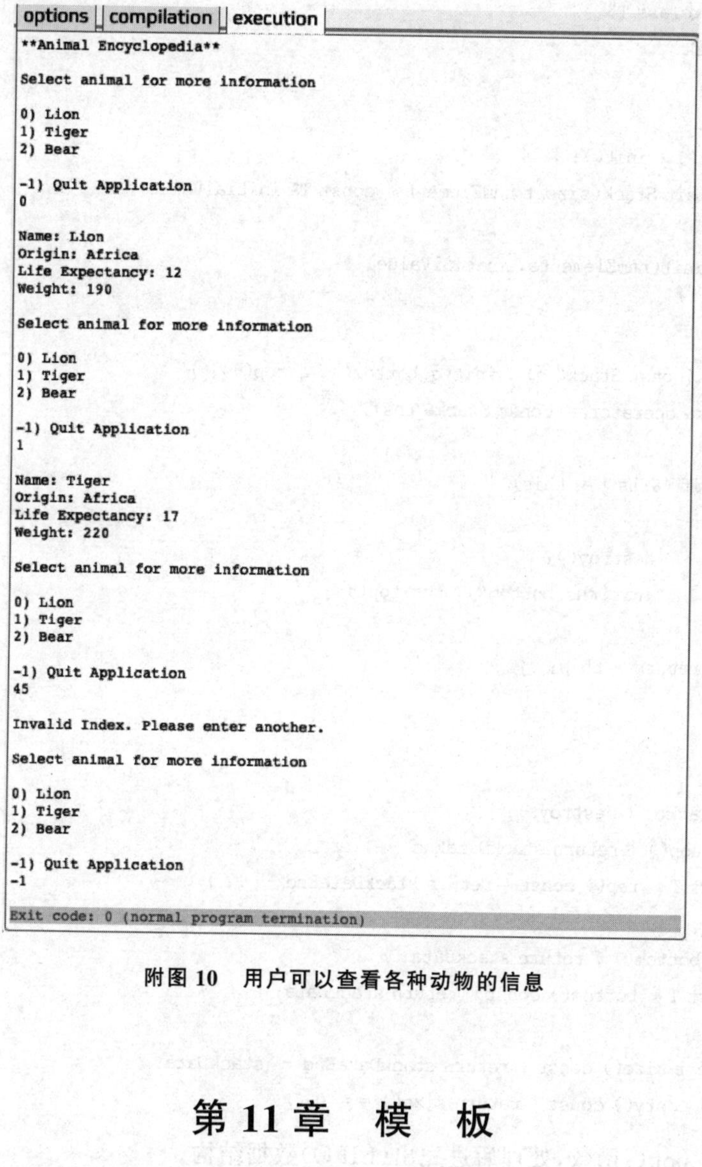

```
options  compilation  execution

**Animal Encyclopedia**

Select animal for more information

0) Lion
1) Tiger
2) Bear

-1) Quit Application
0

Name: Lion
Origin: Africa
Life Expectancy: 12
Weight: 190

Select animal for more information

0) Lion
1) Tiger
2) Bear

-1) Quit Application
1

Name: Tiger
Origin: Africa
Life Expectancy: 17
Weight: 220

Select animal for more information

0) Lion
1) Tiger
2) Bear

-1) Quit Application
45

Invalid Index. Please enter another.

Select animal for more information

0) Lion
1) Tiger
2) Bear

-1) Quit Application
-1

Exit code: 0 (normal program termination)
```

附图 10　用户可以查看各种动物的信息

第 11 章　模　板

测试：创建一个通用的堆栈——参考答案

1. 使用本书前述的那个通用队列示例作为基础编写一个通用的堆栈,代码如下所示：

```
# include <iostream>
# include <memory>

using namespace std;
```

```
template <class T>
class Stack
{
  public:
    Stack() { init(); }
    explicit Stack(size_t numElements, const T& initialValue = T())
    {
        init(numElements, initialValue);
    }

    Stack(const Stack& q) { init(q.bottom(), q.top()); }
    Stack& operator = (const Stack& rhs)
    {
        if (&rhs != this)
        {
            destroy();
            init(rhs.bottom(), rhs.top());
        }
        return *this;
    }


    ~Stack() { destroy(); }
    T * top() { return stackDataEnd - 1; }
    const T * top() const { return stackDataEnd - 1; }

    T * bottom() { return stackData; }
    const T * bottom() const { return stackData; }

    size_t size() const { return stackDataEnd - stackData; }
    bool empty() const { return size() == 0; }
```

2. 更改 pop() 函数，处理后进先出（LIFO）数据结构。

```
void pop()
{
    if (top() != 0)
    {
        alloc.destroy(top());
        stackDataEnd - = 1;
    }
}
```

3. 在 main 函数中测试创建的这个堆栈，输出数据以测试该堆栈是否能正常工作。

```cpp
int main()
{
    Stack <int> testStack;

    testStack.push(1);
    testStack.push(2);

    cout << "stack contains values: ";
    for (auto it = testStack.bottom(); it != testStack.top() + 1; ++it)
    {

        cout << * it << " ";
    }

    cout << endl;
    cout << "stack contains " << testStack.size() << " elements" << endl;

    testStack.pop();

    cout << "stack contains values: ";
    for (auto it = testStack.bottom(); it != testStack.top() + 1; ++it)
    {
        cout << * it << " ";
    }

    cout << endl;
    cout << "stack contains " << testStack.size() << " elements" << endl;

    testStack.push(9);
    testStack.push(50);

    cout << "stack contains values: ";
    for (auto it = testStack.bottom(); it != testStack.top() + 1; ++it)
    {
        cout << * it << " ";
    }

    cout << endl;
    cout << "stack contains " << testStack.size() << " elements" << endl;

    testStack.pop();

    cout << "stack contains values: ";
```

```
for (auto it = testStack.bottom(); it != testStack.top() + 1; ++it)
{
    cout << *it << " ";
}

cout << endl;
cout << "Is the Stack empty: " << (testStack.empty() == 1 ? "YES" : "NO") << endl;

cout << "value of top element is: " << *testStack.top() << endl;
cout << "value of bottom element is: " << *testStack.bottom() << endl;

return 0;
}
```

4. 运行程序,输出如附图 11 所示。

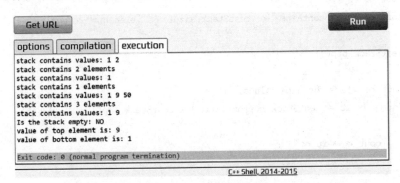

附图 11　该测试的最终输出

第 12 章　容器和迭代器

测试:将 RPG 战斗转换为使用标准库容器——参考答案

1. 更改 Attack(攻击)、Item(项)和 Character(角色)类,使用字符串而不是字符数组(Attack 类展示如下)。

```
class Attack
{
public:
    Attack(string name, int attackStat)
    {
        m_name = name;
        m_attackStat = attackStat;
```

```
    }

    int getAttackStat() const { return m_attackStat; }
    string getName() const { return m_name; }

  private:
    string m_name;
    int m_attackStat;
};
```

2. 删除任何不需要的复制构造函数、析构函数和赋值实现(Item 类展示如下)。

```
class Item
{
  public:
    Item(string name, int healStat)
    {
        m_name = name;
        strcpy(m_name, name);
        m_healStat = healStat;
    }

    int getHealStat() const { return m_healStat; }
    string getName() const { return m_name; }

  private:
    string m_name;
    int m_healStat;
};
```

3. 获取 Character 类，获取 Attack(攻击)和 Item(项)向量，而不是原始数组。

```
class Character
{
  public:
    Character(string name, int strengthMultiplier, int defenceMultiplier, vector <At-
tack> attacks, vector <Item> items)
    {
        m_health = 100;
        m_name = name;

        m_strengthMultiplier = strengthMultiplier;
        m_defenceMultiplier = defenceMultiplier;

        m_attacks.insert(m_attacks.begin(), attacks.begin(), attacks.end());
```

```
        m_items.insert(m_items.begin(), items.begin(), items.end());
    }
```

4. 实现 attack(攻击)和 defend(防御)函数,使用向量代替数组,并利用向量更新显示函数。

```
    class Character
    {
    public:
        Character(string name, int strengthMultiplier, int defenceMultiplier, vector <Attack> attacks, vector <Item> items, int indexOfDefaultAttack = 0)
        {
            m_health = 100;
            m_name = name;

            m_strengthMultiplier = strengthMultiplier;
            m_defenceMultiplier = defenceMultiplier;
            m_indexOfDefaultAttack = indexOfDefaultAttack;

            m_attacks.insert(m_attacks.begin(), attacks.begin(), attacks.end());
            m_items.insert(m_items.begin(), items.begin(), items.end());
        }

        string getName() const { return m_name; }
        int getHealth() const { return m_health; }

        void DoAttack(string moveName, Character& other)
        {
            cout << m_name << " attacks " << other.getName() << " with " << moveName << endl;
            other.DoDefend(GetAttackAmount(moveName) * m_strengthMultiplier);
        }

        void DoAttack(Character& other)
        {
            string attackName = m_attacks[m_indexOfDefaultAttack].getName();
            cout << m_name << " attacks " << other.getName() << " with " << attackName << endl;

            other.DoDefend(GetAttackAmount(attackName) * m_strengthMultiplier);
        }

        void UseItem(string itemName)
        {
            int itemValue = GetItemValue(itemName);
```

```
            cout << m_name << " uses " << itemName << " and gains " << itemValue << " health"
    << endl;
            m_health += itemValue;
        }


        bool isDead() { return m_health <= 0; }


        void Display()
        {
            cout << m_name << endl;
            cout << "Health = " << m_health << endl;
            cout << "Strength Multiplier = " << m_strengthMultiplier << endl;
            cout << "Defence Multiplier = " << m_defenceMultiplier << endl;
            cout << "Attacks:" << endl;

            for(auto attack : m_attacks)
                cout << attack.getName() << " : " << attack.getAttackStat() << endl;

            cout << "Items:" << endl;

            for(auto item : m_items)
                cout << item.getName() << " : " << item.getHealStat() << endl;
        }
    private:
        void DoDefend(int attackValue)
        {
            int damage = attackValue / m_defenceMultiplier;
            m_health -= damage;

            cout << m_name << " takes " << damage << " damage" << endl;
        }


        int GetAttackAmount(string attackName)
        {
            auto it = find_if(m_attacks.begin(), m_attacks.end(), [attackName](const
Attack& attack){ return attack.getName() == attackName; });

            return (it != m_attacks.end()) ? (*it).getAttackStat() : 0;
        }


        int GetItemValue(string itemName)
        {
            auto it = find_if(m_items.begin(), m_items.end(), [itemName](const Item& item)
```

```
    { return item.getName() == itemName; });

            return (it != m_items.end()) ? (*it).getHealStat() : 0;
    }

    string m_name;

    vector <Attack> m_attacks;
    vector <Item> m_items;

    int m_health;
    int m_strengthMultiplier;
    int m_defenceMultiplier;
    int m_indexOfDefaultAttack;
};
```

5. 在 main 函数中，实现一个队列，其中包含不同的 Character(角色)类型，供玩家进行战斗。

```
int main()
{
    // Bill the player
    vector <Attack> billAttacks = { {"Sword To The Face", 20} };
    vector <Item> billItems = { {"Old Grog", 50} };
    Character bill("Bill", 2, 2, billAttacks, billItems);

    // Dragon
    vector <Attack> dragonAttacks = {{"Flame Breath", 20}};
    vector <Item> dragonItems = {{"Scale Oil", 20}};
    Character dragon("Dragon", 2, 1, dragonAttacks, dragonItems);

    // Zombie
    vector <Attack> zombieAttacks = {{"Bite", 50}};
    vector <Item> zombieItems = {{"Rotten Flesh", 20}};
    Character zombie("Zombie", 1, 3, zombieAttacks, zombieItems);

    // Witch
    vector <Attack> witchAttacks = {{"Super Spell", 50}};
    vector <Item> witchItems = {{"Cure Potion", 20}};
    Character witch("Witch", 1, 5, witchAttacks, witchItems);

    queue <Character> monsters;
    monsters.push(dragon);
    monsters.push(zombie);
```

```
monsters.push(witch);
```

6. 与队列中的每个怪物战斗,直到队列为空,并显示一个 win(赢)字符串为止。另外,允许使用项目和默认攻击。

```cpp
bool playerTurn = true;
bool gameOver = false;
cout << "Bill finds himself trapped in a scary dungeon! There seems to be a series of rooms,
he enters the first room..." << endl;
while(!monsters.empty() && !gameOver)
{
    Character currentMonster = monsters.front();
    cout << "A monster appears, it looks like a " <<    currentMonster.getName() << endl;
    while(! currentMonster.isDead())
    {
        cout << endl;
        if(playerTurn)
        {
            cout << "bill's turn" << endl;
            cout << "Bill can press 1 and enter to use an item and 2 and enter to attack the
monster." << endl;

            bool madeChoice = false;
            while(!madeChoice)
            {
                int choice;
                cin >> choice;

                switch(choice)
                {
                    case 1:
                        bill.UseItem("Old Grog");
                        madeChoice = true;
                        break;

                    case 2:
                        bill.DoAttack(currentMonster);
                        madeChoice = true;
                        break;

                    default:
                        break;
                }
            }
        }
```

```
                }
                else
                {
                    cout << currentMonster.getName() << "'s turn" << endl;
                    currentMonster.DoAttack(bill);
                }

                cout << "Bills health is " << bill.getHealth() << endl;
                cout << currentMonster.getName() << "'s health is " << currentMonster.
getHealth() << endl;

                if(currentMonster.isDead())
                {
                    cout << currentMonster.getName() << " is defeated" << endl;
                    monsters.pop();
                }

                if(bill.isDead())
                {

                    gameOver = true;
                    break;
                }

                playerTurn = !playerTurn;
            }
        }
        if(monsters.empty())
        {
            cout << "You win";
        }

        if(gameOver)
        {
            cout << "You lose";
        }
    return 0;
}
```

7. 运行程序代码,输出如附图 12 所示。

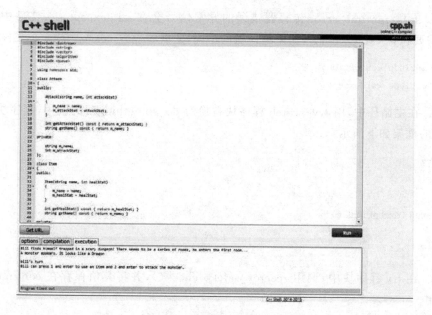

附图 12 该测试的最终输出

第 13 章 C++中的异常处理

测试:处理异常——参考答案

1. 在测试的开始处显示样本程序开始。

```cpp
# include <iostream>

using namespace std;

int main()
{
    bool continue_flag;
    do
    {
        continue_flag = do_something();
    }
    while (continue_flag == true);

    return 0;
}
```

2. std::runtime_error 传感器错误的异常信号会在 <stdexcept> 头文件中定义，因此需要包含 <stdexcept>，如果编译器的不同，还需要包含 <exception> 头文件。

```
# include <exception>
# include <stdexcept>
```

3. 在主循环中，用 try - catch 程序块替换对 do_something() 的调用，程序块 try - catch 的框架如下所示：

```
try
{
}
catch (exception& e)
{
}
```

4. 在 try 程序块中，调用 reactor_safety_check()，并将其值保存在 continue_flag 变量中。

```
continue_flag = reactor_safety_check();
```

5. 在捕获异常的 catch 子句之前，添加一个捕获 runtime_error（运行时错误）的 catch 子句，此 catch 子句可以为空，但最好输出描述异常的消息。

```
catch (runtime_error& e)
{
    cout << "caught runtime error " << e.what() << endl;
}
```

6. 添加一个捕获所有其他 C++ 异常的 catch 子句。由于这些异常是意外的，因此调用 SCRAM() 关闭反应堆，然后执行 break 语句，并结束封闭的 do 循环，这里将 continue_flag 设置为 false 而不是使用 break。

```
catch (...)
{
    cout << "caught unknown exception type" << endl;
    SCRAM();
    break;
}
```

7. 添加一个捕获所有其他异常的 catch 子句。因为一个例外可能是任何类型的，而我们不希望反应堆的安全检查在反应堆仍在运行的情况下退出，所以在这个 catch 子句中，调用 SCRAM()，然后执行 break 语句。

```
catch (exception& e)
{
    cout << "caught unknown exception type" << endl;
```

```
        SCRAM();
        break;
    }
```

8. 在 try – catch 块之后,输出消息 "main() exiting",程序会以一种受控方式停止。

```
cout << "main() exiting" << endl;
```

9. 在 main()的上方插入一个名为 SCRAM()的 void 函数,SCRAM()会打印一条消息,如下所示。

```
void SCRAM()
{
    cout << "SCRAM! I mean it. Get away from here!" << endl;
}
```

10. 添加一个 bool 函数 reactor_safety_check(),如下所示:

```
bool reactor_safety_check()
{
    static int count = 0;
    ++count;
    if (count % 17 == 0)
    {
        throw runtime_error("Sensor glitch");
    }
    else if (count % 69 == 0)
    {
        throw 123;
// throw exception();
    }
    else if (count % 199 == 0)
    {
        return false;
    }

    return true;
}
```

请注意,reactor_safety_check()可能会抛出一个 std::exception(标准异常)或某个意外类型的异常,您可以采用两种方式测试您的代码。

11. 编译,并运行这段完整的程序,输出如附图 13 所示。

这里发生了什么? do 循环调用了 reactor_safety_check()。大多数情况下,reactor_safety_check()会正常返回,但因为传感器小故障,有时也会抛出一个异常。这时,程序

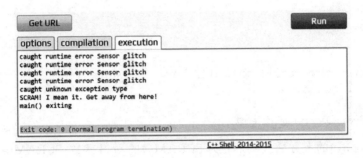

附图 13　该测试的最终输出

将报告异常,允许继续执行,但这将导致循环重复对 reactor_safety_check()进行调用。我们的 reactor_safety_check()测试版本有时会调用其他异常类型。有时当异常发生,程序会使反应堆紧急停堆,并脱离循环。